大学入試

毎年出る！

センバツ40題

齋藤正樹 著

文系数学

標準レベル

[数学I・A・II・B]

別冊問題

旺文社

毎年出る!
センバツ40題

齋藤正樹 著

文系数学
標準レベル
[数学I・A・II・B]

別冊
問題

旺文社

問題　目次

テーマ **1** │ ２次関数の最大・最小問題！

実数 a, b に対して，$f(x)=a(x-b)^2$ とおく。ただし，a は正とする。放物線 $y=f(x)$ が直線 $y=-4x+4$ に接している。

⑴ b を a を用いて表せ。

⑵ $0 \leq x \leq 2$ において，$f(x)$ の最大値 $M(a)$ と，最小値 $m(a)$ を求めよ。

⑶ a が正の実数を動くとき，$M(a)$ の最小値を求めよ。 （神戸大）

［類題出題校：秋田大，宇都宮大，山口大］

a を実数とする。x の２次関数 $f(x)=x^2+ax+1$ の区間 $a-1 \leq x \leq a+1$ における最小値を $m(a)$ とする。

⑴ $m\left(\dfrac{1}{2}\right)$ を求めよ。

⑵ $m(a)$ を a の値で場合分けして求めよ。

⑶ a が実数全体を動くとき，$m(a)$ の最小値を求めよ。 （岡山大）

テーマ 2 | 2次方程式の解の配置問題！

□ これだけは！ 2　　　　　　　　　　　　　　⏱ 20分　　解答は本冊 P.9

a を実数とする。

(1) 2次方程式 $x^2-2(a+1)x+3a=0$ が，$-1\leqq x\leqq 3$ の範囲に2つの異なる実数解をもつような a の値の範囲を求めよ。

(2) a が(1)で求めた範囲を動くとき，放物線 $y=x^2-2(a+1)x+3a$ の頂点の y 座標がとりうる値の範囲を求めよ。

(東北大)

［類題出題校：千葉大，滋賀大，島根大］

□ 類題に挑戦！ 2　　　　　　　　　　　　　　⏱ 20分　　解答は本冊 P.10

a, b, c, d を正の数とする。不等式 $\begin{cases} s(1-a)-tb>0 \\ -sc+t(1-d)>0 \end{cases}$ を同時に満たす正の数 s, t があるとき，2次方程式 $x^2-(a+d)x+(ad-bc)=0$ は $-1<x<1$ の範囲に異なる2つの実数解をもつことを示せ。

(東京大)

テーマ **3** | 文字定数を含む３次方程式の実数解問題！

□ **これだけは！** 3 ⏱15分 解答は本冊 P.13

実数 a が変化するとき，３次関数 $y=x^3-4x^2+6x$ と直線 $y=x+a$ のグラフの共有点の個数はどのように変化するか。a の値によって分類せよ。 (京都大)

［類題出題校：横浜国立大, 長崎大, 大分大］

□ **類題に挑戦！** 3 ⏱20分 解答は本冊 P.14

(1) 関数 $y=x^3-x^2$ のグラフをかけ。

(2) 曲線 $y=x^3-x^2$ の接線で，点 $\left(\dfrac{3}{2},\ 0\right)$ を通るものをすべて求めよ。

(3) p を定数とする。x の３次方程式 $x^3-x^2=p\left(x-\dfrac{3}{2}\right)$ の異なる実数解の個数を求めよ。

(名古屋大)

テーマ **4** | 3次関数の接線・法線の本数問題！

☐ **これだけは！** **4** 分 解答は本冊 P.17

関数 $y=f(x)=\dfrac{x^3}{3}-4x$ のグラフについて，次の問いに答えよ。

(1) このグラフ上の点 $(p,\ f(p))$ における接線の方程式を求めよ。

(2) a を実数とする。点 $(2,\ a)$ からこのグラフに引くことのできる接線の本数を求めよ。

(3) このグラフに3本の接線を引くことができる点全体からなる領域を求め，図示せよ。

（名古屋市立大）

［類題出題校：千葉大，富山大，岡山大］

☐ **類題に挑戦！** **4** 分 解答は本冊 P.18

放物線 $C:y=x^2$ 上の点Pにおける法線とは，点PにおけるCの接線と点Pで垂直に交わる直線である。

(1) 点 $(p,\ p^2)$ におけるCの法線の方程式を求めよ。

(2) y 軸上の点 $(0,\ a)$ を通るCの法線の本数を求めよ。

（九州大）

8

□ これだけは！ 5 ⏱20分 解答は本冊 P.21

a を正の実数とする。2つの放物線 $y=\dfrac{1}{2}x^2-3a$, $y=-\dfrac{1}{2}x^2+2ax-a^3-a^2$ が異なる

2点で交わるとし，2つの放物線によって囲まれる部分の面積を $S(a)$ とする。

(1) a の値の範囲を求めよ。

(2) $S(a)$ を a を用いて表せ。

(3) $S(a)$ の最大値とそのときの a の値を求めよ。 （神戸大）

[類題出題校：東北大，三重大，東京都立大]

□ 類題に挑戦！ 5 ⏱25分 解答は本冊 P.22

曲線 $C_1: y=x^3-x$ を x 軸方向に $a\,(a>0)$ だけ平行移動して得られる曲線を C_2 とする。

(1) 2曲線 C_1 と C_2 が共有点をもつ a の値の範囲を求めよ。

(2) (1)のとき，2曲線 C_1 と C_2 で囲まれる部分の面積 S を a で表せ。

(3) 面積 S の最大値は $\dfrac{1}{2}$ であることを示せ。 （一橋大）

テーマ **6** | 3次関数の極大値と極小値の差！

☐ **これだけは！** 6　⏱(20)分　解答は本冊 P.25

k を実数とする。3次関数 $f(x)=-x^3+kx^2+kx+1$ が $x=\alpha$ で極小値をとり，$x=\beta$ で極大値をとる。3点 A$(\alpha,\ f(\alpha))$，B$(\beta,\ f(\beta))$，C$(\beta,\ f(\alpha))$ が AC＝BC を満たすとき，$\alpha+\beta=\boxed{\ \ \mathcal{P}\ \ }k$，$\alpha\beta=\boxed{\ \ \mathcal{イ}\ \ }k$ である。したがって，$k=\boxed{\ \ \mathcal{ウ}\ \ }$ となる。

（早稲田大）

[類題出題校：大阪大，九州大，慶應義塾大]

☐ **類題に挑戦！** 6　⏱(15)分　解答は本冊 P.26

a を実数とする。$f(x)=x^3+ax^2+(3a-6)x+5$ について，以下の問いに答えよ。

(1) 関数 $y=f(x)$ が極値をもつ a の値の範囲を求めよ。

(2) 関数 $y=f(x)$ が極値をもつ a に対して，関数 $y=f(x)$ は $x=p$ で極大値，$x=q$ で極小値をとるとする。関数 $y=f(x)$ のグラフ上の2点 P$(p,\ f(p))$，Q$(q,\ f(q))$ を結ぶ直線の傾き m を a を用いて表せ。

（名古屋大）

☐ **これだけは！ 7** 分 解答は本冊 P.29

放物線 $C : y = x^2 + ax + b$ が2直線 $l_1 : y = px$ $(p > 0)$, $l_2 : y = qx$ $(q < 0)$ と接している。また，C と l_1, l_2 で囲まれた図形の面積を S とする。

(1) a, b を p, q を用いてそれぞれ表せ。

(2) S を p, q を用いて表せ。

(3) l_1, l_2 が直交するように p, q が動くとき，S の最小値を求めよ。 （筑波大）

［類題出題校：群馬大，新潟大，宮崎大］

☐ **類題に挑戦！ 7** 分 解答は本冊 P.30

座標平面上の放物線 C を $y = x^2 + 1$ で定める。s, t は実数とし $t < 0$ を満たすとする。点 (s, t) から放物線 C へ引いた接線を l_1, l_2 とする。

(1) l_1, l_2 の方程式を求めよ。

(2) a を正の実数とする。放物線 C と直線 l_1, l_2 で囲まれる領域の面積が a となる (s, t) をすべて求めよ。 （東京大）

テーマ 8 │ 2つの放物線の共通接線と面積問題！

これだけは！ **8** ⏱20分 解答は本冊P.33

2つの放物線 $C : y = \dfrac{1}{2}x^2$, $D : y = -(x-a)^2$ を考える。a は正の実数である。

(1) C 上の点 $\mathrm{P}\left(t,\ \dfrac{1}{2}t^2\right)$ における C の接線 l を求めよ。

(2) l がさらに D とも接するとき、l を C と D の共通接線という。2本の (C と D の) 共通接線 l_1, l_2 を求めよ。

(3) 共通接線 l_1, l_2 と C で囲まれた図形の面積を求めよ。 (名古屋大)

[類題出題校：金沢大、和歌山大、香川大]

類題に挑戦！ **8** ⏱15分 解答は本冊P.34

a を正の実数とし、2つの放物線 $C_1 : y = x^2$, $C_2 : y = x^2 - 4ax + 4a$ を考える。

(1) C_1 と C_2 の両方に接する直線 l の方程式を求めよ。

(2) 2つの放物線 C_1, C_2 と直線 l で囲まれた図形の面積を求めよ。 (北海道大)

テーマ 9 | 桁数と最高位の数字！

□ これだけは！ 9 解答は本冊 P.37

次の問いに答えよ。ただし，$\log_{10}2=0.3010$，$\log_{10}3=0.4771$，$\log_{10}7=0.8451$，$\log_{10}11=1.0414$ とする。

(1) 3^{20} の1の位の数字を求めよ。

(2) n を自然数とし，3^n が21桁で1の位の数字が7となるとき，n の値を求めよ。

(3) 7^{70} の最高位の数字を求めよ。

(4) 7^{70} の最高位の次の位の数字を求めよ。 (早稲田大)

[類題出題校：愛媛大，高知大，横浜市立大]

□ 類題に挑戦！ 9 解答は本冊 P.37

ある自然数 n に対して 2^n は22桁で最高位の数字が4となる。

$\log_{10}2=0.3010$，$\log_{10}3=0.4771$ として，n の値を求めよ。また，2^n の末尾の数字を求めよ。 (慶應義塾大)

テーマ 10 | 三角関数の最大・最小！ ①2倍角・3倍角タイプ！

■ **これだけは！** 10 　　　　　　　　⏲20分　解答は本冊 P.40

$-\dfrac{\pi}{2}\leqq\theta\leqq\dfrac{\pi}{2}$ で定義された関数 $f(\theta)=4\cos2\theta\sin\theta+3\sqrt{2}\cos2\theta-4\sin\theta$ を考える。

(1) $x=\sin\theta$ とおく。$f(\theta)$ を x で表せ。

(2) $f(\theta)$ の最大値と最小値，およびそのときの θ の値を求めよ。　　　（北海道大）

［類題出題校：弘前大，鳥取大，慶應義塾大］

■ **類題に挑戦！** 10 　　　　　　　　⏲20分　解答は本冊 P.42

関数 $y=2\sin3x+\cos2x-2\sin x+a$ の最小値の絶対値が，最大値と一致するように，定数 a の値を定めよ。　　　（信州大）

テーマ **11** | 三角関数の最大・最小！ ②合成タイプ！

---

(1) $\sin\theta+\cos\theta=t$ とおく。$0\leqq\theta\leqq\dfrac{\pi}{2}$ のとき，t のとりうる値の範囲を求めよ。

(2) $0\leqq\theta\leqq\dfrac{\pi}{2}$ のとき，$\sin^3\theta+\cos^3\theta$ のとりうる値の範囲を求めよ。 （琉球大）

［類題出題校：北海道大，小樽商科大，鳥取大］

　θ を $0\leqq\theta\leqq2\pi$ を満たす実数として，

$f(\theta)=\sqrt{3}\sin2\theta-\cos2\theta-2\sqrt{6}\sin\theta-2\sqrt{2}\cos\theta$ とする。$x=\sqrt{3}\sin\theta+\cos\theta$ とおく。

(1) x を $r\sin(\theta+\alpha)$ の形に表せ。ただし，α は実数，r は正の実数とする。

(2) $f(\theta)$ を x の式で表せ。

(3) $f(\theta)$ の最大値と最小値，およびそのときの θ の値を求めよ。 （東京都立大）

テーマ 12 | 三角比の平面図形問題！

☐ **これだけは！** 12　　　⏱20分　解答は本冊 P.48

四角形 ABCD において

$$AB=a, \quad BC=b, \quad CD=c, \quad DA=d, \quad AC=x, \quad BD=y$$

とする。

(1) $\cos A$, $\cos B$, $\cos C$, $\cos D$ を a, b, c, d, x, y を用いて表せ。

(2) 四角形 ABCD が円に内接するとき

$$xy=ac+bd$$

が成り立つことを示せ。

（熊本大）

［類題出題校：宮城教育大，滋賀大，島根大］

☐ **類題に挑戦！** 12　　　⏱15分　解答は本冊 P.49

円に内接する四角形 ABCD において，AB=5，BC=4，CD=4，DA=2 とする。また，対角線 AC と BD の交点をPとおく。

(1) △APB の外接円の半径を R_1，△APD の外接円の半径を R_2 とするとき，$\dfrac{R_1}{R_2}$ の値を求めよ。

(2) AC の長さを求めよ。

（千葉大）

テーマ 13 | 三角比の原点！ 直角三角形の辺の比に着目！

直角三角形 ABC において，$\angle C = \dfrac{\pi}{2}$，AB=1 であるとする。$\angle B = \theta$ とおく。点Cから辺 AB に垂線 CD を下ろし，点Dから辺 BC に垂線 DE を下ろす。AE と CD の交点をFとする。

(1) $\dfrac{DE}{AC}$ を θ で表せ。

(2) △FEC の面積を θ で表せ。　　　　　　　　　　　　（北海道大）

[類題出題校：岩手大，金沢大，九州大]

次の2つの条件を同時に満たす四角形のうち面積が最小のものの面積を求めよ。

(A) 少なくとも2つの内角は 90° である。

(B) 半径1の円が内接する。ただし，円が四角形に内接するとは，円が四角形の4つの辺すべてに接することをいう。　　　　　　　　　　　　（京都大）

テーマ **14** 三角比の空間図形問題！　最適な断面を取り出せ！

☐ **これだけは！ 14** 解答は本冊 P.57

1辺の長さが3の正三角形 ABC を底面とする四面体 PABC を考える。

$$PA = PB = PC = 2$$

とする。

(1) 四面体 PABC の体積を求めよ。

(2) 辺 AB 上の点Eと辺 AC 上の点Fが

$$AE = AF, \quad \cos \angle EPF = \frac{4}{5}$$

を満たすとき，AE の長さを求めよ。

(北海道大)

［類題出題校：群馬大，岐阜大，東京都立大］

☐ **類題に挑戦！ 14** 解答は本冊 P.58

三角錐 ABCD において辺 CD は底面 ABC に垂直である。AB＝3 で，辺 AB 上の2点 E, F は，AE＝EF＝FB＝1 を満たし，∠DAC＝30°，∠DEC＝45°，∠DBC＝60° である。

(1) 辺 CD の長さを求めよ。

(2) $\theta = \angle DFC$ とおくとき，$\cos\theta$ の値を求めよ。

(一橋大)

□ **これだけは！ 15** ㉕分　解答は本冊 P.61

t を正の実数とする。△OAB の辺 OA を $2:1$ に内分する点を M，辺 OB を $t:1$ に内分する点をNとする。線分 AN と線分 BM の交点をPとする。

(1) $\overrightarrow{OP}$ を $\overrightarrow{OA}$，$\overrightarrow{OB}$ および t を用いて表せ。

(2) 直線 OP は線分 BM と直交し，かつ ∠AOB の二等分線であるとする。このとき，辺 OA と辺 OB の長さの比と t の値を求めよ。

(東北大)

［類題出題校：香川大，長崎大，琉球大］

□ **類題に挑戦！ 15** ⑳分　解答は本冊 P.63

平行四辺形 ABCD において，対角線 AC を $2:3$ に内分する点を M，辺 AB を $2:3$ に内分する点を N，辺 BC を $t:(1-t)$ に内分する点をLとし，AL と CN の交点をPとする。

(1) $\overrightarrow{BA}=\vec{a}$，$\overrightarrow{BC}=\vec{c}$ とするとき，$\overrightarrow{BP}$ を $\vec{a}$，$\vec{c}$，t を用いて表せ。

(2) 3 点 P，M，D が一直線上にあるとき，t の値を求めよ。

(神戸大)

テーマ **16** ベクトルと斜交座標！ 領域編！

□ **これだけは！ 16** 分 解答は本冊 P.65

$\triangle ABC$ において $\overrightarrow{CA}=\vec{a}$, $\overrightarrow{CB}=\vec{b}$ とする。

(1) 実数 s, t が $0 \leqq s+t \leqq 1$, $s \geqq 0$, $t \geqq 0$ の範囲を動くとき，次の条件(a), (b)を満たす点Pの存在する範囲をそれぞれ図示せよ。

 (a) $\overrightarrow{CP}=s\vec{a}+t(\vec{a}+\vec{b})$

 (b) $\overrightarrow{CP}=(2s+t)\vec{a}+(s-t)\vec{b}$

(2) (1)の(a), (b)それぞれの場合に，点Pの存在する範囲の面積は $\triangle ABC$ の面積の何倍か。

（神戸大）

［類題出題校：東北大，横浜国立大，信州大］

■ **類題に挑戦！ 16** 分 解答は本冊 P.66

1辺の長さが1の正六角形 ABCDEF が与えられている。点Pが辺 AB 上を，点Qが辺 CD 上をそれぞれ独立に動くとき，線分 PQ を 2：1 に内分する点Rが通りうる範囲の面積を求めよ。

（東京大）

テーマ 17 | ベクトルから読み取る点の位置！

□ **これだけは！** 17 ⏱(20)分 解答は本冊 P.68

平面上に $\triangle ABC$ と点 P があり，ベクトル $\overrightarrow{AP}$, $\overrightarrow{BP}$, $\overrightarrow{CP}$ は $r\overrightarrow{AP}+s\overrightarrow{BP}+t\overrightarrow{CP}=\vec{0}$ を満たしているとする。ただし，r, s, t は正の定数である。

(1) ベクトル $\overrightarrow{AP}$ を $\overrightarrow{AB}$, $\overrightarrow{AC}$ で表すことにより，点 P は $\triangle ABC$ の内部にあることを示せ。

(2) $\triangle PAB$, $\triangle PBC$, $\triangle PCA$ の面積の比を r, s, t を用いて表せ。 (大阪府立大)

[類題出題校：静岡大, 兵庫県立大, 防衛大]

□ **類題に挑戦！** 17 ⏱(25)分 解答は本冊 P.69

平面上の $\triangle ABC$ で，$|\overrightarrow{AB}|=7$, $|\overrightarrow{BC}|=5$, $|\overrightarrow{AC}|=6$ となるものを考える。また，$\triangle ABC$ の内部の点 P は，$\overrightarrow{PA}+s\overrightarrow{PB}+3\overrightarrow{PC}=\vec{0}$ $(s>0)$ を満たすとする。

(1) $\overrightarrow{AP}=\alpha\overrightarrow{AB}+\beta\overrightarrow{AC}$ とするとき，α と β を s を用いて表せ。

(2) 2 直線 AP，BC の交点を D とするとき，$\dfrac{|\overrightarrow{BD}|}{|\overrightarrow{DC}|}$ と $\dfrac{|\overrightarrow{AP}|}{|\overrightarrow{PD}|}$ を s を用いて表せ。

(3) $\triangle ABC$ の面積を求めよ。

(4) $\triangle APC$ の面積が $2\sqrt{6}$ となるような s の値を求めよ。 (金沢大)

テーマ **18** | ベクトルと内積！

□ **これだけは！** 18　⏱20分　解答は本冊 P.72

平面上の 3 点 O，A，B は条件 $|\overrightarrow{OA}|=|\overrightarrow{OA}+\overrightarrow{OB}|=|2\overrightarrow{OA}+\overrightarrow{OB}|=1$ を満たす。

(1)　$|\overrightarrow{AB}|$ および △OAB の面積を求めよ。

(2)　点 P が平面上を $|\overrightarrow{OP}|=|\overrightarrow{OB}|$ を満たしながら動くときの △PAB の面積の最大値を求めよ。

(一橋大)

[類題出題校：秋田大，愛知教育大，香川大]

□ **類題に挑戦！** 18　⏱20分　解答は本冊 P.73

鋭角三角形 ABC は点 O を中心とする半径 1 の円に内接している。さらに，O から辺 BC，CA，AB に下ろした垂線をそれぞれ OP，OQ，OR とするとき，$3\overrightarrow{OP}+2\overrightarrow{OQ}+5\overrightarrow{OR}=\overrightarrow{0}$ を満たしている。

(1)　$\overrightarrow{OB}$ を $\overrightarrow{OA}$，$\overrightarrow{OC}$ を用いて表せ。

(2)　内積 $\overrightarrow{OA}\cdot\overrightarrow{OC}$ を求めよ。

(3)　OQ の長さを求めよ。

(横浜国立大)

テーマ 19 | 空間ベクトルと斜交座標！　平面編！

□ **これだけは！** 19　　　　20分　　解答は本冊 P.75

　1辺の長さが1の正四面体 OABC において，辺 OA の中点を D，辺 OB を 1：3 に内分する点を E，辺 OC を 1：3 に内分する点を F とする。△DEF の重心を G とし，直線 OG と △ABC の交点を H とする。

(1)　ベクトル $\overrightarrow{OG}$ を $\overrightarrow{OA}$，$\overrightarrow{OB}$，$\overrightarrow{OC}$ を用いて表せ。

(2)　線分 AH の長さを求めよ。　　　　　　　　　　　　　　　　　　　（岡山大）

［類題出題校：横浜国立大，高知大，鹿児島大］

□ **類題に挑戦！** 19　　　　15分　　解答は本冊 P.76

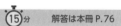

　四角形 ABCD を底面とする四角錐 OABCD は $\overrightarrow{OA}+\overrightarrow{OC}=\overrightarrow{OB}+\overrightarrow{OD}$ を満たしており，0 と異なる 4 つの実数 p, q, r, s に対して 4 点 P, Q, R, S を $\overrightarrow{OP}=p\overrightarrow{OA}$, $\overrightarrow{OQ}=q\overrightarrow{OB}$, $\overrightarrow{OR}=r\overrightarrow{OC}$, $\overrightarrow{OS}=s\overrightarrow{OD}$ によって定める。

　このとき，P, Q, R, S が同一平面上にあれば $\dfrac{1}{p}+\dfrac{1}{r}=\dfrac{1}{q}+\dfrac{1}{s}$ が成り立つことを示せ。

（京都大）

テーマ **20** | 平面と垂線の交点の座標！

☐ **これだけは！** **20** 解答は本冊 P.78

原点をOとする座標空間に3つの点 A(3, 0, 0)，B(0, 2, 0)，C(0, 0, 1) がある。

(1) Oから3つの点 A，B，C を含む平面に垂線を下ろし，この平面と垂線の交点をHとすると，点Hの座標は $\left(\dfrac{\text{ア}}{\text{イ}},\ \dfrac{\text{ウ}}{\text{エ}},\ \dfrac{\text{オ}}{\text{カ}} \right)$ である。

(2) 四面体 OABC に内接する球の半径は である。

(早稲田大)

［類題出題校：信州大，三重大，東京都立大］

☐ **類題に挑戦！** **20** ③⓪分 解答は本冊 P.79

4点 O(0, 0, 0)，A(2, 1, 4)，B(3, 0, 1)，C(1, 2, 1) を頂点とする四面体 AOBC がある。

(1) 3点 O，B，C の定める平面に，点Aから垂線 AH を下ろす。点Hの座標を求めよ。

(2) △OBC の面積と四面体 AOBC の体積を求めよ。

(3) 四面体 AOBC に外接する球，すなわち，4点 A，O，B，C を通る球面を考える。この球面の方程式を求めよ。

(琉球大)

テーマ 21 | 直線に関しての対称点！

これだけは！ 21　　　⏱20分　解答は本冊 P.81

放物線 $y=x^2$ 上に，直線 $y=ax+1$ に関して対称な位置にある異なる2点P，Qが存在するような a の値の範囲を求めよ。　　　　　　　　　　　　　　　　　　　　（一橋大）

類題に挑戦！ 21　　　⏱20分　解答は本冊 P.82

放物線 $C：y=x^2$ に対して，以下の問いに答えよ。

(1) C 上の点 $P(a, a^2)$ を通り，P における C の接線に直交する直線 l の方程式を求めよ。

(2) l を(1)で求めた直線とする。$a \neq 0$ のとき，直線 $x=a$ を l に関して対称に折り返して得られる直線 m の方程式を求めよ。

(3) (2)で求めた直線 m は a の値によらず定点Fを通ることを示し，Fの座標を求めよ。

（東北大）

テーマ 22 | 円と円が接する問題！ 中心線を引け！

　l を座標平面上の原点を通り傾きが正の直線とする。さらに，以下の3条件(i)，(ii)，(iii)で定まる円 C_1，C_2 を考える。

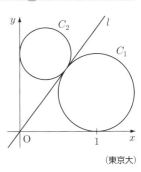

(i)　円 C_1，C_2 は2つの不等式 $x \geqq 0$，$y \geqq 0$ で定まる領域に含まれる。

(ii)　円 C_1，C_2 は直線 l と同一点で接する。

(iii)　円 C_1 は x 軸と点 $(1, 0)$ で接し，円 C_2 は y 軸と接する。

　円 C_1 の半径を r_1，円 C_2 の半径を r_2 とする。$8r_1 + 9r_2$ が最小となるような直線 l の方程式と，その最小値を求めよ。

(東京大)

[類題出題校：群馬大，慶應義塾大，早稲田大]

　座標平面において原点を中心とする半径2の円を C_1 とし，点 $(1, 0)$ を中心とする半径1の円を C_2 とする。また，点 (a, b) を中心とする半径 t の円 C_3 が，C_1 に内接し，かつ C_2 に外接すると仮定する。ただし，b は正の実数とする。

(1)　a，b を t を用いて表せ。また，t がとりうる値の範囲を求めよ。

(2)　t が(1)で求めた範囲を動くとき，b の最大値を求めよ。

(東京大)

テーマ **23** 線形計画法の基本！

□ **これだけは！** 23　　　　　　　　　　　　分　解答は本冊 P.90

座標平面上の点 $P(x,\ y)$ が $4x+y\leqq9$, $x+2y\geqq4$, $2x-3y\geqq-6$ の範囲を動くとき, $2x+y$, x^2+y^2 のそれぞれの最大値と最小値を求めよ。 (京都大)

[類題出題校：東北大, 山口大, 香川大]

□ **類題に挑戦！** 23　　　　　　　　　　　　分　解答は本冊 P.91

(1)　座標平面において，連立不等式 $\begin{cases} x^2+y\leqq1 \\ x-y\leqq1 \end{cases}$ の表す領域を図示せよ。

(2)　2つの放物線 $y=x^2-2x+k$ と $y=-x^2+1$ が共有点をもつような実数 k の値の範囲を求めよ。

(3)　$x,\ y$ が(1)の連立不等式を満たすとき，$y-x^2+2x$ の最大値および最小値と，それらを与える $x,\ y$ の値を求めよ。 (筑波大)

テーマ **24** | 同値変形で紐解く軌跡問題！

□ これだけは！ **24** ⏱25分 解答は本冊 P.92

t を正の実数とするとき，次の問いに答えよ。

(1) 点 $(t,\ 0)$ を中心とし，原点 O を通る円を C とするとき，C の方程式を求めよ。

(2) 直線 $y=ax+1$ と円 C が接しているとき，a を t の式で表せ。また，その接点を P とするとき，点 P の座標を t の式で表せ。

(3) 線分 OP の中点を Q とする。t が変化するとき，点 Q の軌跡を求め，図示せよ。

(香川大)

［類題出題校：福島大，滋賀大，長崎大］

□ 類題に挑戦！ **24** ⏱25分 解答は本冊 P.94

2 つの放物線

$$y=(x+2)^2 \quad \cdots\cdots① , \quad y=-x^2+1 \quad \cdots\cdots②$$

があり，放物線①上の点 P における接線が放物線②と異なる 2 点 Q，R で交わるとする。点 P がこの条件を満たしながら放物線①上を動くとき，線分 QR の中点 S の軌跡を求め，それを図示せよ。

(名古屋市立大)

テーマ **25** 4タイプで攻略する球箱問題！

□ **これだけは！** 25   （25）分   解答は本冊 P.99

10個の球を3個の箱に分けて入れる。ただし，どの箱にも必ず1個以上の球を入れるものとする。

(1) 10個の球に区別がなく，また3個の箱にも区別がない場合，球の入れ方の総数は何通りあるか。

(2) 10個の球に区別がなく，また3個の箱にはそれぞれ区別がある場合，球の入れ方の総数は何通りあるか。

(3) 10個の球にはそれぞれ区別があるが，3個の箱には区別がないとする。

　そのとき，2つの箱に4個ずつ，残り1つの箱に2個の球を入れるとするとき，入れ方の総数は何通りあるか。

(4) 10個の球にはそれぞれ区別があるが，また3個の箱のうち2つの箱は同じで区別がなく，残りのもう1つの箱とは区別ができる場合を考える。3個の箱のうち2つに4個の球を入れ，残り1つの箱に2個の球を入れるとするとき，入れ方の総数は何通りあるか。

(同志社大)

[類題出題校：大阪教育大，鳥取大，早稲田大]

□ **類題に挑戦！** 25   （20）分   解答は本冊 P.100

次の問いに答えよ。ただし，同じ色の球は区別できないものとし，空の箱があってもよいとする。

(1) 赤球10個を区別ができない4個の箱に分ける方法は何通りあるか。

(2) 赤球10個を区別ができる4個の箱に分ける方法は何通りあるか。

(3) 赤球6個と白球4個の合計10個を区別ができる4個の箱に分ける方法は何通りあるか。

(千葉大)

テーマ **26** | 余事象やベン図を利用して解く確率！

☐ **これだけは！ 26** 20分 解答は本冊 P.103

n を 2 以上の自然数とする。n 個のさいころを同時に投げるとき，次の確率を求めよ。

(1) 少なくとも 1 個は 1 の目が出る確率

(2) 出る目の最小値が 2 である確率

(3) 出る目の最小値が 2 かつ最大値が 5 である確率 (滋賀大)

[類題出題校：一橋大，新潟大，山口大]

☐ **類題に挑戦！ 26** 20分 解答は本冊 P.104

1 から 9 までの番号を付けた 9 枚のカードがある。この中から無作為に 4 枚のカードを同時に取り出し，カードに書かれた 4 つの番号の積を X とおく。

(1) X が 5 の倍数になる確率を求めよ。

(2) X が 10 の倍数になる確率を求めよ。

(3) X が 6 の倍数になる確率を求めよ。 (千葉大)

テーマ 27 | 反復試行の確率！

これだけは！ 27　　　20分　解答は本冊 P.108

AとBが続けて試合を行い，先に 3 勝した方が優勝するというゲームを考える。1 試合ごとにAが勝つ確率を p，Bが勝つ確率を q，引き分ける確率を $1-p-q$ とする。

(1) 3 試合目で優勝が決まる確率を求めよ。

(2) 5 試合目で優勝が決まる確率を求めよ。

(3) $p=q=\dfrac{1}{3}$ としたとき，5 試合目が終了した時点でまだ優勝が決まらない確率を求めよ。

(4) $p=q=\dfrac{1}{2}$ としたとき，優勝が決まるまでに行われる試合数の期待値を求めよ。

（岡山大）

［類題出題校：金沢大，広島大，佐賀大］

類題に挑戦！ 27　　　25分　解答は本冊 P.108

箱の中に n 枚のカードが入っている。ただし，$n\geqq3$ とする。そのうち 1 枚は金色，1 枚は銀色，残りの $(n-2)$ 枚は白色である。この箱からカードを 1 枚取り出し，その色が金なら 50 点，銀なら 10 点，白なら 0 点と記録し，カードを箱に戻す。この操作を繰り返し，記録した点の合計が k 回目にはじめてちょうど 100 点となる確率を $P(k)$ とする。

(1) 確率 $P(4)$ を求めよ。

(2) 確率 $P(6)$ を求めよ。

(3) 確率 $P(11)$ を求めよ。

（千葉大）

テーマ 28 | 確率の最大・最小！

□ これだけは！ 28  解答は本冊 P.110

袋の中に白球が 20 個，赤球が 50 個入っている。この袋の中から球を 1 球取り出し，色を調べてから袋に戻す。これを 40 回繰り返す。このとき，白球が n 回取り出される確率を p_n とする。

(1) $p_1 = \boxed{ア} \cdot \left(\dfrac{5}{7}\right)^{\boxed{イ}}$ である。

(2) $\dfrac{p_{n+1}}{p_n} = \dfrac{\boxed{ウ}(\boxed{エ} - n)}{\boxed{オ}(n + \boxed{カ})}$ である。

(3) 白球が取り出される確率が最大になるのは，白球が $\boxed{キ}$ 回取り出されるときである。

(早稲田大)

［類題出題校：福井大，名古屋大，県立広島大］

□ 類題に挑戦！ 28  解答は本冊 P.111

AとBの 2 人があるゲームを繰り返し行う。1 回ごとのゲームでAがBに勝つ確率は p，BがAに勝つ確率は $1 - p$ であるとする。n 回目のゲームで初めてAとBの双方が 4 勝以上になる確率を x_n とする。

(1) x_n を p と n で表せ。

(2) $p = \dfrac{1}{2}$ のとき，x_n を最大にする n を求めよ。

(一橋大)

テーマ 29 | 条件付き確率！

これだけは！ 29　　　　　⏱20分　解答は本冊 P.115

n は 5 以上の自然数とする。赤球 3 個と白球 7 個が入っている袋から球を 1 個取り出し，色を確認してからもとに戻すという試行を n 回行う。

(1) n 回目に 3 度目の赤球が出る確率を求めよ。

(2) 2 度以上連続することなく 3 度赤球が出る確率を求めよ。

(3) n 回目に 3 度目の赤球が出たとき，2 度以上連続することなく 3 度赤球が出ている条件付き確率を求めよ。

[（熊本大）]

[類題出題校：広島大，九州大，防衛大]

類題に挑戦！ 29　　　　　⏱20分　解答は本冊 P.115

円卓に A，B，C，D，E，F の 6 人が右の図のように座っており，さいころが 1 個ある。

このとき，次の試行（＊）を繰り返し，得点を獲得していくゲームを考える。ただし，ゲーム開始時は，A がさいころを持っており，各自の持ち点は 0 点であるとする。

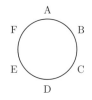

（＊）さいころを持っている人が，そのさいころを 1 回投げて，出た目を k とする。このとき，投げた人から時計回りに k 人目の人がさいころを受け取り，さいころを受け取った人の持ち点に k 点が加算される。

例えば，A がさいころを投げて 5 の目が出た場合は，F がさいころを受け取り，F の持ち点に 5 点が加算される。

試行（＊）を 4 回繰り返してゲームを終了する。

(1) ゲーム終了時に A の持ち点が 0 点である確率を求めよ。

(2) ゲーム終了時に A の持ち点が 5 点である確率を求めよ。

(3) ゲーム終了時に A の持ち点が 5 点であるとき，E の持ち点が 3 点である条件付き確率を求めよ。

[（横浜国立大）]

テーマ 30 | 不等式で評価する整数問題！

(1) 2つの自然数の組 (a, b) は，条件 $a < b$ かつ $\dfrac{1}{a} + \dfrac{1}{b} < \dfrac{1}{4}$ を満たす。このような組 (a, b) のうち，b の最も小さいものをすべて求めよ。

(2) 3つの自然数の組 (a, b, c) は，条件 $a < b < c$ かつ $\dfrac{1}{a} + \dfrac{1}{b} + \dfrac{1}{c} < \dfrac{1}{3}$ を満たす。このような組 (a, b, c) のうち，c の最も小さいものをすべて求めよ。 (一橋大)

[類題出題校：信州大，名古屋大，鳥取大]

x, y を自然数とする。

(1) $\dfrac{3x}{x^2 + 2}$ が自然数であるような x をすべて求めよ。

(2) $\dfrac{3x}{x^2 + 2} + \dfrac{1}{y}$ が自然数であるような組 (x, y) をすべて求めよ。 (北海道大)

34

テーマ **31** | 積の形へ持ち込む整数問題！

□ **これだけは！ 31**　　　　　　　　　　　　　　㉕分　解答は本冊 P.120

2 以上の整数 m, n は $m^3+1^3=n^3+10^3$ を満たす。m, n を求めよ。　　　（一橋大）

［類題出題校：名古屋市立大，岡山県立大，愛媛大］

□ **類題に挑戦！ 31**　　　　　　　　　　　　　　㉕分　解答は本冊 P.122

p を 3 以上の素数とする。4 個の整数 a, b, c, d が次の 3 条件

$$a+b+c+d=0, \quad ad-bc+p=0, \quad a \geqq b \geqq c \geqq d$$

を満たすとき，a, b, c, d を p を用いて表せ。　　　（京都大）

テーマ 32 | 余りに着目し分類する整数問題！

□ これだけは！ 32  25分 解答は本冊 P.124

(1) x を自然数とする。このとき，x^2 を 4 で割ったときの余りは，x が偶数のときは 0 であり，x が奇数のときは 1 であることを証明せよ。

(2) 自然数の組 (x, y) について，$5x^2 + y^2$ が 4 の倍数ならば，x, y はともに偶数であることを証明せよ。

(3) 自然数の組 (x, y) で $5x^2 + y^2 = 2016$ を満たすものをすべて求めよ。 (慶應義塾大)

［類題出題校：東北大，千葉大，お茶の水女子大］

□ 類題に挑戦！ 32 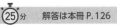 25分 解答は本冊 P.126

自然数 a, b, c, d が $a^2 + b^2 + c^2 = d^2$ を満たしている。

(1) d が 3 で割り切れるならば，a, b, c はすべて 3 で割り切れるか，a, b, c のどれも 3 で割り切れないかのどちらかであることを示せ。

(2) a, b, c のうち偶数が少なくとも 2 つあることを示せ。 (横浜国立大)

虚数解をもつ高次方程式！

これだけは！ 33

 25 分　解答は本冊 P.128

$\gamma = 1 + \sqrt{3}\,i$ とする。ただし，i は虚数単位である。実数 a，b に対して多項式 $P(x)$ を $P(x) = x^4 + ax^3 + bx^2 - 8(\sqrt{3} + 1)x + 16$ で定める。

(1) $P(\gamma) = 0$ となるように a と b を定めよ。

(2) (1)で定めた a と b に対して，$P(x) = 0$ となる複素数 x で γ 以外のものをすべて求めよ。

(北海道大)

［類題出題校：埼玉大，兵庫県立大，琉球大］

類題に挑戦！ 33

 25 分　解答は本冊 P.129

i を虚数単位とする。m を整数とし，$g(x) = x^3 - 5x^2 + mx - 13$ とする。整数 a と 0 でない整数 b が $g(a + bi) = 0$ を満たすとき，以下の問いに答えよ。

(1) $g(a - bi) = 0$ が成り立つことを示せ。

(2) $g(x)$ が $x^2 - 2ax + a^2 + b^2$ で割り切れることを示せ。

(3) m の値を求めよ。

(東京都立大)

テーマ **34** 差分解とシグマ！

これだけは！ **34**  ㉕分 解答は本冊 P.133

整数 n について，$f(n)=(2n+1)(2n+3)(2n+5)(2n+7)(2n+9)$ とおく。

(1) k を自然数とするとき，等式

$$f(k)-f(k-1)=a(2k+1)(2k+3)(2k+5)(2k+7)$$

が成立するように，定数 a の値を定めよ。

(2) m が自然数であるとき，$\displaystyle\sum_{k=1}^{m}(2k+1)(2k+3)(2k+5)(2k+7)$ を $f(m)$ を用いて表せ。

（大分大）

［類題出題校：静岡大，高知大，宮崎大］

類題に挑戦！ **34** ⑮分 解答は本冊 P.133

以下の問いに答えよ。答えだけでなく，必ず証明も記せ。

(1) 和 $1+2+\cdots+n$ を n の多項式で表せ。

(2) 和 $1^2+2^2+\cdots+n^2$ を n の多項式で表せ。

(3) 和 $1^3+2^3+\cdots+n^3$ を n の多項式で表せ。

（九州大）

テーマ 35 | 格子点の個数とシグマ！

□ これだけは！ 35  25分 解答は本冊 P.138

xy 平面において，x，y がともに整数であるとき，点 (x, y) を格子点とよぶ。m を 1 以上の整数とするとき，放物線 $y = x^2 - 2mx + m^2$ と x 軸および y 軸によって囲まれた図形を D とする。

(1) D の周上の格子点の数 L_m を m で表せ。

(2) D の周上および内部の格子点の数 T_m を m で表せ。

(3) $T_m - \dfrac{m}{3} L_m$ の最大値とそのときの m の値を求めよ。 (東北大)

[類題出題校：北海道大，名古屋大，広島大]

□ 類題に挑戦！ 35  30分 解答は本冊 P.139

(1) k を 0 以上の整数とするとき

$$\frac{x}{3} + \frac{y}{2} \leq k$$

を満たす 0 以上の整数 x，y の組 (x, y) の個数を a_k とする。a_k を k の式で表せ。

(2) n を 0 以上の整数とするとき

$$\frac{x}{3} + \frac{y}{2} + z \leq n$$

を満たす 0 以上の整数 x，y，z の組 (x, y, z) の個数を b_n とする。b_n を n の式で表せ。

(横浜国立大)

テーマ **36** | 群数列！

☐ **これだけは!** **36**  解答は本冊 P.142

一般項が $a_k=2k-1$ である数列に，次のような規則で縦棒で仕切りを入れて区分けする。その規則とは，区分けされた n 番目の部分（これを第 n 群と呼ぶことにする）が $2n-1$ 個の項からなるように仕切るものである。

$$1\,|\,3,\ 5,\ 7\,|\,9,\ 11,\ 13,\ 15,\ 17\,|\,19,\ 21,\ 23,\ 25,\ 27,\ 29,\ 31\,|\,33,\ 35,\ 37,\ \cdots\cdots$$

このとき，例えば，第 3 群は，9，11，13，15，17 の 5 つの項からなるので，第 3 群の初項は 9，末項は 17，中央の項は 3 項目の 13 である。また，第 3 群の総和は $9+11+13+15+17=65$ であり，15 は第 3 群の第 4 項である。

(1) 第 n 群の初項を n の式で表せ。

(2) 第 n 群の中央の項を n の式で表せ。

(3) 第 n 群の項の総和 $S(n)$ を n の式で表せ。

(4) 第 1 群から第 n 群までの中央の項の総和を n の式で表せ。

(5) 2013 は第何群の第何項か。 （早稲田大）

[類題出題校：新潟大，山口大，防衛大]

☐ **類題に挑戦!** **36** 解答は本冊 P.143

数列 1，1，3，1，3，5，1，3，5，7，1，3，5，7，9，1，……において，次の問いに答えよ。ただし，k，m，n は自然数とする。

(1) $k+1$ 回目に現れる 1 は第何項か。

(2) m 回目に現れる 17 は第何項か。

(3) 初項から $k+1$ 回目の 1 までの項の和を求めよ。

(4) 初項から第 n 項までの和を S_n とするとき，$S_n>1300$ となる最小の n を求めよ。

（名古屋市立大）

テーマ **37** 隣接２項間漸化式の解き方！

これだけは！ **37** ⏱20分　解答は本冊 P.146

p は 0 でない実数とし $a_1=1$, $a_{n+1}=\dfrac{1}{p}a_n-(-1)^{n+1}$ $(n=1, 2, 3, \cdots\cdots)$ によって定まる数列 $\{a_n\}$ がある。

(1) $b_n=p^n a_n$ とする。b_{n+1} を b_n, n, p で表せ。

(2) 一般項 a_n を求めよ。 （北海道大）

[類題出題校：福井大，鳥取大，香川大]

類題に挑戦！ **37** ⏱25分　解答は本冊 P.147

次の条件によって定められる数列 $\{a_n\}$ がある。

$$a_1=2, \quad a_{n+1}=8a_n^2 \quad (n=1, 2, 3, \cdots\cdots)$$

(1) $b_n=\log_2 a_n$ とおく。b_{n+1} を b_n を用いて表せ。

(2) 数列 $\{b_n\}$ の一般項を求めよ。

(3) $P_n=a_1 a_2 a_3 \cdots\cdots a_n$ とおく。数列 $\{P_n\}$ の一般項を求めよ。

(4) $P_n>10^{100}$ となる最小の自然数 n を求めよ。 （大阪大）

テーマ 38 | 隣接 3 項間漸化式の解き方！

□ **これだけは！** 38 　　　 20分　解答は本冊 P.150

次の条件で定められる数列 $\{a_n\}$ を考える。

$$a_1=1, \quad a_2=1, \quad a_{n+2}=a_{n+1}+3a_n \quad (n=1, 2, 3, \cdots\cdots)$$

(1) 以下が成立するように，実数 s, $t\,(s>t)$ を定めよ。

$$\begin{cases} a_{n+2}-sa_{n+1}=t(a_{n+1}-sa_n) \\ a_{n+2}-ta_{n+1}=s(a_{n+1}-ta_n) \end{cases} \quad (n=1, 2, 3, \cdots\cdots)$$

(2) 一般項 a_n を求めよ。

　　　　　　　　　　　　　　　　　　　　　　　　　　　　　　（北海道大）

［類題出題校：宇都宮大，山梨大，熊本大］

□ **類題に挑戦！** 38 　　　 20分　解答は本冊 P.150

$0<p<1$ とする。

$$a_1=1, \quad a_2=2, \quad a_{n+2}=(1-p)a_{n+1}+pa_n \quad (n=1, 2, 3, \cdots\cdots)$$

で定められる数列 $\{a_n\}$ に対して，次の問いに答えよ。

(1) $b_n=a_{n+1}-a_n$ とおくとき，数列 $\{b_n\}$ の一般項を求めよ。

(2) 数列 $\{a_n\}$ の一般項を求めよ。

　　　　　　　　　　　　　　　　　　　　　　　　　　　　　　（佐賀大）

テーマ **39** 和から一般項！ 添え字チェックを忘れるな！

□ **これだけは！ 39** ⏱20分 解答は本冊 P.154

数列 $\{a_n\}$, $\{b_n\}$ は

$$\frac{n(n+1)}{2}b_n=a_n+2a_{n-1}+3a_{n-2}+\cdots\cdots+na_1 \quad (n=1,\ 2,\ 3,\ \cdots\cdots)$$

という関係を満たしているとする。

(1) n は 2 以上の自然数とするとき，$\displaystyle\sum_{k=1}^{n}a_k$ を n，b_n，b_{n-1} を用いて表せ。

(2) $\{b_n\}$ が初項 $b_1=p$，公差 q の等差数列であるとき，a_n を n，p，q を用いて表せ。

(大阪市立大)

[類題出題校：宮城教育大，金沢大，大分大]

□ **類題に挑戦！ 39** ⏱25分 解答は本冊 P.154

(1) 数列 $\{a_n\}$ $(n=1,\ 2,\ 3,\ \cdots\cdots)$ は次の関係を満たしている。

$$\sum_{k=1}^{n}\frac{(k+1)(k+2)}{3^{k-1}}a_k=-\frac{1}{4}(2n+1)(2n+3)$$

a_n を n を用いて表せ。

(2) (ア) 次の和 S を求めよ。

$$S=\sum_{k=1}^{n}\frac{1}{(k+1)(k+2)}$$

(イ) (1)の a_n に対して，$n\geqq2$ のとき，和 $Q=\displaystyle\sum_{k=1}^{n}a_k$ を求めよ。

(早稲田大)

テーマ 40 一段仮定の数学的帰納法！

これだけは！ 40 ⏱20分 解答は本冊P.158

正の数 a_1, a_2, ……, a_n と自然数 $n \geqq 2$ に対して，次の不等式が成り立つことを数学的帰納法で証明せよ。

$$\sum_{i=1}^{n} \frac{a_i}{1+a_i} > \frac{a_1+a_2+\cdots\cdots+a_n}{1+a_1+a_2+\cdots\cdots+a_n}$$

（信州大）

[類題出題校：福島大，愛知教育大，滋賀大]

類題に挑戦！ 40 ⏱25分 解答は本冊P.159

(1) $2^m \leqq 4m^2$ であるが，$2^{m+1} > 4(m+1)^2$ である最小の自然数 m を求めよ。

(2) m を(1)で求めた自然数とする。そのとき $m < n$ を満たすすべての自然数 n について，$4n^2 < 2^n$ が成り立つことを示せ。

(3) $S_n = \displaystyle\sum_{k=1}^{n} 2^k - \sum_{k=1}^{n} 4k^2$ とする。n を動かしたときの S_n の最小値を求めよ。

（九州大）

MEMO

MEMO

MEMO

MEMO

毎年出る!

センバツ**40**題

文系数学

標準レベル

別冊
問題

[数学 I・A・II・B]

Obunsha

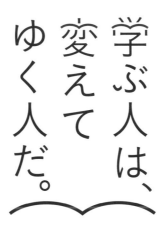

学ぶ人は、
変えて
ゆく人だ。

目の前にある問題はもちろん、

人生の問いや、

社会の課題を自ら見つけ、

挑み続けるために、人は学ぶ。

「学び」で、

少しずつ世界は変えてゆける。

いつでも、どこでも、誰でも、

学ぶことができる世の中へ。

旺文社

はじめに

　『毎年出る！ センバツ　文系数学』シリーズは，受験科目として数学が必要な文系の受験生を対象に執筆しました。標準レベルと上位レベルの 2 冊の構成になっています。最新の入試傾向に合わせて，実際に出題された文系の入試問題（文理共通問題も多数含まれる）から解く価値のある重要問題（良問）“だけ”を採用しています。

　レベル別になっていない問題集を使用して，難易度の差が大きく，所々で大きくつまずいてしまったり，途中で挫折してしまいそうになっている生徒を多く見てきました。これまでは，そんな頑張っている生徒を，質問に答えることで陰ながらフォローしてきました。このような経験を活かして，この『毎年出る！ センバツ　文系数学』シリーズを書き下ろしました。

　標準レベルでは，何千題という入試問題を分析した上で，すべての受験生に必須の内容だけに絞り，入試本番で確実に得点する力をつけるための最重要の 40 テーマを厳選しました。特に，文系学部の入試でよく出題されるテーマを取り上げています。

　上位レベルでは，ある程度，文系数学の土台が確立されていて，数学で差をつけたい，難関大に本気で合格したいという生徒を対象に，難関大入試で必須の，思考する力をつけるための最重要の 35 テーマを厳選しました。難関大の文系学部の入試でよく出題されるテーマに加え，今後，出題が増えていくと予想されるテーマも取り上げています。

　この問題集は，受験勉強の初期から中期のインプット用の問題集としても，受験直前期のアウトプット用の問題集としても，どちらにおいても使用できるように執筆しています。特に，受験直前期のアウトプット用の問題集として使用する場合は，最重要テーマの内容が一通り押さえられているかを確認するために，先に これだけは！ の問題を解いて，自分の弱点を探して補強するという使い方がおすすめです。時間が限られている受験直前期で使用する場合は，思いっきり，この本の美味しいところだけを味わいましょう。

　最後になりましたが，本書の執筆にあたり，私にとって初めての執筆ということで，スケジュールの管理から執筆のアドバイスまで，ご丁寧にご対応して頂きました青木希実子様をはじめ，編集や校閲に関わってくださった皆様に，この場を借りて深く御礼申し上げます。

齋藤正樹

本書の特長と使い方

■問題（別冊）

これだけは！

大学入試で確実に得点する力をつけるための最重要テーマの問題 40 題を厳選しました。特に，文系学部の入試でよく出題されるテーマを取り上げています。最重要テーマの内容が一通り押さえられているかを確認するために，先に **これだけは！** の 40 題を解いて，自分の弱点を探して補強するという使い方がおすすめです。

類題に挑戦！

これだけは！ と同じテーマではあるものの，出題方法が異なる問題や，やや難易度の高い問題も含みます。本番の試験において，問題の問われ方やその難易度が変わったとしても，十分に力が発揮できるようにという配慮です。演習量を増やしたい人，レベルアップしたい人はぜひ挑戦してみてください。なお，時間に余裕がない場合は，志望校の過去問を研究した上で，特に，志望校で頻出の単元（例えば，整数）に絞って演習するのも上手い使い方です。

 分

目標解答時間です。この時間内に解き終わるように演習しましょう。

類題出題校

類題が出題された学校名を掲載しています。

⋯⋯⋯⋯⋯⋯⋯⋯⋯⋯⋯⋯⋯⋯⋯⋯⋯⋯⋯⋯⋯⋯⋯⋯⋯⋯⋯⋯⋯⋯⋯⋯⋯⋯⋯⋯⋯

■解答（本冊）

模範解答となる解き方を記しました。余白には，ふきだしで解答のポイント，補足説明を加えましたので，理解の助けとしてください。

重要ポイント 総整理！

これだけは！ を解くために必要な知識，目の付け所を記しました。どのように解けばよいのか見当がつかない場合は，先にここを読んでみましょう。

ちょっと一言・参考

解答について掘り下げた解説，関連する知識，発展的な考え方などを記しました。

解答　目次

著者紹介

齋藤正樹（さいとうまさき）

1985年宮城県生まれ。早稲田大学基幹理工学研究科数学応用数理専攻修士課程修了。現在，早稲田大学系属校 早稲田中学校・高等学校専任教諭。『全国大学入試問題正解　数学』（旺文社）の解答執筆者でもある。この本の姉妹本である『毎年出る！ センバツ35題 文系数学 上位レベル』（旺文社）も執筆している。学校教育にとどまらず，「算額をつくろうコンクール」の選考委員やその運営にも携わるなど，幅広く活躍中である。

紙面デザイン：内津 剛（及川真咲デザイン事務所）　　図版：プレイン
編集協力：有限会社 四月社　　企画・編集：青木希実子

テーマ **1** │ ２次関数の最大・最小問題！

重要ポイント **総整理！**

２次関数の最大・最小

２次関数 $y=f(x)=x^2-2ax=(x-a)^2-a^2$ $(0\leqq x\leqq 2)$ について，最小値と最大値を求めよ。

最小値　軸（頂点）が区間の中にあるかどうかで３つの場合分け！

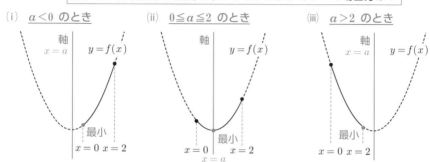

(i) $a<0$ のとき

(ii) $0\leqq a\leqq 2$ のとき

(iii) $a>2$ のとき

$x=0$ で**最小値 0** をとる。　$x=a$ で**最小値 $-a^2$** をとる。　$x=2$ で**最小値 $4-4a$** をとる。

最大値　軸が区間のど真ん中より左か右にあるかどうかで２つの場合分け！

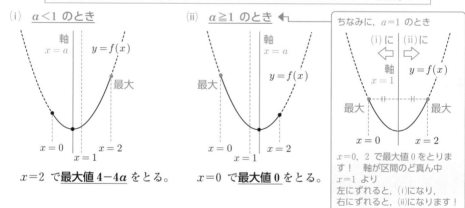

(i) $a<1$ のとき

(ii) $a\geqq 1$ のとき

ちなみに，$a=1$ のとき

(i) に ⇦　(ii) に ⇨
軸
$x=1$　$y=f(x)$

最大 ┼┼ ┼┼ 最大

$x=0$　　　$x=2$

$x=0$，2 で最大値 0 をとります！ 軸が区間のど真ん中
$x=1$ より
左にずれると，(i)になり，
右にずれると，(ii)になります！

$x=2$ で**最大値 $4-4a$** をとる。　$x=0$ で**最大値 0** をとる。

これだけは！ **1**

解答 (1) 放物線 $y=a(x-b)^2$ と直線 $y=-4x+4$ との共有点の x 座標は，x の２次方程式 $a(x-b)^2=-4x+4$ すなわち $ax^2-2(ab-2)x+ab^2-4=0$ の実数解である。

放物線が直線に接しているから，この方程式は**重解**をもつ。

よって，この方程式の判別式 D について $\dfrac{D}{4}=0$

$$\{-(ab-2)\}^2-a(ab^2-4)=0$$

$$-4ab+4a+4=0$$

$$ab=a+1$$

$a>0$ より $\underline{b=1+\dfrac{1}{a}}$

(2) (1)より，$f(x)=a\left\{x-\left(1+\dfrac{1}{a}\right)\right\}^2$

$y=f(x)$ の**グラフの軸の方程式**は $x=1+\dfrac{1}{a}$

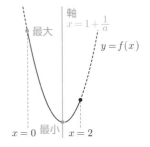

軸 $x=1+\dfrac{1}{a}$ が区間 $0\leqq x\leqq 2$ の中にあるかどうかで場合分けです！ 軸 $x=1+\dfrac{1}{a}>1$ より，(i)，(ii)の場合分けだけでよいことになります！

$a>0$ より $1+\dfrac{1}{a}>1$

まず，最小値について

(i) $1<1+\dfrac{1}{a}\leqq 2$ すなわち $a\geqq 1$ のとき

軸が区間の中にある場合です！

$f(x)$ は $x=1+\dfrac{1}{a}$ で最小となる。

$$m(a)=f\left(1+\dfrac{1}{a}\right)=0$$

(ii) $2<1+\dfrac{1}{a}$ すなわち $0<a<1$ のとき

軸が区間の中にない場合です！

$f(x)$ は $x=2$ で最小となる。

$$m(a)=f(2)=a+\dfrac{1}{a}-2$$

次に，最大値について

(i)，(ii)のとき，どちらも $f(x)$ は $x=0$ で最大となる。

$$M(a)=f(0)=a+\dfrac{1}{a}+2$$

(i)，(ii)より $\underline{M(a)=a+\dfrac{1}{a}+2}$

$$\underline{m(a)=\begin{cases} a+\dfrac{1}{a}-2 & (0<a<1) \\ 0 & (a\geqq 1) \end{cases}}$$

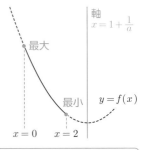

軸 $x=1+\dfrac{1}{a}$ が区間のど真ん中 $x=1$ の左か右にあるかで場合分けですが，軸 $x=1+\dfrac{1}{a}>1$ より，必ず軸は右にありますね！

(3) $a>0$，$\dfrac{1}{a}>0$ であるから，**相加平均と相乗平均の不等式**により

相加平均・相乗平均について詳しく 参考 に触れておきます！

$$M(a)=a+\dfrac{1}{a}+2\geqq 2\sqrt{a\cdot\dfrac{1}{a}}+2=4$$

等号成立条件を必ず調べましょう！ 等号が成立する a が存在して初めて，最小値が 4 と確定します！ 詳しくは，参考 で！

等号成立条件は $a=\dfrac{1}{a}$ すなわち $a=1$ (>0) のときである。

よって，$M(a)$ は $a=1$ のとき**最小値** $\underline{4}$ をとる。

6

参考 〈相加平均と相乗平均の不等式について〉

$a>0$, $b>0$ のとき, $\dfrac{a+b}{2}\geqq\sqrt{ab}$ が成り立ちます。なお, この不等式の等号成立条件

は, $a=b$ のときです。問題を解く際は, $a+b\geqq2\sqrt{ab}$ の形で用います。

$a+b\geqq2\sqrt{ab}$ の形から, **和 $a+b$ または, 積 ab が一定の関数の最大値や最小値を求める**

ことができます! 前のページの問題の(3)では, $a\cdot\dfrac{1}{a}=1$ となり, **積が一定**になっています

ね。

> $x>1$ のとき, $x+\dfrac{2}{x-1}$ の最小値を求めよ。

$x-1>0$, $\dfrac{2}{x-1}>0$ であるから, **相加平均と相乗平均の不等式**により

この変形がポイント!

$$x+\dfrac{2}{x-1}=(x-1)+\dfrac{2}{x-1}+1\geqq2\sqrt{(x-1)\cdot\dfrac{2}{x-1}}+1=2\sqrt{2}+1 \quad\cdots\cdots①$$

等号成立条件は $x-1=\dfrac{2}{x-1}$ すなわち $(x-1)^2=2$ $x-1>0$ に注意すると

$x-1=\sqrt{2}$ すなわち $x=1+\sqrt{2}$ のときである。◀ 等号成立条件を必ず調べてくださいね! 等号が成立する x が存在して初めて, 最小値が $2\sqrt{2}+1$ と確定します!

よって, $x=1+\sqrt{2}$ のとき最小値 $\boldsymbol{2\sqrt{2}+1}$ をとる。

相加平均と相乗平均の不等式を用いて最大値や最小値を求める問題では, **正であるという前提条件**と, **等号成立条件を必ず記述する**ことが大切です! なぜ, 等号成立条件の記述が必要になるのかについてですが, 上の例では, ①によって $x+\dfrac{2}{x-1}$ が $2\sqrt{2}+1$ 以上である

ことは分かりました。でも, この①の時点では, $x+\dfrac{2}{x-1}$ が $2\sqrt{2}+1$ の値をとれるかどう

かはまだ分からないのです。具体的な話で説明をすると, 身長が全員 160 cm 以上の場合, その中に身長がぴったり 160 cm の生徒がいるとは限らないということです。上の例の問題に戻ると, 等号成立条件を調べて, $x>1$ の範囲に等号が成立する x の値が存在して初めて, $x+\dfrac{2}{x-1}$ が $2\sqrt{2}+1$ の値をとることができるということになります!

類題に挑戦! **1**

解答 (1) $a=\dfrac{1}{2}$ のとき

$$f(x)=x^2+\dfrac{1}{2}x+1=\left(x+\dfrac{1}{4}\right)^2+\dfrac{15}{16}\quad\left(-\dfrac{1}{2}\leqq x\leqq\dfrac{3}{2}\right)$$

$f(x)$ は $x=-\dfrac{1}{4}$ で最小値 $\dfrac{15}{16}$ をとる。

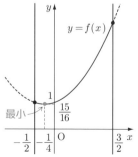

よって $m\left(\dfrac{1}{2}\right)=\dfrac{15}{16}$

(2) $\quad f(x)=x^2+ax+1=\left(x+\dfrac{a}{2}\right)^2-\dfrac{a^2}{4}+1$

よって，$y=f(x)$ のグラフの軸の方程式は $\quad x=-\dfrac{a}{2}$

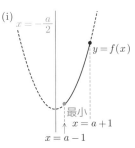

(ⅰ) $-\dfrac{a}{2}<a-1$ すなわち $\dfrac{2}{3}<a$ のとき

> 軸が区間の左外
> にある場合です！

$f(x)$ は $x=a-1$ で最小となる。

$\quad m(a)=f(a-1)$
$\qquad =(a-1)^2+a(a-1)+1$
$\qquad =2a^2-3a+2$

(ⅱ) $a-1\leqq -\dfrac{a}{2}\leqq a+1$ すなわち $-\dfrac{2}{3}\leqq a\leqq \dfrac{2}{3}$ のとき

> 軸が区間の中に
> ある場合です！

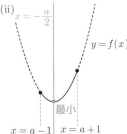

$f(x)$ は $x=-\dfrac{a}{2}$ で最小となる。

$\quad m(a)=f\left(-\dfrac{a}{2}\right)=-\dfrac{a^2}{4}+1$

(ⅲ) $a+1<-\dfrac{a}{2}$ すなわち $a<-\dfrac{2}{3}$ のとき

> 軸が区間の右外
> にある場合です！

$f(x)$ は $x=a+1$ で最小となる。

$\quad m(a)=f(a+1)$
$\qquad =(a+1)^2+a(a+1)+1$
$\qquad =2a^2+3a+2$

以上より

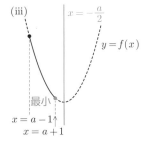

$$m(a)=\begin{cases}2a^2+3a+2 & \left(a<-\dfrac{2}{3}\right)\\[2mm] -\dfrac{a^2}{4}+1 & \left(-\dfrac{2}{3}\leqq a\leqq \dfrac{2}{3}\right)\\[2mm] 2a^2-3a+2 & \left(\dfrac{2}{3}<a\right)\end{cases}$$

(3) $\quad 2a^2+3a+2=2\left(a+\dfrac{3}{4}\right)^2+\dfrac{7}{8}$

$\qquad 2a^2-3a+2=2\left(a-\dfrac{3}{4}\right)^2+\dfrac{7}{8}$

より，$y=m(a)$ のグラフは，図のようになる。

よって，$m(a)$ は $a=\pm\dfrac{3}{4}$ のとき最小値 $\dfrac{7}{8}$ をとる。

> $y=m(a)$ のグラフをかくことで
> $m(a)$ の最小値が分かります！

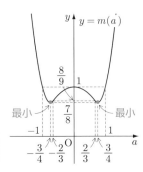

テーマ **2** | 2次方程式の解の配置問題！

2次方程式の解の配置　きじは編

x の2次方程式 $ax^2+bx+c=0$ $(a, b, c$ は定数。$a\neq0)$ の実数解が指定された範囲にあるような条件を求める問題 (解の配置問題) について考えましょう！　この2次方程式の実数解は $\boxed{2次関数\ y=ax^2+bx+c\ のグラフと\ x軸(直線\ y=0)\ との共有点の\ x座標}$ を表しています。まず，問題文で指定された範囲に実数解，すなわち2次関数 $y=ax^2+bx+c$ のグラフと x 軸との共有点の x 座標がくるように，理想的な $y=ax^2+bx+c$ のグラフをかきます。そのグラフから $\boxed{①境界\ (き)}$ 　　$\boxed{②軸\ (じ)}$ 　　　$\boxed{③判別式\ (は)}$ の情報を読みとります！　①，②，③を同時に満たすとき，理想的なグラフとなり，指定された範囲に実数解をもつことになるのです。

> 2次方程式 $x^2-4mx-8m+12=0$ が異なる2つの正の実数解をもつとき，定数 m の値の範囲を求めよ。

$f(x)=x^2-4mx-8m+12$ とおくと　$f(x)=(x-2m)^2-4m^2-8m+12$

2次方程式 $f(x)=0$ が異なる2つの正の実数解をもつのは，$y=f(x)$ のグラフと x 軸の正の部分が異なる2点で交わるときである。

よって，図より，次の①〜③が同時に成り立てばよい。

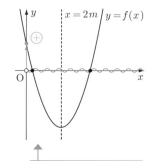

（き）　$f(0)>0$　……①

（じ）　$y=f(x)$ のグラフの軸 $x=2m$ について

$\qquad 2m>0$　……②

（は）　$f(x)=0$ の判別式 D について　$\dfrac{D}{4}>0$　……③

①より　$-8m+12>0$　∴　$m<\dfrac{3}{2}$　……①′

②より　$m>0$　……②′

③より　$(-2m)^2-(-8m+12)>0$

$\qquad m^2+2m-3>0$

$\qquad (m+3)(m-1)>0$

∴　$m<-3,\ 1<m$　……③′

①′〜③′の共通範囲を求めると　$\underline{1<m<\dfrac{3}{2}}$

> まずは理想的なグラフをかいて，(き)(じ)(は)の情報を読みとりましょう！

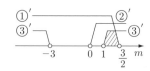

これだけは！ **2**

解答 (1) $f(x)=x^2-2(a+1)x+3a$ とおく。

$f(x)=\{x-(a+1)\}^2-a^2+a-1$

2次方程式 $f(x)=0$ が $-1\leqq x\leqq 3$ の範囲で2つの異なる実数解をもつのは，次の①
～④が同時に成り立つときである。

(き) $f(-1)\geqq 0$ ……①, $f(3)\geqq 0$ ……②

(じ) $y=f(x)$ のグラフの軸 $x=a+1$ について

$$-1<a+1<3 \quad\text{……③}$$

(は) $f(x)=0$ の判別式Dについて $\dfrac{D}{4}>0$ ……④

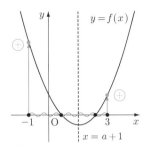

①より $5a+3\geqq 0$ $\therefore$ $a\geqq-\dfrac{3}{5}$ ……①′

②より $-3a+3\geqq 0$ $\therefore$ $a\leqq 1$ ……②′

③より $-2<a<2$ ……③′

④より $(a+1)^2-3a>0$

$a^2-a+1>0$

$\left(a-\dfrac{1}{2}\right)^2+\dfrac{3}{4}>0$ ◀

これはすべての実数 a に対して成り立つ。 ……④′

①′，②′，③′，④′ の共通範囲を求めて $\underline{-\dfrac{3}{5}\leqq a\leqq 1}$

> まずは理想的なグラフをかいて，(き)(じ)(は)の情報を読みとりましょう！

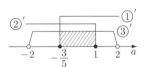

別解 $x^2-2(a+1)x+3a=0$ ……①

方程式①で文字定数 a を含む項を分離して $x^2-2x=a(2x-3)$

$\therefore$ $\dfrac{1}{2}x^2-x=a\left(x-\dfrac{3}{2}\right)$

方程式①の実数解は，関数 $y=\dfrac{1}{2}x^2-x$ のグラフと直線 $y=a\left(x-\dfrac{3}{2}\right)$ との共有点の

x 座標である。

ここで，直線 $y=a\left(x-\dfrac{3}{2}\right)$ は，傾き a で定点 $\left(\dfrac{3}{2},\ 0\right)$

を通る直線である。関数 $y=\dfrac{1}{2}x^2-x$ のグラフと直線

$y=a\left(x-\dfrac{3}{2}\right)$ が $-1\leqq x\leqq 3$ の範囲で異なる2点で交

わるような傾き a の値の範囲を求めればよい。

よって，図より， $\underline{-\dfrac{3}{5}\leqq a\leqq 1}$

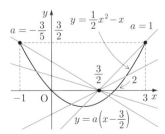

(2) $y=f(x)$ のグラフの頂点の y 座標は $y=-a^2+a-1=-\left(a-\dfrac{1}{2}\right)^2-\dfrac{3}{4}$

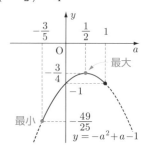

$-\dfrac{3}{5}\leqq a\leqq 1$ において,

y は $a=-\dfrac{3}{5}$ で最小値 $-\dfrac{49}{25}$, $a=\dfrac{1}{2}$ で最大値 $-\dfrac{3}{4}$

をとる。

よって,頂点の y 座標がとりうる値の範囲は

$$-\dfrac{49}{25}\leqq y\leqq -\dfrac{3}{4}$$

参考 ⋯⋯⋯⋯⋯⋯⋯⋯⋯⋯⋯⋯⋯⋯⋯⋯⋯⋯⋯⋯⋯⋯⋯⋯⋯

(1)の 別解 のように**文字定数分離**ができる場合は,視覚的に鮮やかに解くことができます！ 特に,「ある範囲にただ1つの解をもつ」あるいは,「ある範囲に少なくとも1つの解をもつ」などの問題の場合は,効力を発揮しますよ！

> x の2次方程式 $x^2+(a-1)x+a+2=0$ ……① が $0\leqq x\leqq 2$ の範囲に実数解をただ1つもつ（ただし,重解を含む）とき,a の値の範囲を求めよ。

方程式①で文字定数 a を含む項を分離して $-x^2+x-2=a(x+1)$

方程式①の実数解は,関数 $y=-x^2+x-2$ のグラフと直線 $y=a(x+1)$ との共有点の x 座標である。ここで,**直線 $y=a(x+1)$ は,傾き a で定点 $(-1, 0)$ を通る直線**である。

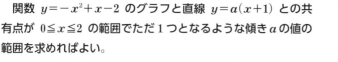

関数 $y=-x^2+x-2$ のグラフと直線 $y=a(x+1)$ との共有点が $0\leqq x\leqq 2$ の範囲でただ1つとなるような傾き a の値の範囲を求めればよい。

方程式①の判別式 D について,$D=0$ を調べると

$(a-1)^2-4(a+2)=0$

$(a-7)(a+1)=0$ ∴ $a=-1, 7$

これより,$y=-x^2+x-2$ のグラフと直線 $y=a(x+1)$ が接するのは $a=-1, 7$ のときで

$a=-1$ のとき,①は,$(x-1)^2=0$ となり $x=1$

$a=7$ のとき,①は,$(x+3)^2=0$ となり $x=-3$ （$0\leqq x\leqq 2$ より不適）

直線 $y=a(x+1)$ が点 $(2, -4)$ を通るとき $a=-\dfrac{4}{3}$

直線 $y=a(x+1)$ が点 $(0, -2)$ を通るとき $a=-2$

したがって,図より $-2\leqq a<-\dfrac{4}{3}$, $a=-1$

類題に挑戦！ 2

解答 $f(x)=x^2-(a+d)x+(ad-bc)$ とおく。

方程式 $f(x)=0$ が $-1<x<1$ の範囲に異なる 2 つの実数解をもつことを示すには

（き）　$f(1)>0$ ……①,　　$f(-1)>0$ ……②

（じ）　$y=f(x)$ のグラフの軸 $x=\dfrac{a+d}{2}$ について

$$-1<\dfrac{a+d}{2}<1 \quad ……③$$

（は）　$f(x)=0$ の判別式 D について　$D>0$ ……④

が成り立つことを示せばよい。

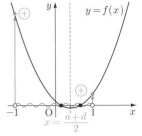

$$\begin{cases} s(1-a)-tb>0 \\ -sc+t(1-d)>0 \end{cases} \text{より} \begin{cases} 1-a>\dfrac{t}{s}b \quad ……⑤ \quad (\because \quad s>0) \\ 1-d>\dfrac{s}{t}c \quad ……⑥ \quad (\because \quad t>0) \end{cases}$$

⑤, ⑥の両辺は正より, 辺々をかけて　$(1-a)(1-d)>bc$ ……⑦

$f(1)=1-(a+d)+ad-bc=(1-a)(1-d)-bc>0$ （$\because$　⑦）より, **①が成り立つ。**

⑤, ⑥の両辺は正より, $0<a<1$, $0<d<1$ であるから　$0<a+d<2$

$0<\dfrac{a+d}{2}<1$ となり, **③が成り立つ。**

> □は証明終了を
> 意味します!

$0<\dfrac{a+d}{2}<1$ より, グラフの対称性から, $f(-1)>f(1)>0$ となり, **②が成り立つ。**

$D=(a+d)^2-4(ad-bc)=(a-d)^2+4bc>0$ （$\because$　$b>0$, $c>0$）より, **④が成り立つ。**

したがって, $f(x)=0$ は $-1<x<1$ の範囲に異なる 2 つの実数解をもつ。　□

参考 ……………………………………………………………………………………………………

　問題によっては, ①境界　②軸　③判別式の情報を全部調べなくてもよい場合もあります。

　次の問題は, ①境界（条件）を押さえるだけで, 理想的なグラフになり, 指定された範囲に実数解をもちます。

> 2 次方程式 $-3x^2+2mx-1=0$ の 2 つの解をそれぞれ α, β $(\alpha<\beta)$ とするとき, $0<\alpha<1$ かつ $2<\beta<3$ となるような m の値の範囲を求めよ。

$f(x)=-3x^2+2mx-1$ とおく。

$f(x)=0$ の 2 つの解 α, β が $0<\alpha<1$, $2<\beta<3$ となるための条件は, （き）　$f(0)=-1<0$ に着目して

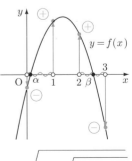

> $f(0)<0$
> は常に成
> り立って
> います!

　　$f(1)>0$ かつ $f(2)>0$ かつ $f(3)<0$

が成り立つことである。すなわち

　　$2m-4>0$ かつ $4m-13>0$ かつ $6m-28<0$

よって　$m>2$ かつ $m>\dfrac{13}{4}$ かつ $m<\dfrac{14}{3}$

これらの**共通範囲**を求めると　$\underline{\dfrac{13}{4}<m<\dfrac{14}{3}}$

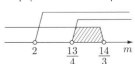

テーマ **3** │ 文字定数を含む3次方程式の実数解問題！

重要ポイント 総整理！

3次方程式の実数解問題　文字定数分離

3次方程式 $x^3-3x^2-9x+k=0$ ……① が異なる3つの実数解をもつとき，定数 k の値の範囲を求めよ。

文字定数 k を分離して考える。

$$-x^3+3x^2+9x=k$$
$$f(x)=-x^3+3x^2+9x \text{ とおく。}$$

方程式①の実数解 x は，関数 $y=f(x)$ のグラフと直線 $y=k$ との共有点の x 座標である。

方程式 $f(x)=k$ が異なる3つの実数解をもつのは， 関数 $y=f(x)$ のグラフと直線 $y=k$ との共有点の個数が3個となるときである。

$$f'(x)=-3x^2+6x+9=-3(x+1)(x-3) \leftarrow$$

$f(x)$ の増減表は

x	$\cdots$	-1	$\cdots$	3	$\cdots$
$f'(x)$	$-$	0	$+$	0	$-$
$f(x)$	$\searrow$	-5	$\nearrow$	27	$\searrow$

となり，$y=f(x)$ のグラフは図のようになる。よって，関数 $y=f(x)$ のグラフと直線 $y=k$ との共有点の個数が3個となるのは　$-5<k<27$

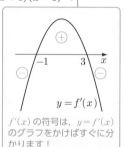

$f'(x)$ の符号は，$y=f'(x)$ のグラフをかければすぐに分かります！

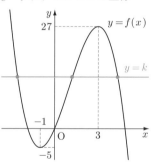

参考 ....

文字定数分離ができない3次方程式 $ax^3+bx^2+cx+d=0$ $(a>0)$ の異なる実数解の個数は，3次関数 $y=f(x)=ax^3+bx^2+cx+d$ のグラフと x 軸との共有点の個数です。

3次関数 $f(x)=ax^3+bx^2+cx+d$ が

・極値をもたないとき，実数解 1 個

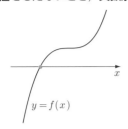

$y=f(x)$

・極値をもち，

（極大値）×（極小値）>0 のとき，実数解 1 個

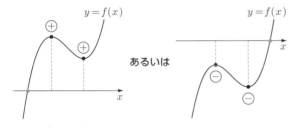

あるいは

（極大値）×（極小値）=0 のとき，実数解 2 個

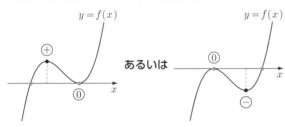

あるいは

（極大値）×（極小値）<0 のとき，実数解 3 個

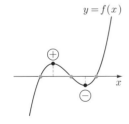

これだけは！ 3

解答 関数 $y=x^3-4x^2+6x$ のグラフと直線 $y=x+a$ との共有点の個数は，方程式 $x^3-4x^2+6x=x+a$ すなわち $x^3-4x^2+5x=a$ の異なる実数解の個数に等しい。さらに，この実数解の個数は，関数 $y=x^3-4x^2+5x$ のグラフと直線 $y=a$ との共有点の個数に一致する。 ← $y=x+a$ を動かすより $y=a$ を動かした方が共有点の動きを把握しやすいです！

$f(x)=x^3-4x^2+5x$ とおく。

$$f'(x)=3x^2-8x+5=(x-1)(3x-5)$$

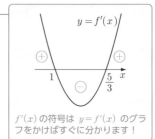

f'(x) の符号は $y=f'(x)$ のグラフをかけばすぐに分かります！

$f(x)$ の増減表は

x	$\cdots$	1	$\cdots$	$\dfrac{5}{3}$	$\cdots$
$f'(x)$	$+$	0	$-$	0	$+$
$f(x)$	↗	2	↘	$\dfrac{50}{27}$	↗

となり，$y=f(x)$ のグラフは図のようになる。

したがって，**求める共有点の個数は，**

$a<\dfrac{50}{27}$，$2<a$ のとき　**1 個**

$a=\dfrac{50}{27}$，2 のとき　　**2 個**

$\dfrac{50}{27}<a<2$ のとき　　**3 個**

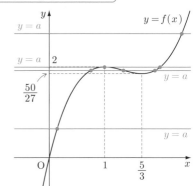

類題に挑戦！ 3

解答 ....

(1)　$f(x)=x^3-x^2$ とおく。

$$f'(x)=3x^2-2x=x(3x-2)$$

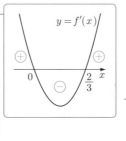

$f(x)$ の増減表は

x	$\cdots$	0	$\cdots$	$\dfrac{2}{3}$	$\cdots$
$f'(x)$	$+$	0	$-$	0	$+$
$f(x)$	↗	0	↘	$-\dfrac{4}{27}$	↗

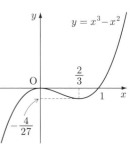

となり，グラフは図のようになる。

(2)　**接点の座標を $(t,\ t^3-t^2)$ とおく。**

接線問題は接点をおくことからスタートします！詳しくは，テーマ 4 で扱います！

点 $(t,\ t^3-t^2)$ における接線の方程式は

$$y-(t^3-t^2)=(3t^2-2t)(x-t)$$

点 $(t,\ f(t))$ における接線は $y-f(t)=f'(t)(x-t)$ です！

$$y=(3t^2-2t)x-2t^3+t^2 \quad\cdots\cdots①$$

この接線①が点 $\left(\dfrac{3}{2},\ 0\right)$ を通るから

$$0=(3t^2-2t)\cdot\dfrac{3}{2}-2t^3+t^2$$

この t の方程式を解くと，接点の x 座標の t が求まります！

$$4t^3 - 11t^2 + 6t = 0$$

$$t(t-2)(4t-3) = 0 \qquad \therefore \quad t = 0, \ 2, \ \frac{3}{4}$$

これらを①に代入して，求める接線の方程式は

$$y = 0, \ y = 8x - 12, \ y = \frac{3}{16}x - \frac{9}{32}$$

(3) x の方程式 $x^3 - x^2 = p\left(x - \dfrac{3}{2}\right)$ ……② の異なる実数解の個数は，関数 $y = x^3 - x^2$

のグラフと直線 $y = p\left(x - \dfrac{3}{2}\right)$ との共有点の個数に等しい。◀　誘導された(2)の接線をヒントにして，図から状況を見極めていきます！

　ここで，直線 $y = p\left(x - \dfrac{3}{2}\right)$ は，傾きが p で定点 $\left(\dfrac{3}{2}, \ 0\right)$ を通

る直線である。

　(2)の接線の傾きに着目しながら，図の共有点の個数

を考えると，方程式②の異なる実数解の個数は

$$p < 0, \ \frac{3}{16} < p < 8 \ のとき \qquad 1 個$$

$$p = 0, \ \frac{3}{16}, \ 8 \ のとき \qquad 2 個$$

$$0 < p < \frac{3}{16}, \ 8 < p \ のとき \qquad 3 個$$

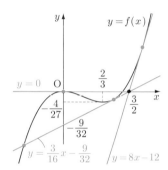

＼ちょっと／ 一言

　曲線 $y = x^3 - x^2$ の点 $\left(\dfrac{3}{2}, \ 0\right)$ を通る接線の傾きに着目することで，方程式の実数解の

個数を視覚的に求めることができます！　一度，経験しておくとよい問題です。

テーマ **4** | ３次関数の接線・法線の本数問題！

重要ポイント 総整理！

接線の本数問題は方程式の実数解の個数問題へ！

　右の図において，点Aから曲線 $y=f(x)$ に引くことができる接線の本数を調べてみましょう！　この図の場合は，３本引けることが分かります。さて，接線以外に３個存在するものがあります。それは，……。接点ですね。２次関数と３次関数のグラフでは，接線の本数と接点の個数が一致します。

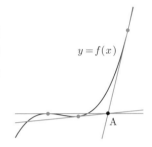

$y=f(x)$

A

　関数 $f(x)=x^3+2x^2-4x$ に対して，点 $(0,\ k)$ から曲線 $y=f(x)$ に引くことができる接線の本数を，k の値によって調べよ。

$$f'(x)=3x^2+4x-4$$

接点の座標を $(t,\ t^3+2t^2-4t)$ とおく。 ← 接線問題では，接点をおくことから始めます！

点 $(t,\ t^3+2t^2-4t)$ における接線の方程式は ← 点 $(t,\ f(t))$ における接線は $y-f(t)=f'(t)(x-t)$ です！

$$y-(t^3+2t^2-4t)=(3t^2+4t-4)(x-t)$$

$$\therefore\quad y=(3t^2+4t-4)x-2t^3-2t^2$$

この接線が点 $(0,\ k)$ を通るから $\quad k=-2t^3-2t^2$ ……① ← 方程式①を解くと，接点の x 座標の t が求まります！

３次関数のグラフでは，接線の本数と接点の個数が一致する ので，

点 $(0,\ k)$ を通る接線の本数は，方程式①の異なる実数解 t の個数と等しい。

$g(t)=-2t^3-2t^2$ とおく。 ← ①の文字定数は分離して解きます！　　　t は接点の x 座標！

$$g'(t)=-6t^2-4t=-2t(3t+2)$$

よって，$g(t)$ の増減表は

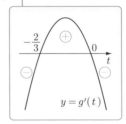

$y=g'(t)$

t	$\cdots$	$-\dfrac{2}{3}$	$\cdots$	0	$\cdots$
$g'(t)$	$-$	0	$+$	0	$-$
$g(t)$	$\searrow$	$-\dfrac{8}{27}$	$\nearrow$	0	$\searrow$

となり，関数 $y=g(t)$ のグラフと直線 $y=k$ の共有点の個数を調べると，点 $(0,\ k)$ から $y=f(x)$ のグラフに引くことができる接線の本数は

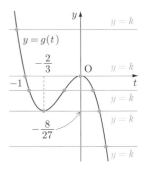

$$k<-\frac{8}{27},\ 0<k\ \text{のとき}\quad 1\text{本}$$

$$k=-\frac{8}{27},\ 0\ \text{のとき}\qquad 2\text{本}$$

$$-\frac{8}{27}<k<0\ \text{のとき}\qquad 3\text{本}$$

これだけは！ 4

解答 (1) $f'(x)=x^2-4$

点 $(p,\ f(p))$ における接線の方程式は ← $y-f(p)=f'(p)(x-p)$

$$y-\left(\frac{p^3}{3}-4p\right)=(p^2-4)(x-p)\qquad\therefore\ \ \boldsymbol{y=(p^2-4)x-\frac{2}{3}p^3}\ \ \cdots\cdots①$$

(2) 接線①は**点 $(2,\ a)$ を通る**ので

$$a=2(p^2-4)-\frac{2}{3}p^3$$

$$-\frac{2}{3}p^3+2p^2-8=a\ \ \cdots\cdots②\ ←\ \boxed{\text{方程式②を解くと，接点の x 座標の p が求まります！ そして，文字定数 a は分離して考えます！}}$$

3次関数のグラフでは，接線の本数と接点の個数が一致するので，点 $(2,\ a)$ を通る接線の本数は，方程式②の異なる実数解の個数と等しい。

$g(p)=-\frac{2}{3}p^3+2p^2-8$ とおく。

$$g'(p)=-2p^2+4p=-2p(p-2)\ ←$$

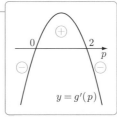

$g(p)$ の増減表は

p	$\cdots$	0	$\cdots$	2	$\cdots$
$g'(p)$	$-$	0	$+$	0	$-$
$g(p)$	$\searrow$	-8	$\nearrow$	$-\frac{16}{3}$	$\searrow$

となり，関数 $y=g(p)$ のグラフと直線 $y=a$ の共有点の個数を調べると，点 $(2,\ a)$ から $y=f(x)$ のグラフに引くことができる接線の本数は

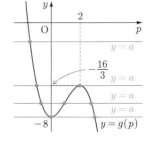

$$a<-8,\ -\frac{16}{3}<a\ \text{のとき}\quad 1\text{本}$$

$$a=-8,\ -\frac{16}{3}\ \text{のとき}\qquad 2\text{本}$$

$$-8<a<-\frac{16}{3}\ \text{のとき}\qquad 3\text{本}$$

(3)　接線①が点 $(s,\ t)$ を通るとする。

このとき　$t=(p^2-4)s-\dfrac{2}{3}p^3$

> 接線を 3 本引くことができる点の軌跡の問題です！　この点を $(s,\ t)$ とおき，同値変形によって，$s,\ t$ の関係式を導き出します！　詳しくは，テーマ 24 で扱います！

$2p^3 \quad 3sp^2+12s+3t \quad 0$

> この p の方程式は，文字定数分離ができないタイプです！　テーマ 3 の 重要ポイント 総整理！ の 参考 の方針で考えます！

$h(p)=2p^3-3sp^2+12s+3t$　とおく。

点 $(s,\ t)$ を通る接線を 3 本引くことができる条件は，方程式 $h(p)=0$ が異なる 3 つの実数解をもつことである。すなわち，3 次関数 $h(p)$ が異符号の極大値と極小値をもつことである。

$$h'(p)=6p^2-6sp=6p(p-s)$$

$h'(p)=0$ を解くと　$p=0,\ s$

$h(p)$ は極値をもつので　$s\neq0$

> $s=0$ のときは，極値をもちませんね！　0 と s のどちらが大きいかについては，問題の条件から決まりません！

極大値と極小値の積が負であるから

$$h(0)\cdot h(s)<0$$

$$\Longleftrightarrow (12s+3t)(-s^3+12s+3t)<0$$

$$\Longleftrightarrow \begin{cases} 12s+3t>0 \\ -s^3+12s+3t<0 \end{cases} \quad または \quad \begin{cases} 12s+3t<0 \\ -s^3+12s+3t>0 \end{cases}$$

> この領域は接線が 3 本引ける点 $(s,\ t)$ の言わば，軌跡です！　軌跡は同値変形で紐解きます！

$$\Longleftrightarrow \begin{cases} t>-4s \\ t<\dfrac{s^3}{3}-4s \end{cases} \quad または \quad \begin{cases} t<-4s \\ t>\dfrac{s^3}{3}-4s \end{cases} \quad （この領域は $s\neq0$ を満たす）$$

変数 $s,\ t$ を $x,\ y$ に改めると　$\begin{cases} y>-4x \\ y<\dfrac{x^3}{3}-4x \end{cases}$ または $\begin{cases} y<-4x \\ y>\dfrac{x^3}{3}-4x \end{cases}$

この領域の境界線である　$y=\dfrac{x^3}{3}-4x$ について

$y'=x^2-4=(x+2)(x-2)$ より，y の増減表は

x	$\cdots$	-2	$\cdots$	2	$\cdots$
y'	$+$	0	$-$	0	$+$
y	$\nearrow$	$\dfrac{16}{3}$	$\searrow$	$-\dfrac{16}{3}$	$\nearrow$

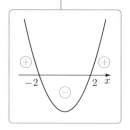

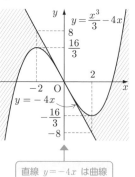

となり，求める領域は図の斜線部分である。ただし，**境界線を含まない。**

> 直線 $y=-4x$ は曲線 $y=\dfrac{x^3}{3}-4x$ と原点で接します！

類題に挑戦！ 4

解答　(1)　$y=x^2$ より，$y'=2x$ であるから，点 $(p,\ p^2)$ における法線の方程式は

$$x-p+2p(y-p^2)=0$$

よって，求める法線の方程式は　$\underline{x+2py-p(2p^2+1)=0}$　……①

> 法線の方程式については，ちょっと！一言 で詳しく触れます！

別解 $y=x^2$ より，$y'=2x$ であるから，点 $(p,\ p^2)$ における法線
の方程式は

(ⅰ) $p\neq 0$ のとき　$y-p^2=-\dfrac{1}{2p}(x-p)$ ◀
> （接線の傾き）×（法線の傾き）$=-1$ より，
> （法線の傾き）$=-\dfrac{1}{2p}$ です！

　　　すなわち　$x+2py-p(2p^2+1)=0$ ……①

(ⅱ) $p=0$ のとき，法線の方程式は　$x=0$ ◀
> 点 $(0,\ 0)$ における接線は x 軸で，法線は y 軸です！

　　　これは(ⅰ)の①で，$p=0$ としたものである。

　　以上より，求める法線の方程式は　$\underline{x+2py-p(2p^2+1)=0}$

(2)　法線①が**点 $(0,\ a)$ を通る**から　$2ap-p(2p^2+1)=0$

　　　　　$p\{2p^2-(2a-1)\}=0$ ……②

∴　$p=0$ または $p^2=\dfrac{2a-1}{2}$

　　2次関数のグラフでは，接点と接点を通る法線は1対1対応するので，点 $(0,\ a)$ を通る
法線の本数は方程式②の異なる実数解の個数と等しい。

　　したがって

$\dfrac{2a-1}{2}>0$ すなわち $\underline{a>\dfrac{1}{2}}$ **のとき　3本，** ◀
> ②の実数解は $p=0,\ \pm\sqrt{\dfrac{2a-1}{2}}$
> の3個！

$\dfrac{2a-1}{2}\leq 0$ すなわち $\underline{a\leq\dfrac{1}{2}}$ **のとき　1本** ◀
> ②の実数解は $p=0$ の1個！

ちょっと一言

法線の方程式について

曲線 $y=f(x)$ 上の点 $(t,\ f(t))$ における法線の方程式は

$$\begin{cases} y-f(t)=-\dfrac{1}{f'(t)}(x-t) & (f'(t)\neq 0 \text{ のとき}) & \cdots\cdots① \\ x=t & (f'(t)=0 \text{ のとき}) & \cdots\cdots② \end{cases}$$
　と表せます。

①と②をまとめて，法線の方程式は，$x-t+f'(t)(y-f(t))=0$ ……③　と表せます。

③において，$f'(t)=0$ としたものが②であり，③の両辺を $f'(t)\neq 0$ で割って移項した
ものが①になります。

　法線がらみの問題の生徒の答案を見ると，②の場合も考えなければいけない問題でも，
①のみしか考えていない答案がかなりあります。①と②を場合分けしたとしても使い勝手
があまりよくありませんので，③の形で使用することをお勧めします！

テーマ 5 | 6分の1公式を使う面積達！

重要ポイント 総整理！

6分の1公式を使う面積達

① 放物線と x 軸 ② 放物線と直線 ③ 2つの放物線 ④ 3次曲線の平行移動

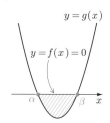 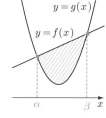 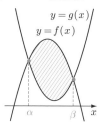 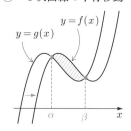

①～④の面積達は，$S=\displaystyle\int_{\alpha}^{\beta}\{\overbrace{f(x)}^{上}-\overbrace{g(x)}^{下}\}dx=-\Box\int_{\alpha}^{\beta}(x-\alpha)(x-\beta)dx$ の形に変形でき，

重要公式 $\displaystyle\int_{\alpha}^{\beta}(x-\alpha)(x-\beta)dx=-\dfrac{1}{6}(\beta-\alpha)^3$ を用いることで，簡単に面積が求まります！

点 $(1,\ 2)$ を通り傾き a の直線と放物線 $y=x^2$ によって囲まれる部分の面積を $S(a)$ とする。a が実数の範囲を変化するとき，$S(a)$ を最小にするような a の値を求めよ。

(京都大・改)

直線 $y=a(x-1)+2$ と放物線 $y=x^2$ との共有点の x 座標は，方程式 $x^2=a(x-1)+2$ すなわち $x^2-ax+a-2=0$ ……① の実数解である。

方程式①の2つの解 α，β $(\alpha<\beta)$ は， ◀ 解がきれいにならない場合，α，β とおきます！

$\alpha=\dfrac{a-\sqrt{a^2-4a+8}}{2}$，$\beta=\dfrac{a+\sqrt{a^2-4a+8}}{2}$ であるから

$$S(a)=\int_{\alpha}^{\beta}\{\overbrace{a(x-1)+2}^{上}-\overbrace{x^2}^{下}\}dx$$

$$=-\int_{\alpha}^{\beta}(x^2-ax+a-2)dx$$

◀ =0 の解が $x=\alpha$，β です！

$$=-\int_{\alpha}^{\beta}(x-\alpha)(x-\beta)dx=\dfrac{1}{6}(\beta-\alpha)^3$$

$$=\dfrac{1}{6}(\sqrt{a^2-4a+8})^3=\dfrac{1}{6}\{(a-2)^2+4\}^{\frac{3}{2}}$$

$S(a)$ は **$a=2$** で最小となる。

点 $(1,\ 2)$ は $2>1^2$ ですから，不等式 $y>x^2$ を満たしています！　つまり，点 $(1,\ 2)$ は放物線 $y=x^2$ の上側に存在します！　このことから，点 $(1,\ 2)$ を通る直線と放物線 $y=x^2$ は異なる2点で交わりますね！

このように，**解を α，β とおき，解の公式から $\beta-\alpha$ を計算する**か，あるいは，**解と係数の関係で $\alpha+\beta$，$\alpha\beta$ を求めてから，$(\beta-\alpha)^2=(\alpha+\beta)^2-4\alpha\beta$ を経由して計算していきます！**

これだけは！ 5

解答 (1) 2つの放物線 $y=\dfrac{1}{2}x^2-3a$，$y=-\dfrac{1}{2}x^2+2ax-a^3-a^2$ の共有点の x 座標は

方程式 $\dfrac{1}{2}x^2-3a=-\dfrac{1}{2}x^2+2ax-a^3-a^2$ すなわち $x^2-2ax+a^3+a^2-3a=0$ ……①

の実数解である。2曲線が異なる2点で交わるから，方程式①は異なる2つの実数解をも

つ。ゆえに，①の判別式 D について $\dfrac{D}{4}>0$

$\dfrac{D}{4}=a^2-(a^3+a^2-3a)=-a^3+3a$ ……② となり

$-a^3+3a>0$　　$a(a+\sqrt{3})(a-\sqrt{3})<0$

$\therefore$　$a<-\sqrt{3}$，$0<a<\sqrt{3}$

$a>0$ より　$\underline{0<a<\sqrt{3}}$

$$y=a(a+\sqrt{3})(a-\sqrt{3})$$

(2) 方程式①の2つの解 α，β $(\alpha<\beta)$ は，

$\alpha=\dfrac{2a-\sqrt{D}}{2}$，$\beta=\dfrac{2a+\sqrt{D}}{2}$ すなわち

$\alpha=a-\sqrt{\dfrac{D}{4}}$，$\beta=a+\sqrt{\dfrac{D}{4}}$ ……③ であるから ← ②を意識して変形しました！

$$\underline{S(a)}=\int_\alpha^\beta\left\{-\dfrac{1}{2}x^2+2ax-a^3-a^2-\left(\dfrac{1}{2}x^2-3a\right)\right\}dx$$

$$=-\int_\alpha^\beta(x^2-2ax+a^3+a^2-3a)\,dx$$　← =0 の解が $x=\alpha$，β

$$=-\int_\alpha^\beta(x-\alpha)(x-\beta)\,dx=\dfrac{1}{6}(\beta-\alpha)^3$$

$$=\dfrac{1}{6}\left(2\sqrt{\dfrac{D}{4}}\right)^3\quad(\because\ ③)$$

$$=\dfrac{4}{3}\left(\dfrac{D}{4}\right)^{\frac{3}{2}}$$

$$=\underline{\dfrac{4}{3}(-a^3+3a)^{\frac{3}{2}}}\quad(\because\ ②)$$

$$y=\dfrac{1}{2}x^2-3a$$

$$S(a)$$

$$y=-\dfrac{1}{2}x^2+2ax-a^3-a^2$$

別解 ①において，解と係数の関係より，$\alpha+\beta=2a$，$\alpha\beta=a^3+a^2-3a$ であるから

$$\underline{S(a)}=\dfrac{1}{6}(\beta-\alpha)^3$$

$$=\dfrac{1}{6}\{(\beta-\alpha)^2\}^{\frac{3}{2}}$$　← $(\beta-\alpha)^3$ を $\alpha+\beta$，$\alpha\beta$ で表すより，$(\beta-\alpha)^3=\{(\beta-\alpha)^2\}^{\frac{3}{2}}$ と見て，$(\beta-\alpha)^2$ を $\alpha+\beta$，$\alpha\beta$ で表すほうが簡単です！

$$=\dfrac{1}{6}\{(\alpha+\beta)^2-4\alpha\beta\}^{\frac{3}{2}}$$

$$=\frac{1}{6}\{(2a)^2-4(a^3+a^2-3a)\}^{\frac{3}{2}}$$

$$=\frac{1}{6}\cdot4^{\frac{3}{2}}(-a^3+3a)^{\frac{3}{2}}$$

$$=\frac{4}{3}(-a^3+3a)^{\frac{3}{2}}$$

(3) $f(a)=-a^3+3a$ とおく。

$$f'(a)=-3a^2+3=-3(a+1)(a-1)$$

$0<a<\sqrt{3}$ における $f(a)$ の増減表は

a	0	$\cdots$	1	$\cdots$	$\sqrt{3}$
$f'(a)$		$+$	0	$-$	
$f(a)$		$\nearrow$	2	$\searrow$	

となるので，$f(a)$ は $a=1$ のとき最大値 2 をとる。

また，**$f(a)$ が最大となるとき，$S(a)$ も最大となるから**

$$S(1)=\frac{4}{3}\cdot2^{\frac{3}{2}}=\frac{8\sqrt{2}}{3}$$

よって，$S(a)$ は **$a=1$ のとき最大値 $\dfrac{8\sqrt{2}}{3}$** をとる。

類題に挑戦！ 5

解答 (1) $f(x)=x^3-x$ とおく。

曲線 C_2 を $y=g(x)$ とおくと

$$g(x)=f(x-a)$$

> 関数 $y=f(x)$ のグラフを x 軸方向に p，
> y 軸方向に q だけ平行移動すると，
> $y-q=f(x-p)$ のグラフとなります！

$$=(x-a)^3-(x-a)$$

$$=x^3-3ax^2+(3a^2-1)x-a^3+a$$

よって，2曲線 C_1，C_2 の共有点の x 座標は，方程式 $f(x)-g(x)=0$ すなわち $a(3x^2-3ax+a^2-1)=0$ の実数解である。

ゆえに，$a>0$ より，方程式 $3x^2-3ax+a^2-1=0$ ……① の判別式 D について 2曲線 C_1，C_2 は共有点をもつので $D\geqq0$

$$9a^2-4\cdot3(a^2-1)\geqq0$$

$$12-3a^2\geqq0$$

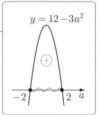

$a>0$ より **$0<a\leqq2$**

(2) 方程式①の2つの解 α，β $(\alpha\leqq\beta)$ は，

$$\alpha=\frac{3a-\sqrt{D}}{6},\quad \beta=\frac{3a+\sqrt{D}}{6}$$ であるから

$$S=\int_\alpha^\beta\{\overset{上}{g(x)}-\overset{下}{f(x)}\}dx$$

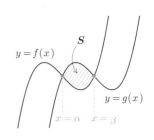

$$= -\int_\alpha^\beta a(3x^2 - 3ax + a^2 - 1)\,dx$$

> =0 の解が $x=\alpha,\ \beta$ です！

$$= -3a\int_\alpha^\beta (x-\alpha)(x-\beta)\,dx = 3a \cdot \frac{1}{6}(\beta-\alpha)^3$$

> x^2 の係数を忘れずに！

$$= \frac{a}{2}(\beta-\alpha)^3$$

$$= \frac{a}{2}\left(\frac{\sqrt{D}}{3}\right)^3 = \underline{\frac{\sqrt{3}}{18}a(4-a^2)^{\frac{3}{2}}}$$

別解 ①において，**解と係数の関係**より，$\alpha+\beta=a,\ \alpha\beta=\dfrac{a^2-1}{3}$ であるから

$$\underline{S} = 3a \cdot \frac{1}{6}(\beta-\alpha)^3$$

$$= \frac{a}{2}\{(\beta-\alpha)^2\}^{\frac{3}{2}}$$

$$= \frac{a}{2}\{(\alpha+\beta)^2 - 4\alpha\beta\}^{\frac{3}{2}}$$

$$= \frac{a}{2}\left(a^2 - 4 \cdot \frac{a^2-1}{3}\right)^{\frac{3}{2}}$$

$$= \underline{\frac{\sqrt{3}}{18}a(4-a^2)^{\frac{3}{2}}}$$

(3) (2)より　$S = \dfrac{\sqrt{3}}{18}\{a^2(4-a^2)^3\}^{\frac{1}{2}}$

ここで，$a^2 = t$ とおくと ← S の式を単純化します！

$$S = \frac{\sqrt{3}}{18}\{t(4-t)^3\}^{\frac{1}{2}} = \frac{\sqrt{3}}{18}(-t^4 + 12t^3 - 48t^2 + 64t)^{\frac{1}{2}}$$

また，$0 < a \leqq 2$ より　$0 < t \leqq 4$

$h(t) = -t^4 + 12t^3 - 48t^2 + 64t \quad (0 < t \leqq 4)$ とおく。

> $t=1,\ 4$ を代入すると，$h'(t)=0$ となるので，因数定理より $h'(t) = -4(t-1)(t-4)(\quad)$ と変形できます！　残りの因数は，t^3 の係数と定数項から，$t-4$ が埋まりますね！

$$h'(t) = -4(t^3 - 9t^2 + 24t - 16)$$

$$= -4(t-1)(t-4)^2$$

> $h'(t)$ の符号と $-(t-1)$ の符号が一致！

$0 < t \leqq 4$ における $h(t)$ の増減表は

t	0	$\cdots$	1	$\cdots$	4
$h'(t)$		$+$	0	$-$	
$h(t)$		↗	極大	↘	

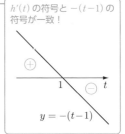

となり，$h(t)$ は $t=1$ のとき最大となる。

また，$h(t)$ が最大になるとき，S も最大となる。

$t=1$ のとき，$a>0$ より　$a=1$ となり，このとき　$S = \dfrac{\sqrt{3}}{18} \cdot 1 \cdot 3^{\frac{3}{2}} = \dfrac{1}{2}$

したがって，S は，$a=1$ のとき最大値 $\dfrac{1}{2}$ をとる。　□

テーマ **6** | ３次関数の極大値と極小値の差！

重要ポイント 総整理！

３次関数の極大値と極小値の差

３次関数 $f(x)$ が $x=\alpha$ で極大値，$x=\beta$ で極小値をとる場合，**極大値と極小値の差を求めたいときは，定積分に変形して，6 分の 1 公式を用いて解くと計算が楽になります！** まず，$f'(x)$ は，$x=\alpha$ で極大値，$x=\beta$ で極小値をとるので，$f'(x)=a(x-\alpha)(x-\beta)$ $(a\neq0)$ と表せますね。よって，**極大値と極小値の差は**

$$f(\alpha)-f(\beta)=\Big[f(x)\Big]_{\beta}^{\alpha}=\int_{\beta}^{\alpha}f'(x)\,dx=a\int_{\beta}^{\alpha}(x-\alpha)(x-\beta)\,dx=-\frac{a}{6}(\alpha-\beta)^3=\frac{a}{6}(\beta-\alpha)^3$$

$=0$ の解が $x=\alpha,\ \beta$　　x^2 の係数を忘れずに！

と変形でき，この後の計算はテーマ 5 と同じように，**解の公式で $\beta-\alpha$ を求めるか，あるいは，解と係数の関係で，$\alpha+\beta$，$\alpha\beta$ を求め，$(\beta-\alpha)^2=(\alpha+\beta)^2-4\alpha\beta$ を経由して計算**していきます。

> k を実数とする。３次関数 $y=x^3-kx^2+kx+1$ が極大値と極小値をもち，極大値から極小値を引いた値が $4|k|^3$ になるとする。このとき，k の値を求めよ。　　　　(九州大)

$f(x)=x^3-kx^2+kx+1$ とおく。

$$f'(x)=3x^2-2kx+k$$

$f(x)$ は極値をもつから，方程式 $f'(x)=0$ すなわち $3x^2-2kx+k=0$ ……① は異なる２つの実数解をもつ。

ゆえに，方程式①の判別式Dについて $\dfrac{D}{4}>0$

$$(-k)^2-3k>0$$

$$k(k-3)>0 \qquad \therefore \quad k<0,\ 3<k \quad \cdots\cdots②$$

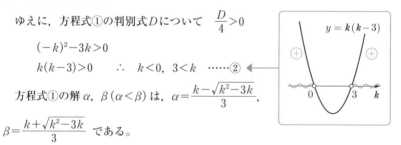

方程式①の解 α，$\beta\ (\alpha<\beta)$ は，$\alpha=\dfrac{k-\sqrt{k^2-3k}}{3}$，

$\beta=\dfrac{k+\sqrt{k^2-3k}}{3}$ である。

$f(x)$ の増減表は

x	$\cdots$	α	$\cdots$	β	$\cdots$
$f'(x)$	$+$	0	$-$	0	$+$
$f(x)$	↗	極大	↘	極小	↗

となり，**極大値から極小値を引いた値は** ［x^2 の係数を忘れずに！］

$$f(\alpha)-f(\beta)=\int_{\beta}^{\alpha}f'(x)\,dx=3\int_{\beta}^{\alpha}(x-\alpha)(x-\beta)\,dx=3\cdot\left(-\frac{1}{6}\right)(\alpha-\beta)^3$$

［=0 の解が $x=\alpha,\ \beta$］

$$=\frac{1}{2}(\beta-\alpha)^3=\frac{1}{2}\left(\frac{2\sqrt{k^2-3k}}{3}\right)^3=\frac{4}{27}(\sqrt{k^2-3k})^3$$

よって　$\dfrac{4}{27}(\sqrt{k^2-3k})^3=4|k|^3$　　$(\sqrt{k^2-3k})^3=27|k|^3$　　$\sqrt{k^2-3k}=3|k|$

両辺 2 乗して　$k^2-3k=9k^2$　　$k(8k+3)=0$　　②より　$\boldsymbol{k=-\dfrac{3}{8}}$ ◀ ［②より，$k=0$ は不適になります！］

これだけは！ 6

解答　$f(x)=-x^3+kx^2+kx+1$ より　$f'(x)=-3x^2+2kx+k$

$f(x)$ は $x=\alpha,\ \beta$ で極値をとるから，方程式 $f'(x)=0$ すなわち
$-3x^2+2kx+k=0$　……① は異なる 2 つの実数解をもつ。

ゆえに，方程式①の判別式 D について　$\dfrac{D}{4}>0$

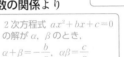

$$k^2-(-3)k>0$$
$$k(k+3)>0$$

∴　$k<-3,\ 0<k$　……②　◀

方程式①の解が $x=\alpha,\ \beta$ であるから，**解と係数の関係より**

$$\alpha+\beta=\overset{\text{ア}}{\underline{\frac{2}{3}k}},\quad \alpha\beta=\overset{\text{イ}}{\underline{-\frac{1}{3}k}}$$ ◀ ［2 次方程式 $ax^2+bx+c=0$ の解が $\alpha,\ \beta$ のとき，$\alpha+\beta=-\dfrac{b}{a}$，$\alpha\beta=\dfrac{c}{a}$］

このとき，$f'(x)=-3(x-\alpha)(x-\beta)$

と表せて，$x=\alpha$ で極小値，$x=\beta$ で極大値をとるから，$f(x)$ の増減表は

x	$\cdots$	α	$\cdots$	β	$\cdots$
$f'(x)$	$-$	0	$+$	0	$-$
$f(x)$	↘	極小	↗	極大	↘

となり　$\alpha<\beta$

図より　$AC=\beta-\alpha$,

　　　　$BC=f(\beta)-f(\alpha)$ ◀ ［極大値－極小値］　［x^2 の係数を忘れずに！］

$$=\int_{\alpha}^{\beta}f'(x)\,dx=-3\int_{\alpha}^{\beta}(x-\alpha)(x-\beta)\,dx$$

［=0 の解が $x=\alpha,\ \beta$］

$$=-3\cdot\left\{-\frac{1}{6}(\beta-\alpha)^3\right\}=\frac{1}{2}(\beta-\alpha)^3$$

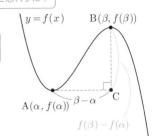

$AC=BC$ より　$\beta-\alpha=\dfrac{1}{2}(\beta-\alpha)^3$

$\beta-\alpha\neq0$ より　$(\beta-\alpha)^2=2$

$$(\alpha+\beta)^2-4\alpha\beta=2$$

$$\frac{4}{9}k^2+\frac{4}{3}k-2=0 \qquad \therefore \quad k=\frac{-3\pm3\sqrt{3}}{2}$$

これらは②を満たすから $\quad k=\dfrac{\boxed{\text{ウ}}\ -3\pm3\sqrt{3}}{2}$ ◀ ②を満たすことを必ず確認しましょう！

別解 ウについて $\quad$ BC $=f(\beta)-f(\alpha)$

$$=-(\beta^3-\alpha^3)+k(\beta^2-\alpha^2)+k(\beta-\alpha)$$
$$=-(\beta-\alpha)(\beta^2+\alpha\beta+\alpha^2)+k(\beta-\alpha)(\beta+\alpha)+k(\beta-\alpha)$$
$$=(\beta-\alpha)\{-(\beta^2+\alpha\beta+\alpha^2)+k(\beta+\alpha)+k\}$$
$$=(\beta-\alpha)\{-(\alpha+\beta)^2+\alpha\beta+k(\alpha+\beta)+k\}$$

AC$=$BC より $\quad \beta-\alpha=(\beta-\alpha)\{-(\alpha+\beta)^2+\alpha\beta+k(\alpha+\beta)+k\}$

$\beta-\alpha\neq0$ より $\quad 1=-(\alpha+\beta)^2+\alpha\beta+k(\alpha+\beta)+k$

$$1=-\left(\frac{2}{3}k\right)^2-\frac{1}{3}k+k\cdot\left(\frac{2}{3}k\right)+k$$

$$2k^2+6k-9=0 \qquad \therefore \quad k=\frac{\boxed{\text{ウ}}\ -3\pm3\sqrt{3}}{2} \quad （これらは②を満たす）$$

類題に挑戦！ **6**

解答 (1) $\quad f'(x)=3x^2+2ax+3a-6$

$f(x)$ は極値をもつから，方程式 $f'(x)=0$ すなわち $3x^2+2ax+3a-6=0$ ……① は異なる2つの実数解をもつ。

ゆえに，方程式①の判別式 D について $\quad\dfrac{D}{4}>0$

$$a^2-3(3a-6)>0$$
$$(a-3)(a-6)>0 \quad\blacktriangleleft$$

$\therefore \quad \underline{a<3,\ 6<a}$

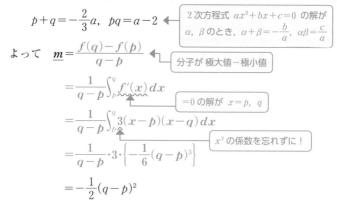

(2) 方程式①の解は p, q であるから，**解と係数の関係**より

$$p+q=-\frac{2}{3}a, \quad pq=a-2 \quad\blacktriangleleft$$

2次方程式 $ax^2+bx+c=0$ の解が α, β のとき， $\alpha+\beta=-\dfrac{b}{a}$, $\alpha\beta=\dfrac{c}{a}$

よって $\quad\underline{m}=\dfrac{f(q)-f(p)}{q-p}$ ◀ 分子が 極大値－極小値

$$=\frac{1}{q-p}\int_p^q f'(x)\,dx$$

◀ $=0$ の解が $x=p$, q

$$=\frac{1}{q-p}\int_p^q 3(x-p)(x-q)\,dx$$

◀ x^2 の係数を忘れずに！

$$=\frac{1}{q-p}\cdot3\cdot\left\{-\frac{1}{6}(q-p)^3\right\}$$

$$=-\frac{1}{2}(q-p)^2$$

$$= -\frac{1}{2}\{(p+q)^2 - 4pq\}$$

$$= -\frac{1}{2}\left\{\left(-\frac{2}{3}a\right)^2 - 4(a-2)\right\}$$

$$= -\frac{1}{2}\left(\frac{4}{9}a^2 - 4a + 8\right)$$

$$= -\frac{2}{9}a^2 + 2a - 4$$

別解 $\underline{m} = \dfrac{f(q) - f(p)}{q - p}$

$$= \frac{1}{q-p}\{(q^3 - p^3) + a(q^2 - p^2) + (3a-6)(q-p)\}$$

$$= \frac{1}{q-p}\{(q-p)(q^2 + qp + p^2) + a(q-p)(q+p) + (3a-6)(q-p)\}$$

$$= (q^2 + qp + p^2) + a(q+p) + 3a - 6$$

$$= \{(p+q)^2 - pq\} + a(p+q) + 3a - 6$$

$$= \left\{\left(-\frac{2}{3}a\right)^2 - (a-2)\right\} + a \cdot \left(-\frac{2}{3}a\right) + 3a - 6$$

$$= \frac{4}{9}a^2 - a + 2 - \frac{2}{3}a^2 + 3a - 6$$

$$= -\frac{2}{9}a^2 + 2a - 4$$

テーマ 7 ｜ 放物線と２本の接線で囲まれた部分の面積！

重要ポイント 総整理！

放物線と２本の接線が生み出す有名性質

放物線と２本の接線が生み出す有名性質を紹介します。この性質をテーマにした問題が，毎年のように入試で出題されています。

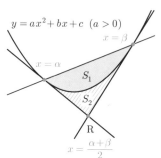

右の図において，放物線の $x=\alpha$ である点における接線と $x=\beta$ である点における接線の

交点 R の x 座標は $x=\dfrac{\alpha+\beta}{2}$

接点を結ぶ直線と放物線で囲まれた部分の面積は

$$S_1=\frac{a}{6}(\beta-\alpha)^3 \quad (a>0)$$ ◀ S_1 についてはテーマ5 で扱いましたね！

放物線と２接線で囲まれた部分の面積は

$$S_2=\frac{a}{12}(\beta-\alpha)^3 \quad (a>0)$$

になります。下の問題で一度証明しておきましょう！

> 曲線 $C：y=x^2$ 上の点 $\mathrm{P}(a,\ a^2)$ における接線を l_1，点 $\mathrm{Q}(b,\ b^2)$ における接線を l_2 とする。ただし，$a<b$ とする。l_1 と l_2 の交点を R とし，線分 PR，線分 QR および曲線 C で囲まれる図形の面積を S とする。
> (1) R の座標を a と b を用いて表せ。
> (2) S を a と b を用いて表せ。 （東北大）

(1) $y=x^2$ より，$y'=2x$ であるから，点 $\mathrm{P}(a,\ a^2)$ における接線 l_1 の方程式は

$$y-a^2=2a(x-a) \quad \therefore \quad y=2ax-a^2 \quad \cdots\cdots①$$

同様に，点 $\mathrm{Q}(b,\ b^2)$ における接線 l_2 の方程式は $y=2bx-b^2 \quad \cdots\cdots②$

①，②より y を消去して $2ax-a^2=2bx-b^2$

$$2(a-b)x=(a+b)(a-b) \quad a\neq b \text{ より} \quad x=\frac{a+b}{2}$$

これを①に代入して $y=2a\cdot\dfrac{a+b}{2}-a^2=ab$

よって，R の座標は $\left(\dfrac{a+b}{2},\ ab\right)$

(2) 図より，求める面積 S は，

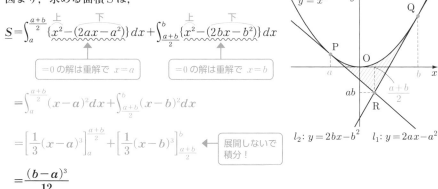

$$S = \int_a^{\frac{a+b}{2}} \{\overset{\text{上}}{x^2} - \overset{\text{下}}{(2ax-a^2)}\}dx + \int_{\frac{a+b}{2}}^b \{\overset{\text{上}}{x^2} - \overset{\text{下}}{(2bx-b^2)}\}dx$$

> =0 の解は重解で $x=a$

> =0 の解は重解で $x=b$

$$= \int_a^{\frac{a+b}{2}}(x-a)^2dx + \int_{\frac{a+b}{2}}^b(x-b)^2dx$$

$$= \left[\frac{1}{3}(x-a)^3\right]_a^{\frac{a+b}{2}} + \left[\frac{1}{3}(x-b)^3\right]_{\frac{a+b}{2}}^b$$

> 展開しないで積分！

$$= \frac{(b-a)^3}{12}$$

$(x+a)^n$ （a は定数）の積分では展開しないのがポイントです。

$$\int x^n dx = \frac{1}{n+1}x^{n+1}+C \quad (C は積分定数) と同様に$$

$$\boxed{\int(x+a)^n dx = \frac{1}{n+1}(x+a)^{n+1}+C}$$

> 一般には
> $\int(ax+b)^n dx = \frac{1}{(n+1)\cdot a}(ax+b)^{n+1}+C$
> （C は積分定数）
> が成り立ちます！

が成り立ちます。これを用いれば，積分計算がかなり楽になりますよ！

例えば，$\int(2x+4)^2 dx$ を計算する場合は，次のように変形してから使用します。

$$\int(2x+4)^2 \underset{2^2 でくくる！}{dx} = 2^2 \int(x+2)^2 dx = \frac{4}{3}(x+2)^3+C \quad （C は積分定数）$$

これだけは！ 7

解答 (1) 接点の座標を $(t,\ t^2+at+b)$ とおく。

> 接線問題は接点をおくことからスタートします！

$y=x^2+ax+b$ より，$y'=2x+a$ であるから，接線 l_1，l_2 の
方程式は，$y-(t^2+at+b)=(2t+a)(x-t)$ ……① と表される。

l_1，l_2 は点 $(0,\ 0)$ を通るから　$0-(t^2+at+b)=(2t+a)(0-t)$

$t^2=b$　∴　$t=\pm\sqrt{b}$　（∵　t は2つ存在しなければならないので $b>0$）

ここで，l_1，l_2 の傾きはそれぞれ p，q（$p>q$）であり，
図より，放物線 C と l_1，l_2 の接点の x 座標はそれぞれ $\sqrt{b}$，
$-\sqrt{b}$ となる。

また，l_1，l_2 の傾き p，q は，①より

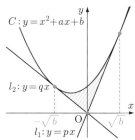

$$p=2\sqrt{b}+a \quad ……②, \quad q=-2\sqrt{b}+a \quad ……③$$

②，③より　$\underline{a=\dfrac{p+q}{2}, \quad b=\dfrac{(p-q)^2}{16}}$

> $\frac{②+③}{2}$，$\frac{②-③}{4}$
> を計算すると！

(2) 前ページの図より，求める面積 S は

$$S=\int_{-\sqrt{b}}^{0}\{\underbrace{(x^2+ax+b)}_{\text{上}}-\underbrace{qx}_{\text{下}}\}dx+\int_{0}^{\sqrt{b}}\{\underbrace{(x^2+ax+b)}_{\text{上}}-\underbrace{px}_{\text{下}}\}dx$$

> =0 の解は重解で $x=-\sqrt{b}$

> =0 の解は重解で $x=\sqrt{b}$

$$=\int_{-\sqrt{b}}^{0}(x+\sqrt{b})^2dx+\int_{0}^{\sqrt{b}}(x-\sqrt{b})^2dx$$

$$=\left[\frac{1}{3}(x+\sqrt{b})^3\right]_{-\sqrt{b}}^{0}+\left[\frac{1}{3}(x-\sqrt{b})^3\right]_{0}^{\sqrt{b}}$$

> 展開しないで積分！

$$=\frac{2}{3}b\sqrt{b}$$

(1)より，$p-q>0$ に注意して，$b=\dfrac{(p-q)^2}{16}$ を代入すると

$$\underline{S=\frac{2}{3}\cdot\frac{(p-q)^2}{16}\cdot\frac{p-q}{4}=\frac{(p-q)^3}{96}}$$

(3) l_1 と l_2 が直交するとき　$pq=-1$　$\therefore\ q=-\dfrac{1}{p}$

> 直線 l_1 と直線 l_2 が直交するとき，(l_1 の傾き)×(l_2 の傾き)$=-1$

よって，(2)より　$S=\dfrac{1}{96}\left(p+\dfrac{1}{p}\right)^3$

$p>0$，$\dfrac{1}{p}>0$ であるから，**相加平均と相乗平均の不等式**により

$$S\geqq\frac{1}{96}\left(2\sqrt{p\cdot\frac{1}{p}}\right)^3=\frac{1}{12}$$

> 等号成立条件のチェックを忘れずに！ p だけでなく q も！

等号成立条件は $p=\dfrac{1}{p}$ すなわち $p=1\ (>0)$ のときであり，$q=-\dfrac{1}{p}$ より，$q=-1$ である。

したがって，S は $p=1$，$q=-1$ のとき最小値 $\underline{\dfrac{1}{12}}$ をとる。

類題に挑戦！ **7**

解答 (1) 接点の座標を $(p,\ p^2+1)$ とおく。

> 接線問題は接点をおくことからスタートします！

$y=x^2+1$ より，$y'=2x$ であるから，接線 l_1，l_2 の方程式は，$y-(p^2+1)=2p(x-p)$ と表される。

l_1，l_2 は点 $(s,\ t)$ を通るから　$t-(p^2+1)=2p(s-p)$

$$p^2-2sp+t-1=0$$

> この方程式を解くと，接点の x 座標の p が求まります！

$\therefore\ p=s\pm\sqrt{s^2-t+1}$　$(\because\ t<0$ で，$s^2-t+1>0)$

よって，接線の傾きは $2p$ で点 $(s,\ t)$ を通るので，求める接線の方程式は

$$y=2p(x-s)+t$$

$\therefore\ \underline{y=2(s\pm\sqrt{s^2-t+1})(x-s)+t}$

(2) (1)より，接線 l_1，l_2 と放物線 C との接点の x 座標は

$$x = s \pm \sqrt{s^2 - t + 1}$$

ここで，$\alpha = s - \sqrt{s^2 - t + 1}$，$\beta = s + \sqrt{s^2 - t + 1}$ とおく。

放物線 C と直線 l_1，l_2 で囲まれる領域の面積は

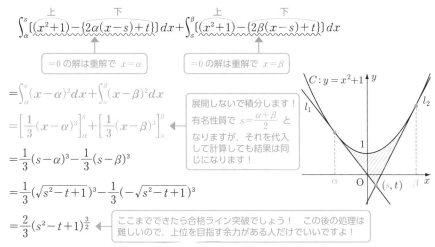

$$\int_\alpha^s [\overbrace{(x^2+1)}^{上} - \overbrace{\{2\alpha(x-s)+t\}}^{下}]\,dx + \int_s^\beta [\overbrace{(x^2+1)}^{上} - \overbrace{\{2\beta(x-s)+t\}}^{下}]\,dx$$

> =0 の解は重解で $x=\alpha$

> =0 の解は重解で $x=\beta$

$$= \int_\alpha^s (x-\alpha)^2\,dx + \int_s^\beta (x-\beta)^2\,dx$$

$$= \left[\frac{1}{3}(x-\alpha)^3\right]_\alpha^s + \left[\frac{1}{3}(x-\beta)^3\right]_s^\beta$$

> 展開しないで積分します！ 有名性質で $s = \dfrac{\alpha+\beta}{2}$ となりますが，それを代入して計算しても結果は同じになります！

$$= \frac{1}{3}(s-\alpha)^3 - \frac{1}{3}(s-\beta)^3$$

$$= \frac{1}{3}(\sqrt{s^2-t+1})^3 - \frac{1}{3}(-\sqrt{s^2-t+1})^3$$

$$= \frac{2}{3}(s^2-t+1)^{\frac{3}{2}}$$

> ここまでできたら合格ライン突破でしょう！ この後の処理は難しいので，上位を目指す余力がある人だけでいいですよ！

$C : y = x^2 + 1$

$\dfrac{2}{3}(s^2 - t + 1)^{\frac{3}{2}} = a$ のとき　$s^2 - t + 1 = \left(\dfrac{3}{2}a\right)^{\frac{2}{3}}$

$\therefore\quad t = s^2 + 1 - \left(\dfrac{3}{2}a\right)^{\frac{2}{3}}$　……①

①で，$t < 0$ に注意して ◄

> $s^2 = t - \left\{1 - \left(\dfrac{3}{2}a\right)^{\frac{2}{3}}\right\}$
> 実数 s が存在する条件を考えます！ s^2 が負だと実数 s は存在しません！ ｛ ｝の中がキーです！ いま，$t < 0$ ですから……！

$1 - \left(\dfrac{3}{2}a\right)^{\frac{2}{3}} \geqq 0$ すなわち $0 < a \leqq \dfrac{2}{3}$ のとき，①を満たす実数 s は存在しない。

$1 - \left(\dfrac{3}{2}a\right)^{\frac{2}{3}} < 0$ すなわち $a > \dfrac{2}{3}$ のとき，①より，$s^2 < \left(\dfrac{3}{2}a\right)^{\frac{2}{3}} - 1$ すなわち

$$-\sqrt{\left(\dfrac{3}{2}a\right)^{\frac{2}{3}} - 1} < s < \sqrt{\left(\dfrac{3}{2}a\right)^{\frac{2}{3}} - 1}$$

したがって，求める $(s,\ t)$ は，

$0 < a \leqq \dfrac{2}{3}$ のとき，$(s,\ t)$ は存在しない。

$a > \dfrac{2}{3}$ のとき $\left(s,\ s^2 + 1 - \left(\dfrac{3}{2}a\right)^{\frac{2}{3}}\right)$　ただし，$-\sqrt{\left(\dfrac{3}{2}a\right)^{\frac{2}{3}} - 1} < s < \sqrt{\left(\dfrac{3}{2}a\right)^{\frac{2}{3}} - 1}$

テーマ **8** │ ２つの放物線の共通接線と面積問題！

重要ポイント **総整理！**

２つの放物線の共通接線

　共通接線を求める問題では，微分法を利用し片方の放物線の接線の式を立て，その接線ともう一方の放物線の式を連立して判別式を利用する方針で解くか，あるいは，**それぞれ放物線で接線の式を立て，その２接線が一致するという方針**で解くのがおすすめです。では，例で２通りの解き方を見ていきましょう！

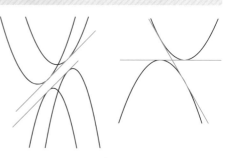

> 直線 l は，傾きが正で，２つの放物線 $C_1 : y = x^2$, $C_2 : y = 4x^2 + 12x$ に接している。共通接線 l の方程式を求めよ。
> (和歌山大)

［解き方１］　l と C_1 の接点の座標を (s, s^2) とおく。 ◀ 接線問題では接点をおくことからスタートします！

　$y = x^2$ より，$y' = 2x$ であるから，点 (s, s^2) における C_1 の接線 l の方程式は

$$y - s^2 = 2s(x - s) \qquad \therefore \quad y = 2sx - s^2 \quad \cdots\cdots ①$$

　この接線①が C_2 にも接するので，方程式 $2sx - s^2 = 4x^2 + 12x$ すなわち

$4x^2 + 2(6 - s)x + s^2 = 0 \quad \cdots\cdots ②$ が重解をもつ。

　ゆえに，方程式②の判別式 D について　$\dfrac{D}{4} = 0$

$$(6 - s)^2 - 4s^2 = 0 \qquad 3s^2 + 12s - 36 = 0 \qquad 3(s - 2)(s + 6) = 0$$

（ l の傾き $2s$）> 0 すなわち $s > 0$ より　$s = 2$

　よって，直線 l の方程式は　**$y = 4x - 4$**

［解き方２］　l と C_1 の接点の座標を (s, s^2) とおく。 ◀ 接線問題では接点をおくことからスタートします！

　$y = x^2$ より，$y' = 2x$ であるから，点 (s, s^2) における C_1 の接線 l の方程式は

$$y - s^2 = 2s(x - s) \qquad \therefore \quad y = 2sx - s^2 \quad \cdots\cdots ①$$

　また，l と C_2 の接点の座標を $(t, 4t^2 + 12t)$ とおく。

　$y = 4x^2 + 12x$ より，$y' = 8x + 12$ であるから，点 $(t, 4t^2 + 12t)$ における C_2 の接線 l の方程式は　$y - (4t^2 + 12t) = (8t + 12)(x - t)$

$\therefore \quad y = (8t + 12)x - 4t^2 \quad \cdots\cdots ③$

　①と③が一致するから　$2s = 8t + 12 \quad \cdots\cdots ④$, $-s^2 = -4t^2 \quad \cdots\cdots ⑤$

　⑤より，$t = \pm \dfrac{s}{2}$

　これを④に代入して

$$2s = \pm 4s + 12$$

$$s = -6, \ 2$$

（ l の傾き $2s$ ）>0 **すなわち** $s>0$ **より** $\quad s=2, \ t=-1$

よって，直線 l の方程式は　$\underline{y=4x-4}$

2つの放物線 C_1，C_2 および共通接線 l とで囲まれた図形の面積についても見ていきましょう！

> 直線 l は，傾きが正で，2つの放物線 $C_1 : y=x^2$，$C_2 : y=4x^2+12x$ に接している。
> 放物線 C_1，C_2 および直線 l で囲まれた図形の面積を求めよ。 （和歌山大）

C_1 と C_2 の共有点の x 座標を求めると，$x^2=4x^2+12x$　∴　$x=0, \ -4$

また，前の問題より，直線 l の方程式は $y=4x-4$ である。

よって，求める面積 S は

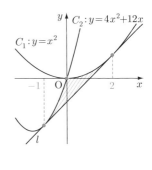

$$S=\int_{-1}^{0} \overbrace{\{4x^2+12x}^{\text{上}} \overbrace{-(4x-4)\}}^{\text{下}} dx + \int_{0}^{2} \overbrace{\{x^2}^{\text{上}} \overbrace{-(4x-4)\}}^{\text{下}} dx$$

=0 の解は重解で $x=-1$　　=0 の解は重解で $x=2$

$$=\int_{-1}^{0} 4(x+1)^2 dx + \int_{0}^{2} (x-2)^2 dx$$

$$=\left[\frac{4}{3}(x+1)^3\right]_{-1}^{0} + \left[\frac{1}{3}(x-2)^3\right]_{0}^{2}$$
← 展開しないで積分！

$$=\frac{4}{3}+\frac{8}{3}=\underline{4}$$

これだけは！ 8

解答 (1) $y=\frac{1}{2}x^2$ より，$y'=x$ であるから，点 $P\left(t, \ \frac{1}{2}t^2\right)$ における C の接線 l の方程式は

$$y-\frac{1}{2}t^2 = t(x-t) \quad ∴ \quad \underline{y=tx-\frac{1}{2}t^2} \quad \cdots\cdots①$$

(2) 接線①は $D : y=-(x-a)^2$ にも接するので，方程式 $tx-\frac{1}{2}t^2=-(x-a)^2$

すなわち $x^2+(t-2a)x+a^2-\frac{1}{2}t^2=0$　$\cdots\cdots②$ が重解をもつ。

方程式②の判別式 d について　$d=0$

$$(t-2a)^2-4\left(a^2-\frac{1}{2}t^2\right)=0 \qquad 3t^2-4at=0 \qquad t(3t-4a)=0 \qquad ∴ \quad t=0, \ \frac{4}{3}a$$

l_1，l_2 の方程式は　$\underline{y=0, \ y=\frac{4}{3}ax-\frac{8}{9}a^2}$ ← 接線①に $t=0, \ \frac{4}{3}a$ を代入します！

(3) 2接線 $y=\dfrac{4}{3}ax-\dfrac{8}{9}a^2$ と $y=0$ との交点の x 座標を求

めると，$\dfrac{4}{3}ax-\dfrac{8}{9}a^2=0$

$a>0$ より $x=\dfrac{2}{3}a$ ← ちょっと一言 を参照しましょう！

よって，求める面積 S は

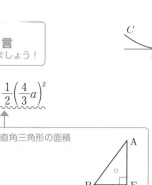

$$S=\int_0^{\frac{4}{3}a}\frac{1}{2}x^2dx-\underbrace{\frac{1}{2}\left(\frac{4}{3}a-\frac{2}{3}a\right)\cdot\frac{1}{2}\left(\frac{4}{3}a\right)^2}$$

$$=\left[\frac{1}{6}x^3\right]_0^{\frac{4}{3}a}-\frac{1}{2}\cdot\frac{2}{3}a\cdot\frac{8}{9}a^2$$

$$=\frac{32}{81}a^3-\frac{8}{27}a^3=\underline{\frac{8}{81}a^3}$$

直角三角形の面積

B $\dfrac{2}{3}a$ E $\dfrac{4}{3}a$ A

ちょっと一言

テーマ7の放物線と2本の接線が生み出す有名性質で，$x=\alpha$ における接線と $x=\beta$ における接線の交点 R の x 座標は，$x=\dfrac{\alpha+\beta}{2}$ でしたね！ これを知っていれば，今回の

2接線 $y=\dfrac{4}{3}ax-\dfrac{8}{9}a^2$ と $y=0$ との交点の x 座標は，$x=\dfrac{0+\frac{4}{3}a}{2}=\dfrac{2}{3}a$ と確認できますね！

類題に挑戦！ 8

解答 (1) l と C_1 の接点の座標を $(s,\ s^2)$ とおく。

$y=x^2$ より，$y'=2x$ であるから，点 $(s,\ s^2)$ における C_1 の接線 l の方程式は

$y-s^2=2s(x-s)$ ∴ $y=2sx-s^2$ ……①

また，l と C_2 の接点の座標を $(t,\ t^2-4at+4a)$ とおく。

$y=x^2-4ax+4a$ より，$y'=2x-4a$ であるから，点 $(t,\ t^2-4at+4a)$ における C_2 の接線 l の方程式は

$y-(t^2-4at+4a)=(2t-4a)(x-t)$

∴ $y=(2t-4a)x-t^2+4a$ ……②

①と②が一致するから

$2s=2t-4a$ ……③，$-s^2=-t^2+4a$ ……④

③より $t=s+2a$ ……⑤ これを④に代入して $-s^2=-(s+2a)^2+4a$

$a>0$ より $s=1-a$

⑤より $t=1+a$

よって，接線 l の方程式は $y=2(1-a)x-(1-a)^2$

(2) (1)より，C_1，C_2 との接点の x 座標は $x=1-a$，$1+a$

C_1 と C_2 の共有点の x 座標を求めると $x^2=x^2-4ax+4a$

よって $x=1$

求める面積 S は

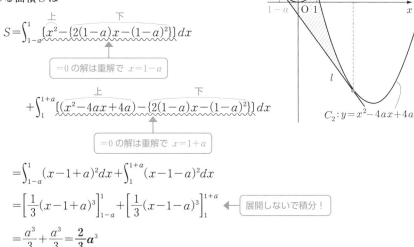

$$S=\int_{1-a}^{1}\overset{上}{\{x^2}-\overset{下}{\{2(1-a)x-(1-a)^2\}\}}dx$$

> =0 の解は重解で $x=1-a$

$$+\int_{1}^{1+a}[\overset{上}{(x^2-4ax+4a)}-\overset{下}{\{2(1-a)x-(1-a)^2\}}]dx$$

> =0 の解は重解で $x=1+a$

$$=\int_{1-a}^{1}(x-1+a)^2dx+\int_{1}^{1+a}(x-1-a)^2dx$$

$$=\left[\frac{1}{3}(x-1+a)^3\right]_{1-a}^{1}+\left[\frac{1}{3}(x-1-a)^3\right]_{1}^{1+a}$$

> 展開しないで積分！

$$=\frac{a^3}{3}+\frac{a^3}{3}=\frac{2}{3}a^3$$

ちょっと 一言

(1)で，接線①は $C_2:y=x^2-4ax+4a$ にも接するので，方程式

$2sx-s^2=x^2-4ax+4a$ すなわち $x^2-2(2a+s)x+4a+s^2=0$ ……⑤ が重解をもちま

す。⑤の判別式 D について $\frac{D}{4}=0$ を解き，$s=1-a$ と計算し，接線の方程式を求めても

よいですよ！

テーマ **9** 桁数と最高位の数字！

重要ポイント 総整理！

桁数と最高位の数字の関連問題

「正の数 N の整数部分が n 桁 $\iff 10^{n-1} \leqq N < 10^n$」

が成り立ちます！　具体的に，4桁の正の数 2021 は $10^3 \leqq 2021 < 10^4$ を満たしていますね。

具体例で押さえてから，その後に一般化すれば，試験で出題されたとしても慌てず対応することができますよ。さらに，

「正の数 N の整数部分が n 桁で最高位の数字が x $\iff x \cdot 10^{n-1} \leqq N < (x+1) \cdot 10^{n-1}$」

が成り立ちます！　これも実際に，4桁で最高位の数字が2の正の数 2021 は $2 \cdot 10^3 \leqq 2021 < 3 \cdot 10^3$ を満たしています。さらに，これを応用することで，

「正の数 N の整数部分が n 桁で最高位の数字が x，最高位の次の位の数字が y $\iff (10x+y) \cdot 10^{n-2} \leqq N < (10x+y+1) \cdot 10^{n-2}$」

が成り立ちます！　これも実際に，4桁で最高位の数字が2，最高位の次の位の数字が0の正の数 2021 は，$20 \cdot 10^2 \leqq 2021 < 21 \cdot 10^2$ を満たしています。応用問題になればなるほど，具体例で押さえてから，一般化して，解答を作りましょう！

> $N = 2^{100}$ について，次の問いに答えよ。ただし，$\log_{10} 2 = 0.3010$，$\log_{10} 3 = 0.4771$，$\log_{10} 7 = 0.8451$，$\log_{10} 11 = 1.0414$，$\log_{10} 13 = 1.1139$ とする。
>
> (1) N の桁数を求めよ。
>
> (2) N の最高位の数字を求めよ。
>
> (3) N の最高位から1つ下の位の数字を求めよ。
>
> (防衛大)

(1) $\log_{10} 2^{100} = 100 \log_{10} 2 = 100 \times 0.3010 = 30.10$ ◄ 例えば，$\log_{10} 2 = 0.3010$ は $2 = 10^{0.3010}$ ということになります！　まずは，2^{100} が 10 の何乗なのかを調べましょう！

よって　$2^{100} = 10^{30.10}$　∴　$10^{30} < 2^{100} < 10^{31}$

したがって，2^{100} の桁数は　**31**　◄ 例えば，$10^2 < N < 10^3$ の場合，N は 3 桁です。今回は……！

(2) (1)より　$2^{100} = 10^{30.10} = 10^{0.10} \cdot 10^{30}$　◄ この変形がポイントです！　●×10^(桁数-1) の変形です！

$\log_{10} 1 = 0$，$\log_{10} 2 = 0.3010$ より，

　　$\log_{10} 1 < 0.10 < \log_{10} 2$　∴　$1 < 10^{0.10} < 2$

各辺に 10^{30} をかけると　$1 \cdot 10^{30} < 10^{30.10} < 2 \cdot 10^{30}$　∴　$1 \cdot 10^{30} < 2^{100} < 2 \cdot 10^{30}$

したがって，2^{100} の最高位の数字は　**1**

(3) (1)より　$2^{100} = 10^{30.10} = 10^{1.10} \cdot 10^{29}$　◄ この変形がポイントです！　●×10^(桁数-2) の変形です！

ここで　$\log_{10} 12 = 2 \log_{10} 2 + \log_{10} 3 = 2 \times 0.3010 + 0.4771 = 1.0791$，$\log_{10} 13 = 1.1139$ より

$\log_{10}12<1.10<\log_{10}13$ ∴ $12<10^{1.10}<13$

各辺に 10^{29} をかけると $12\cdot10^{29}<10^{30.10}<13\cdot10^{29}$ ∴ $12\cdot10^{29}<2^{100}<13\cdot10^{29}$

したがって，2^{100} の最高位から1つ下の位の数字は **2**

(3)は応用問題ですから，できた人はすばらしいです！この調子で頑張りましょう！

これだけは! 9

解答 (1) 3^1, 3^2, 3^3, 3^4, 3^5, 3^6, ……の1の位の数字は，順に 3，9，7，1，3，9，……であり，3，9，7，1の数字を周期4で順に繰り返す。

1の位の数字は具体的に調べて周期性を利用して解きます！

20は4の倍数であるから，3^{20} の1の位の数字は **1**

(2) 3^n が21桁であるから $10^{20}\leqq3^n<10^{21}$

もっと簡単な具体例で考えると，N が3桁の場合，$10^2\leqq N<10^3$ ですね！ 今回は21桁だから……！

$\log_{10}10^{20}\leqq\log_{10}3^n<\log_{10}10^{21}$

$20\leqq n\log_{10}3<21$

$\dfrac{20}{\log_{10}3}\leqq n<\dfrac{21}{\log_{10}3}$

$\dfrac{20}{0.4771}\leqq n<\dfrac{21}{0.4771}$

∴ $41.9\cdots\cdots\leqq n<44.01\cdots\cdots$

これを満たす自然数 n は $n=42$, 43, 44

このうち，1の位の数字が7となるのは，(1)より n を4で割った余りが3のときであるから **$n=43$**

(3) $\log_{10}7^{70}=70\log_{10}7=70\times0.8451=59.157$

よって $7^{70}=10^{59.157}=10^{0.157}\cdot10^{59}$

この変形がポイントです！ ●×$10^{桁数-1}$ の変形です！ ちなみに 7^{70} の桁数は，60です！

$\log_{10}1<0.157<\log_{10}2$ ∴ $1<10^{0.157}<2$

各辺に 10^{59} をかけると $1\cdot10^{59}<10^{59.157}<2\cdot10^{59}$ ∴ $10^{59}<7^{70}<2\cdot10^{59}$

したがって，7^{70} の最高位の数字は **1**

(4) (3)より $7^{70}=10^{59.157}=10^{1.157}\cdot10^{58}$

この変形がポイントです！ ●×$10^{桁数-2}$ の変形です！

ここで $\log_{10}14=\log_{10}2+\log_{10}7=0.3010+0.8451=1.1461$,

$\log_{10}15=\log_{10}3+\log_{10}5=\log_{10}3+(\log_{10}10-\log_{10}2)$

$=0.4771+(1-0.3010)=1.1761$ より

$\log_{10}14<1.157<\log_{10}15$ ∴ $14<10^{1.157}<15$

各辺に 10^{58} をかけると $14\cdot10^{58}<10^{59.157}<15\cdot10^{58}$ ∴ $14\cdot10^{58}<7^{70}<15\cdot10^{58}$

したがって，7^{70} の最高位の次の位の数字は **4**

類題に挑戦! 9

もっと簡単な具体例で考えると，N が3桁で最高位の数字が4の場合は，$4\cdot10^2\leqq N<5\cdot10^2$ ですね！ 今回は22桁だから……！

解答 2^n は22桁で最高位の数字が4であるから $4\cdot10^{21}\leqq2^n<5\cdot10^{21}$

$$\log_{10}(4 \cdot 10^{21}) \leqq \log_{10} 2^n < \log_{10}(5 \cdot 10^{21})$$

$$\log_{10}(2^2 \cdot 10^{21}) \leqq \log_{10} 2^n < \log_{10}\left(\frac{10^{22}}{2}\right)$$

$$2\log_{10} 2 + 21 \leqq n\log_{10} 2 < 22 - \log_{10} 2$$

$$21.6020 \leqq n \times 0.3010 < 21.6990$$

$$\therefore \quad 71.7\cdots\cdots \leqq n < 72.08\cdots\cdots$$

n は自然数であるから　**$n=72$**

また，2^1，2^2，2^3，2^4，2^5，2^6，$\cdots\cdots$ の 1 の位の数字は，順に 2，4，8，6，2，4，$\cdots\cdots$ であり，2，4，8，6 の数字を周期 4 で順に繰り返す。◄———

> 1 の位の数字は具体的に
> 調べて周期性を利用して解きます！

72 は 4 の倍数であるから，2^{72} の 1 の位の数字は　<u>6</u>

参考 ⋯⋯

> 「**1 より小さい正の数 N は小数第 n 位に初めて 0 でない数字が現れる**
> $\Longleftrightarrow 10^{-n} \leqq N < 10^{-n+1}$」

が成り立ちます！　具体的に，小数第 2 位に初めて 0 でない数字が現れる正の数 0.0125 は $10^{-2} \leqq 0.0125 < 10^{-1}$ を満たしています。さらに，

> 「**1 より小さい正の数 N は小数第 n 位に初めて 0 でない数字 x が現れる**
> $\Longleftrightarrow x \cdot 10^{-n} \leqq N < (x+1) \cdot 10^{-n}$」

が成り立ちます！　実際に，小数第 2 位に初めて 0 でない数字 1 が現れる正の数 0.0125 は，$1 \cdot 10^{-2} \leqq 0.0125 < 2 \cdot 10^{-2}$ を満たしています。ここでも，応用問題こそ，具体例で押さえてから一般化すれば，試験で出題されたとしても慌てず対応することができますよ！

$\left(\dfrac{1}{125}\right)^{20}$ を小数で表したとき，小数第 $\boxed{\text{ア}}$ 位に初めて 0 でない数字が現れ，その値は $\boxed{\text{イ}}$ である。ただし，$\log_{10} 2 = 0.3010$ とする。　　　　　　　　　　　　　(早稲田大)

$$\log_{10}\left(\frac{1}{125}\right)^{20} = \log_{10}\left(\frac{1}{5}\right)^{60} = 60\log_{10}\frac{2}{10} = 60(\log_{10} 2 - 1) = 60(0.3010 - 1) = -41.94$$

よって　$\left(\dfrac{1}{125}\right)^{20} = 10^{-41.94}$　　$\therefore \quad 10^{-42} < \left(\dfrac{1}{125}\right)^{20} < 10^{-41}$ ◄———

> 簡単な例で考えると，N が
> 小数第 2 位に初めて 0 でない数字が現れる場合，$10^{-2} \leqq N < 10^{-1}$ ですね！
> 今回は……！

したがって，小数第 ^ア<u>42</u> 位に初めて 0 でない数字が現れる。

また　$\left(\dfrac{1}{125}\right)^{20} = 10^{-41.94} = 10^{0.06} \cdot 10^{-42}$ ◄———

> この変形が
> ポイントです！

$$\log_{10} 1 < 0.06 < \log_{10} 2$$

$\therefore \quad 1 < 10^{0.06} < 2$　　各辺に 10^{-42} をかけると　$1 \cdot 10^{-42} < 10^{-41.94} < 2 \cdot 10^{-42}$

したがって，初めて現れる 0 でない数字は ^イ<u>1</u> である。

重要ポイント 総整理！

2倍角・3倍角の公式を用いて三角関数の最大・最小

三角関数の相互関係式

$$\tan\theta = \frac{\sin\theta}{\cos\theta} \qquad \sin^2\theta + \cos^2\theta = 1 \qquad 1 + \tan^2\theta = \frac{1}{\cos^2\theta}$$

2倍角の公式

$$\sin 2\theta = 2\sin\theta\cos\theta \qquad \cos 2\theta = \cos^2\theta - \sin^2\theta \qquad \tan 2\theta = \frac{2\tan\theta}{1-\tan^2\theta}$$
$$= 1 - 2\sin^2\theta$$
$$= 2\cos^2\theta - 1$$

3倍角の公式

$$\sin 3\theta = 3\sin\theta - 4\sin^3\theta \qquad \cos 3\theta = 4\cos^3\theta - 3\cos\theta$$

\ちょっと/ 一言

3倍角の公式の証明をしてみよう！

$\sin 3\theta = \sin(2\theta + \theta)$ ⟍ 加法定理

$\qquad = \sin 2\theta\cos\theta + \cos 2\theta\sin\theta$ ⟍ 2倍角の公式

$\qquad = 2\sin\theta\cos^2\theta + (1 - 2\sin^2\theta)\sin\theta$ ⟍ 相互関係式

$\qquad = 2\sin\theta(1 - \sin^2\theta) + \sin\theta - 2\sin^3\theta$

$\qquad = 3\sin\theta - 4\sin^3\theta$

$\cos 3\theta = \cos(2\theta + \theta)$ ⟍ 加法定理

$\qquad = \cos 2\theta\cos\theta - \sin 2\theta\sin\theta$ ⟍ 2倍角の公式

$\qquad = (2\cos^2\theta - 1)\cos\theta - 2\sin^2\theta\cos\theta$ ⟍ 相互関係式

$\qquad = 2\cos^3\theta - \cos\theta - 2(1 - \cos^2\theta)\cos\theta$

$\qquad = 4\cos^3\theta - 3\cos\theta$

　三角関数の最大値，最小値を求める問題の中には，範囲付きの2次関数や3次関数の最大値，最小値に帰着させて解く問題があります。このような問題の場合は，まず，

三角関数の相互関係式や2倍角の公式，3倍角の公式

などを用いて，

すべての角を θ（あるいは x など）に統一する

のと同時に，

三角関数（sin, cos, tan）の種類の統一

も行います。そして，その統一した三角関数を

新たな文字で置き換える

ことによって，範囲付きの2次関数や3次関数の最大値，最小値に帰着させることができます！　この段階を踏んだアプローチを，次の例で学んでいきましょう！

> 区間 $0 \leqq x \leqq 2\pi$ における $g(x) = \cos x + \dfrac{1}{2}\cos 2x + \dfrac{1}{3}\cos 3x$ の最大値，最小値を求めよ。
>
> （弘前大）

$$g(x) = \cos x + \frac{1}{2}\cos 2x + \frac{1}{3}\cos 3x$$

2倍角，3倍角の公式を用いて，角を x に統一，三角関数を cos に統一します！

$$= \cos x + \frac{1}{2}(2\cos^2 x - 1) + \frac{1}{3}(4\cos^3 x - 3\cos x)$$

$$= \frac{4}{3}\cos^3 x + \cos^2 x - \frac{1}{2}$$

$\cos x = t$ とおくと，$0 \leqq x \leqq 2\pi$ より　$-1 \leqq t \leqq 1$ ← 置き換えをしたら範囲をチェック！

$h(t) = \dfrac{4}{3}t^3 + t^2 - \dfrac{1}{2}$ とおく。

$h'(t) = 4t^2 + 2t = 2t(2t+1)$ ←

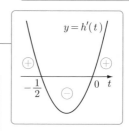

$-1 \leqq t \leqq 1$ における $h(t)$ の増減表は

t	-1	$\cdots$	$-\dfrac{1}{2}$	$\cdots$	0	$\cdots$	1
$h'(t)$		$+$	0	$-$	0	$+$	
$h(t)$	$-\dfrac{5}{6}$	↗	$-\dfrac{5}{12}$	↘	$-\dfrac{1}{2}$	↗	$\dfrac{11}{6}$

となり，$h(t)$ は $t=1$ のとき最大値 $\dfrac{11}{6}$，

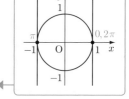

$t = -1$ のとき最小値 $-\dfrac{5}{6}$ をとる。

ここで，$t=1$ のとき　$x = 0, 2\pi$　　$t = -1$ のとき　$x = \pi$ ←

したがって，$g(x)$ は $x = 0, 2\pi$ で最大値 $\dfrac{11}{6}$，$x = \pi$ で最小値 $-\dfrac{5}{6}$ をとる。

これだけは！ 10

解答 (1) $\underline{f(\theta)} = 4\cos 2\theta \sin\theta + 3\sqrt{2}\cos 2\theta - 4\sin\theta$ ―

2倍角の公式を用いて，角を θ に統一，三角関数を sin に統一します！

$$= 4(1 - 2\sin^2\theta)\sin\theta + 3\sqrt{2}(1 - 2\sin^2\theta) - 4\sin\theta ←$$

$$= -8\sin^3\theta - 6\sqrt{2}\sin^2\theta + 3\sqrt{2} = \underline{-8x^3 - 6\sqrt{2}\,x^2 + 3\sqrt{2}}$$

(2)　$x=\sin\theta$ とおくと，$-\dfrac{\pi}{2}\leqq\theta\leqq\dfrac{\pi}{2}$ より　$-1\leqq x\leqq1$ ←〔置き換えをしたら範囲をチェック！〕

$g(x)=-8x^3-6\sqrt{2}\,x^2+3\sqrt{2}$ とおく。

$$g'(x)=-24x^2-12\sqrt{2}\,x=-12x(2x+\sqrt{2}\,)$$

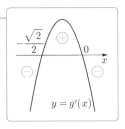

$-1\leqq x\leqq1$ における $g(x)$ の増減表は

x	-1	$\cdots$	$-\dfrac{\sqrt{2}}{2}$	$\cdots$	0	$\cdots$	1
$g'(x)$		$-$	0	$+$	0	$-$	
$g(x)$	$8-3\sqrt{2}$	$\searrow$	$2\sqrt{2}$	$\nearrow$	$3\sqrt{2}$	$\searrow$	$-8-3\sqrt{2}$

となり，$g(-1)-g(0)=8-6\sqrt{2}=\sqrt{64}-\sqrt{72}<0$ に注意すると，

$g(x)$ は $x=0$ のとき最大値 $3\sqrt{2}$ をとり，$x=1$ のとき最小値 $-8-3\sqrt{2}$ をとる。

ここで，$x=0$ のとき　$\theta=0$　　$x=1$ のとき　$\theta=\dfrac{\pi}{2}$ ←

したがって，$f(\theta)$ は **$\theta=0$ のとき最大値 $3\sqrt{2}$**，

$\theta=\dfrac{\pi}{2}$ **のとき最小値 $-8-3\sqrt{2}$ をとる。**

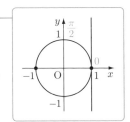

参考 ⋯⋯⋯⋯⋯⋯⋯⋯⋯⋯⋯⋯⋯⋯⋯⋯⋯⋯⋯⋯⋯⋯⋯⋯⋯⋯⋯⋯⋯⋯⋯⋯⋯⋯⋯⋯⋯⋯⋯

問題によっては，**角を θ ではなく，2θ に統一**して解くと，楽に解ける問題もあります！

$f(\theta)=\cos4\theta-4\sin^2\theta$ とする。$0\leqq\theta\leqq\dfrac{\pi}{2}$ における $f(\theta)$ の最大値および最小値を求

めよ。

(京都大)

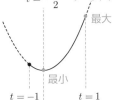

$$f(\theta)=\cos4\theta-4\sin^2\theta$$

←〔2倍角の公式を用いて角を 2θ に統一，三角関数を cos に統一します！〕

$$=(2\cos^22\theta-1)-4\cdot\dfrac{1-\cos2\theta}{2}$$

$$=2\cos^22\theta+2\cos2\theta-3$$

$\cos\boxed{2\theta}=t$ とおくと　$0\leqq\boxed{2\theta}\leqq\pi$ より　$-1\leqq t\leqq1$ ←

〔置き換えをしたら範囲をチェック！〕

$g(t)=2t^2+2t-3$ とおく。

$$g(t)=2\Bigl(t+\dfrac{1}{2}\Bigr)^2-\dfrac{7}{2}$$

よって，$g(t)$ は $t=1$ のとき最大値 1，

$t=-\dfrac{1}{2}$ のとき最小値 $-\dfrac{7}{2}$ をとる。

ここで，$t=1$ のとき　$\boxed{2\theta}=0$　$\therefore$　$\theta=0$

$t=-\dfrac{1}{2}$ のとき　$\boxed{2\theta}=\dfrac{2}{3}\pi$　$\therefore$　$\theta=\dfrac{\pi}{3}$

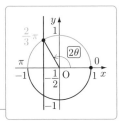

したがって，$f(\theta)$ は <u>$\theta=0$ のとき最大値 1,</u>

<u>$\theta=\dfrac{\pi}{3}$ のとき最小値 $-\dfrac{7}{2}$ をとる。</u>

類題に挑戦！ 10

解答　$y=2\sin 3x+\cos 2x-2\sin x+a$

$=2(3\sin x-4\sin^3 x)+(1-2\sin^2 x)-2\sin x+a$

2倍角，3倍角の公式を用いて，角を x に統一，三角関数を sin に統一します！

$=-8\sin^3 x-2\sin^2 x+4\sin x+a+1$

$\sin x=t$ とおくと　$-1\leqq t\leqq 1$ ← 置き換えをしたら範囲をチェック！

$f(t)=-8t^3-2t^2+4t+a+1$ とおく。

$f'(t)=-24t^2-4t+4=-4(6t^2+t-1)$

$=-4(3t-1)(2t+1)$

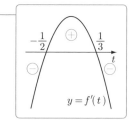

$-1\leqq t\leqq 1$ における $f(t)$ の増減表は

t	-1	$\cdots$	$-\dfrac{1}{2}$	$\cdots$	$\dfrac{1}{3}$	$\cdots$	1
$f'(t)$		$-$	0	$+$	0	$-$	
$f(t)$	$a+3$	$\searrow$	$a-\dfrac{1}{2}$	$\nearrow$	$a+\dfrac{49}{27}$	$\searrow$	$a-5$

となり，$a+\dfrac{49}{27}<a+3$，$a-5<a-\dfrac{1}{2}$ に注意すると，

$f(t)$ は $t=-1$ のとき最大値 $a+3$ をとり，$t=1$ のとき最小値 $a-5$ をとる。

題意より　$|a-5|=a+3$

(i)　$a\geqq 5$ のとき　$a-5=a+3$

　　これを満たす a は存在しない。

(ii)　$a<5$ のとき　$-(a-5)=a+3$

　　$\therefore$　$a=1$　（これは $a<5$ を満たす）

以上より　<u>$a=1$</u>

重要ポイント 総整理！

合成を経由する三角関数の最大・最小

三角関数の合成は加法定理の逆作業になります。

$$\sin(\alpha+\beta)=\sin\alpha\cos\beta+\cos\alpha\sin\beta$$

加法定理！

合成（加法定理の逆作業）！

$$\sin\alpha\cos\beta+\cos\alpha\sin\beta=\sin(\alpha+\beta)$$

合成の基本は，$\sin\theta\cos\square+\cos\theta\sin\square$ を同時に満たす□の角を探して，加法定理の逆の作業で，$\sin(\theta+\square)$ と変形することです！

① $\dfrac{1}{2}\sin\theta+\dfrac{\sqrt{3}}{2}\cos\theta$

$$=\sin\theta\cos\dfrac{\pi}{3}+\cos\theta\sin\dfrac{\pi}{3}$$

$$=\sin\left(\theta+\dfrac{\pi}{3}\right)$$

$\cos\square=\dfrac{1}{2}$，$\sin\square=\dfrac{\sqrt{3}}{2}$ を同時に満たす□は $\dfrac{\pi}{3}$ ですね！

加法定理を逆向きに使います！

$\cos\square=\sqrt{2}$，$\sin\square=\sqrt{2}$ を同時に満たす□は存在しません！少し工夫が必要です！

② $\sqrt{2}\sin\theta+\sqrt{2}\cos\theta$

$$=2\left(\dfrac{\sqrt{2}}{2}\sin\theta+\dfrac{\sqrt{2}}{2}\cos\theta\right)$$

$$=2\left(\sin\theta\cos\dfrac{\pi}{4}+\cos\theta\sin\dfrac{\pi}{4}\right)$$

$$=2\sin\left(\theta+\dfrac{\pi}{4}\right)$$

$\sqrt{(\sqrt{2})^2+(\sqrt{2})^2}$ でくくります！

$\cos\square=\dfrac{\sqrt{2}}{2}$，$\sin\square=\dfrac{\sqrt{2}}{2}$ を同時に満たす□は $\dfrac{\pi}{4}$ ですね！

加法定理を逆向きに使います！

$\cos\square=-1$，$\sin\square=\sqrt{3}$ を同時に満たす□は存在しません！少し工夫が必要です！

③ $-\sin\theta+\sqrt{3}\cos\theta$

$$=2\left(-\dfrac{1}{2}\sin\theta+\dfrac{\sqrt{3}}{2}\cos\theta\right)$$

$$=2\left(\sin\theta\cos\dfrac{2}{3}\pi+\cos\theta\sin\dfrac{2}{3}\pi\right)$$

$$=2\sin\left(\theta+\dfrac{2}{3}\pi\right)$$

$\sqrt{(-1)^2+(\sqrt{3})^2}$ でくくります！

$\cos\square=-\dfrac{1}{2}$，$\sin\square=\dfrac{\sqrt{3}}{2}$ を同時に満たす□は $\dfrac{2}{3}\pi$ ですね！

加法定理を逆向きに使います！

三角関数の最大値，最小値を求める問題の中には，$t=\sin\theta+\cos\theta$ などとおき，t の範囲を合成を経由して求め，範囲付きの2次関数や3次関数の最大値，最小値に帰着させて解く問題があります！

関数 $y=|\sin 2\theta+2\sin\theta+2\cos\theta|$ $(0\leqq\theta<2\pi)$ を考える。

(1) $t=\sin\theta+\cos\theta$ とおいて，y を t の式で表せ。

(2) t のとりうる値の範囲を求めよ。

(3) y の最大値，最小値，およびそのときの t の値を求めよ。 （立教大）

(1)　　　$t^2 = \sin^2\theta + \cos^2\theta + 2\sin\theta\cos\theta = 1 + \sin 2\theta$

　　$\therefore \quad \sin 2\theta = t^2 - 1$

　　$\therefore \quad \underline{y = |(t^2-1)+2t| = |t^2+2t-1|}$

> $t = \sin\theta + \cos\theta$ の両辺を2乗すると $2\sin\theta\cos\theta\,(=\sin 2\theta)$ が出てきます!!

(2)　　$t = \sin\theta + \cos\theta$

　　　　$\downarrow$ $\sqrt{1^2+1^2}$ でくくり，$\cos\alpha = \dfrac{\sqrt{2}}{2}$，$\sin\alpha = \dfrac{\sqrt{2}}{2}$ となる α は $\dfrac{\pi}{4}$ ですね!

　　　$= \sqrt{2}\,\sin\left(\boxed{\theta + \dfrac{\pi}{4}}\right)$ ◀ 合成（加法定理の逆作業）が一瞬でできるように特訓しておきましょう!

$0 \leqq \theta < 2\pi$ より　$\dfrac{\pi}{4} \leqq \boxed{\theta + \dfrac{\pi}{4}} < \dfrac{9}{4}\pi$ であるから

　　$-1 \leqq \sin\left(\boxed{\theta + \dfrac{\pi}{4}}\right) \leqq 1$

　　$-\sqrt{2} \leqq \sqrt{2}\,\sin\left(\theta + \dfrac{\pi}{4}\right) \leqq \sqrt{2}$

　　$\therefore \quad \underline{-\sqrt{2} \leqq t \leqq \sqrt{2}}$

(3)　　$t^2 + 2t - 1 = (t+1)^2 - 2$

ここで，$t^2 + 2t - 1 = 0$ を

解くと

　　　$t = -1 \pm \sqrt{2}$

グラフは，図のようになり

　　$\underline{t = \sqrt{2}}$ のとき　　　最大値　$\underline{2\sqrt{2}+1}$

　　$\underline{t = -1+\sqrt{2}}$ のとき　最小値　$\underline{0}$　をとる。

これだけは! 11

合成（加法定理の逆作業）!

解答　(1)　$t = \sin\theta + \cos\theta = \sqrt{2}\,\sin\left(\boxed{\theta + \dfrac{\pi}{4}}\right)$

$0 \leqq \theta \leqq \dfrac{\pi}{2}$ より，$\dfrac{\pi}{4} \leqq \boxed{\theta + \dfrac{\pi}{4}} \leqq \dfrac{3}{4}\pi$ であるから

　　$\dfrac{1}{\sqrt{2}} \leqq \sin\left(\boxed{\theta + \dfrac{\pi}{4}}\right) \leqq 1$ ◀　$\therefore \quad \underline{1 \leqq t \leqq \sqrt{2}}$

(2)　$\sin^3\theta + \cos^3\theta = (\sin\theta + \cos\theta)(\sin^2\theta - \sin\theta\cos\theta + \cos^2\theta)$

　　　　　　　　　　$= (\sin\theta + \cos\theta)(1 - \sin\theta\cos\theta)$ ……①

> $\sin^3\theta + \cos^3\theta$ を $t = \sin\theta + \cos\theta$ を用いて表します!　因数分解 $x^3+y^3 = (x+y)(x^2-xy+y^2)$ で変形します!

$\sin\theta + \cos\theta = t$ の両辺を2乗すると　　$\boxed{\sin^2\theta + \cos^2\theta = 1}$

　　$\sin^2\theta + 2\sin\theta\cos\theta + \cos^2\theta = t^2$

　　$1 + 2\sin\theta\cos\theta = t^2$　　$\therefore \quad \sin\theta\cos\theta = \dfrac{t^2-1}{2}$

> $\sin\theta\cos\theta$ も t で表します!　$t = \sin\theta + \cos\theta$ の両辺を2乗すると $\sin\theta\cos\theta$ が出てきます!!

よって，①より　$\sin^3\theta + \cos^3\theta = t\left(1 - \dfrac{t^2-1}{2}\right) = -\dfrac{1}{2}t^3 + \dfrac{3}{2}t$

$f(t) = -\dfrac{1}{2}t^3 + \dfrac{3}{2}t$ とおく。 ← ここからは3次関数の最大最小問題！ 微分して，増減表！

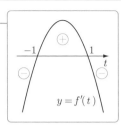

$$f'(t) = -\dfrac{3}{2}t^2 + \dfrac{3}{2} = -\dfrac{3}{2}(t+1)(t-1)$$

$1 \leqq t \leqq \sqrt{2}$ における $f(t)$ の増減表は

t	1	$\cdots$	$\sqrt{2}$
$f'(t)$		$-$	
$f(t)$	1	$\searrow$	$\dfrac{\sqrt{2}}{2}$

となり $\dfrac{\sqrt{2}}{2} \leqq f(t) \leqq 1$ ∴ $\dfrac{\sqrt{2}}{2} \leqq \sin^3\theta + \cos^3\theta \leqq 1$

 参考 ……………………………………………………………………………………………………

　三角関数の最大値，最小値を求める問題の中には，2倍角の公式で次数を下げてから，合成を経由して最大値，最小値を求める問題があります！

関数 $f(x) = \cos^2 x + \sin x \cos x$ $(0 \leqq x \leqq \pi)$ は $x = \boxed{\ \ ア\ \ }$ のとき，最大値 $\boxed{\ \ イ\ \ }$ をとる。

(関西大)

$\begin{aligned} f(x) &= \cos^2 x + \sin x \cos x \\ &= \dfrac{1+\cos 2x}{2} + \dfrac{1}{2}\sin 2x \end{aligned}$ ← 2倍角の公式 $\sin 2x = 2\sin x \cos x$　$\cos 2x = 2\cos^2 x - 1$ で変形！

$\quad = \dfrac{1}{2}(\sin \boxed{2x} + \cos \boxed{2x}) + \dfrac{1}{2}$

$\quad = \dfrac{\sqrt{2}}{2}\sin\left(\boxed{2x} + \dfrac{\pi}{4}\right) + \dfrac{1}{2}$ 　合成！

$0 \leqq x \leqq \pi$ より，$\dfrac{\pi}{4} \leqq 2x + \dfrac{\pi}{4} \leqq \dfrac{9}{4}\pi$ であるから

$-1 \leqq \sin\left(\boxed{2x + \dfrac{\pi}{4}}\right) \leqq 1$ ←

$f(x)$ は，$\boxed{2x + \dfrac{\pi}{4}} = \dfrac{\pi}{2}$ すなわち $x = \dfrac{^7\pi}{8}$ のとき，

最大値 $\dfrac{\sqrt{2}}{2} \cdot 1 + \dfrac{1}{2} = \dfrac{^\text{イ}\sqrt{2}+1}{2}$ をとる。

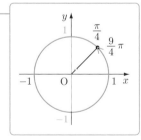

類題に挑戦！ 11

解答 (1) $\underline{x=\sqrt{3}\sin\theta+\cos\theta=2\sin\left(\theta+\dfrac{\pi}{6}\right)}$ ← 合成（加法定理の逆作業）！

(2) $x^2=(\sqrt{3}\sin\theta+\cos\theta)^2$ ← $\sin2\theta,\ \cos2\theta$ を作るために，$x=\sqrt{3}\sin\theta+\cos\theta$ の両辺を2乗します！

$\qquad =3\sin^2\theta+2\sqrt{3}\sin\theta\cos\theta+\cos^2\theta$

2倍角の公式で変形！
$\sin2\theta=2\sin\theta\cos\theta$
$\cos2\theta=2\cos^2\theta-1$
$\cos2\theta=1-2\sin^2\theta$
$\sin^2\theta,\ \cos^2\theta$ は $\cos2\theta$ で表せます！

$\qquad =3\cdot\dfrac{1-\cos2\theta}{2}+\sqrt{3}\sin2\theta+\dfrac{1+\cos2\theta}{2}$

$\qquad =\sqrt{3}\sin2\theta-\cos2\theta+2$

よって $\sqrt{3}\sin2\theta-\cos2\theta=x^2-2$

したがって $\underline{f(\theta)=\sqrt{3}\sin2\theta-\cos2\theta-2\sqrt{2}(\sqrt{3}\sin\theta+\cos\theta)=x^2-2\sqrt{2}\,x-2}$

(3) $\qquad f(\theta)=(x-\sqrt{2})^2-4$

(1)より，$x=2\sin\left(\theta+\dfrac{\pi}{6}\right)$

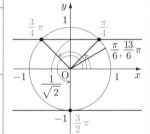

最大　$x=\sqrt{2}$

最小

$x=-2$　$x=2$

$0\leqq\theta\leqq2\pi$ より，$\dfrac{\pi}{6}\leqq\theta+\dfrac{\pi}{6}\leqq\dfrac{13}{6}\pi$ であるから

$\qquad -1\leqq\sin\left(\theta+\dfrac{\pi}{6}\right)\leqq1 \qquad \therefore\ -2\leqq x\leqq2$

よって，$f(\theta)$ は $x=-2$ のとき最大値 $2+4\sqrt{2}$，$x=\sqrt{2}$ のとき最小値 -4 をとる。
このとき

$\qquad 2\sin\left(\theta+\dfrac{\pi}{6}\right)=-2$ より $\sin\left(\theta+\dfrac{\pi}{6}\right)=-1$

$\qquad$ すなわち $\theta+\dfrac{\pi}{6}=\dfrac{3}{2}\pi \qquad \therefore\ \theta=\dfrac{4}{3}\pi$

$\qquad 2\sin\left(\theta+\dfrac{\pi}{6}\right)=\sqrt{2}$ より $\sin\left(\theta+\dfrac{\pi}{6}\right)=\dfrac{1}{\sqrt{2}}$

$\qquad$ すなわち $\theta+\dfrac{\pi}{6}=\dfrac{\pi}{4},\ \dfrac{3}{4}\pi \qquad \therefore\ \theta=\dfrac{\pi}{12},\ \dfrac{7}{12}\pi$

したがって，$f(\theta)$ は $\underline{\theta=\dfrac{4}{3}\pi}$ のとき最大値 $2+4\sqrt{2}$，

$\qquad\underline{\theta=\dfrac{\pi}{12},\ \dfrac{7}{12}\pi}$ のとき最小値 -4 をとる。

三角比の平面図形問題！

重要ポイント 総整理！

三角比の重要定理と重要公式

| 正弦定理 | $\dfrac{a}{\sin A} = \dfrac{b}{\sin B} = \dfrac{c}{\sin C} = 2R$ （Rは外接円の半径） |

正弦定理は，向かい合う辺と角の関係です。外接円の半径を求めるときにも用います。

| 余弦定理 | $a^2 = b^2 + c^2 - 2bc\cos A$ $\qquad \cos A = \dfrac{b^2 + c^2 - a^2}{2bc}$ |

余弦定理は，3辺と1つの角の関係です。

この4つの要素のうち，3つが分かれば，残りの1つを求めることができます！

△ABC の面積 $S = \dfrac{1}{2}bc\sin A = \dfrac{1}{2}ca\sin B = \dfrac{1}{2}ab\sin C$ ◀── 2辺と夾角の情報で面積が求まります！

$S = \dfrac{1}{2}r(a+b+c)$ （r は内接円の半径）◀── 面積の分割で示せます！詳しくは下で！

$S = \sqrt{l(l-a)(l-b)(l-c)}$　ただし　$l = \dfrac{a+b+c}{2}$　（ヘロンの公式）

国公立大学の二次試験では，定理や公式，性質を証明する問題がよく出題されています。
次の問題で**内接円の半径を用いた三角形の面積**と**ヘロンの公式**の証明を確認していきましょう！

> △ABC の面積を S，内接円の半径を r，3辺の長さを a, b, c とすると
> $$r = \frac{S}{l}, \quad S = \sqrt{l(l-a)(l-b)(l-c)}$$
> であることを証明せよ。ただし，$2l = a+b+c$ とする。

（大阪教育大）

証明　内接円の中心を I とすると

$\triangle ABC = \triangle IBC + \triangle ICA + \triangle IAB$

$S = \dfrac{1}{2}ar + \dfrac{1}{2}br + \dfrac{1}{2}cr = \dfrac{1}{2}(a+b+c)r = lr$

$\therefore\ r = \dfrac{S}{l}$

また

$S = \dfrac{1}{2}bc\sin A = \dfrac{1}{2}bc\sqrt{1 - \cos^2 A}$　（$\because\ \sin A > 0$）

$\underset{\sin^2 A + \cos^2 A = 1}{\curvearrowright}$

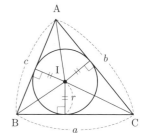

$$=\frac{1}{2}bc\sqrt{(1+\cos A)(1-\cos A)}$$

$$=\frac{1}{2}bc\sqrt{\left(1+\frac{b^2+c^2-a^2}{2bc}\right)\left(1-\frac{b^2+c^2-a^2}{2bc}\right)}$$

$$=\frac{1}{2}bc\sqrt{\frac{(b+c)^2-a^2}{2bc}\cdot\frac{a^2-(b-c)^2}{2bc}}$$

$$=\frac{1}{4}\sqrt{(b+c+a)(b+c-a)(a-b+c)(a+b-c)}$$

$$=\frac{1}{4}\sqrt{2l(2l-2a)(2l-2b)(2l-2c)}=\sqrt{l(l-a)(l-b)(l-c)}\quad\square$$

これだけは！ 12

解答 (1) △ABD で余弦定理より

$$\cos A=\frac{d^2+a^2-y^2}{2da}$$

△BCA，△CDB，△DAC でも余弦定理より

$$\cos B=\frac{a^2+b^2-x^2}{2ab},\quad \cos C=\frac{b^2+c^2-y^2}{2bc}$$

$$\cos D=\frac{c^2+d^2-x^2}{2cd}$$

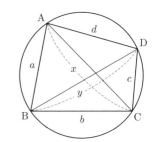

(2) 四角形 ABCD は円に内接するから

$$A+C=180°,\quad B+D=180°\quad \boxed{\text{円に内接する四角形の対角の和は }180°}$$

$$\cos C=\cos(180°-A)=-\cos A$$

$$\cos D=\cos(180°-B)=-\cos B$$

(1)より　$\dfrac{b^2+c^2-y^2}{2bc}=-\dfrac{d^2+a^2-y^2}{2da}$　……①

$$\frac{c^2+d^2-x^2}{2cd}=-\frac{a^2+b^2-x^2}{2ab}\quad ……②$$

①の両辺に $2abcd$ をかけると　$ad(b^2+c^2-y^2)=-bc(d^2+a^2-y^2)$

$$(ad+bc)y^2=ab^2d+ac^2d+bcd^2+a^2bc$$

$$(ad+bc)y^2=bd(ab+cd)+ac(ab+cd)$$

$$(ad+bc)y^2=(ab+cd)(ac+bd)\quad \boxed{y^2\text{ で整理後，因数分解しました！}}$$

$ad+bc\neq0$ より　$y^2=\dfrac{(ab+cd)(ac+bd)}{ad+bc}$　……③

②の両辺に $2abcd$ をかけると　$ab(c^2+d^2-x^2)=-cd(a^2+b^2-x^2)$

$$(ab+cd)x^2=abc^2+abd^2+a^2cd+b^2cd$$

$$(ab+cd)x^2=ac(bc+ad)+bd(ad+bc)$$

$$(ab+cd)x^2=(ad+bc)(ac+bd)\quad \boxed{x^2\text{ で整理後，因数分解しました！}}$$

$ab+cd \neq 0$ より $x^2 = \dfrac{(ad+bc)(ac+bd)}{ab+cd}$ ……④

③, ④の辺々をかけると $x^2y^2 = \dfrac{(ad+bc)(ab+cd)(ac+bd)^2}{(ab+cd)(ad+bc)}$

$$x^2y^2 = (ac+bd)^2$$

$x>0$, $y>0$, $ac+bd>0$ より $xy = ac+bd$ □

円に内接する四角形 ABCD において

AC·BD＝AB·CD＋BC·DA （対角線の積＝対辺の積の和）（トレミーの定理）

が成り立ちます。

類題に挑戦！ 12

解答 (1) △APB で正弦定理より

$$2R_1 = \dfrac{AB}{\sin \angle APB} \quad ……①$$

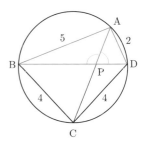

△APD で正弦定理より $2R_2 = \dfrac{AD}{\sin \angle APD}$ ……②

また， $\angle APD + \angle APB = 180°$ より

$\sin \angle APD = \sin(180° - \angle APB) = \sin \angle APB$

よって，①÷②より

$$\dfrac{R_1}{R_2} = \dfrac{AB}{AD} = \dfrac{5}{2}$$

(2) △ABC で余弦定理より ◀ [AC を含む △ABC と △ADC で余弦定理！]

$$AC^2 = 5^2 + 4^2 - 2·5·4\cos \angle ABC$$

∴ $AC^2 = 41 - 40\cos \angle ABC$ ……③

四角形 ABCD は円に内接するから

$\angle ADC + \angle ABC = 180°$ となり

$$\cos \angle ADC = \cos(180° - \angle ABC) = -\cos \angle ABC$$

△ADC で余弦定理より

$$AC^2 = 2^2 + 4^2 - 2·2·4·(-\cos \angle ABC)$$

∴ $AC^2 = 20 + 16\cos \angle ABC$ ……④

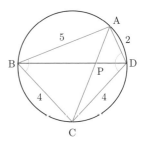

③, ④より $41 - 40\cos \angle ABC = 20 + 16\cos \angle ABC$

∴ $\cos \angle ABC = \dfrac{3}{8}$

これを④に代入して $AC^2 = 26$ ∴ $\underline{AC = \sqrt{26}}$ (>0)

ちょっと！一言

　さらに，トレミーの定理を用いると，もう一方の対角線 BD の長さを求めることができます！

　トレミーの定理より　$AC \cdot BD = AB \cdot CD + BC \cdot DA$　（対角線の積＝対辺の積の和）

　$\sqrt{26} \cdot BD = 5 \cdot 4 + 4 \cdot 2$　$\therefore$　$BD = \dfrac{28}{\sqrt{26}} = \dfrac{14\sqrt{26}}{13}$

参考 ･･･

ここでは，三角比で出てくる有名な式や性質を証明付きでまとめておきます。

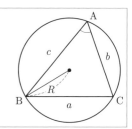

　$\triangle ABC$ の面積 S と $\triangle ABC$ の外接円の半径 R の関係式は，
　$S = \dfrac{abc}{4R}$ である。

証明　$\triangle ABC$ で正弦定理より　$\dfrac{a}{\sin A} = 2R$　$\therefore$　$\sin A = \dfrac{a}{2R}$

　よって　$S = \dfrac{1}{2} AB \cdot AC \cdot \sin A = \dfrac{1}{2} c \cdot b \cdot \dfrac{a}{2R} = \dfrac{abc}{4R}$　□

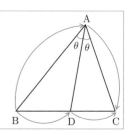

　$\triangle ABC$ の $\angle A$ の二等分線と辺 BC の交点を D とすると，
　$BD : DC = AB : AC$ である。

証明　$\angle BAD = \angle DAC = \theta$ とおく。

　$\triangle ABD : \triangle ADC = BD : DC$　……①　（高さが等しい三角形）

　また　$\triangle ABD : \triangle ADC = \dfrac{1}{2} AB \cdot AD \sin\theta : \dfrac{1}{2} AC \cdot AD \sin\theta$

　　　　　　　　　　　　$= AB : AC$　……②

　①，②より　$BD : DC = AB : AC$　□

> 高さが等しい三角形の面積比は底辺の長さの比と一致！

△ABC の ∠A の二等分線と辺 BC の交点をDとし，AB＝a，AC＝b，BD＝c，DC＝d とするとき，線分 AD の長さは，AD＝$\sqrt{ab-cd}$ である。

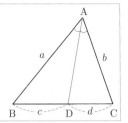

証明 AD の延長と △ABC の外接円の交点をEとし，AD＝x，DE＝y とする。

△ABE∽△ADC（2角相等）より

$\quad$ AB：AE＝AD：AC

$\quad\quad a:(x+y)=x:b \quad\quad\therefore\quad x^2=ab-xy$ $\quad$……①

また，方べきの定理より $\quad xy=cd$ $\quad$……②

②を①に代入すると $\quad x^2=ab-cd$

$x>0$ より $\quad x=\sqrt{ab-cd}$ $\quad\square$

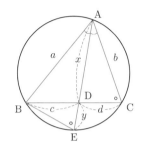

四角形 ABCD の面積 S は，対角線の長さを l，m，対角線のなす角を θ とするとき，$S=\dfrac{1}{2}lm\sin\theta$ である。

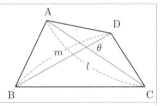

証明 対角線 AC，BD の交点をOとし，OA＝a，OB＝b，OC＝c，OD＝d とおく。

$S=\triangle OAB+\triangle OBC+\triangle OCD+\triangle ODA$

$\quad=\dfrac{1}{2}ab\sin\theta+\dfrac{1}{2}bc\sin(180°-\theta)$

$\quad\quad+\dfrac{1}{2}cd\sin\theta+\dfrac{1}{2}da\sin(180°-\theta)$

$\quad=\dfrac{1}{2}(ab+bc+cd+da)\sin\theta$ $\quad\leftarrow$ $\sin(180°-\theta)=\sin\theta$

$\quad=\dfrac{1}{2}(a+c)(b+d)\sin\theta$

$\quad=\dfrac{1}{2}lm\sin\theta$ $\quad\square$

テーマ 13 | 三角比の原点！ 直角三角形の辺の比に着目！

重要ポイント 総整理！

直角三角形の辺の比に着目

∠C が直角の △ABC において，∠ABC＝θ とすると，

$\dfrac{BC}{AB}=\cos\theta$, $\dfrac{AC}{AB}=\sin\theta$, $\dfrac{CA}{BC}=\tan\theta$ なので，$\sin\theta$,

$\cos\theta$, $\tan\theta$ は直角三角形の辺の比を表しています！

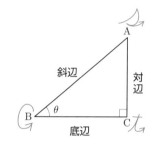

  BC＝AB$\cos\theta$　斜辺 AB に $\cos\theta$ をかけると底辺 BC

  AC＝AB$\sin\theta$　斜辺 AB に $\sin\theta$ をかけると対辺 AC

  CA＝BC$\tan\theta$　底辺 BC に $\tan\theta$ をかけると対辺 AC

直角三角形の 1 辺の長さが分かれば，**他の辺を三角比を用い**

て表すことができます！

①　AB＝1 のとき，BC＝$\cos\theta$, AC＝$\sin\theta$

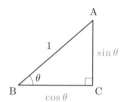

②　BC＝1 のとき，AC＝$\tan\theta$, AB＝$\dfrac{1}{\cos\theta}$

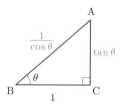

③　AC＝1 のとき，BC＝$\dfrac{1}{\tan\theta}$, AB＝$\dfrac{1}{\sin\theta}$

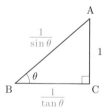

ちょっと！ 一言

①，②，③で三平方の定理を用いると，**三角比の相互関係式が出てきます！**

① $\sin^2\theta+\cos^2\theta=1$ ② $1+\tan^2\theta=\dfrac{1}{\cos^2\theta}$ ③ $1+\dfrac{1}{\tan^2\theta}=\dfrac{1}{\sin^2\theta}$

三角比の相互関係式には，これ以外に，④ $\tan\theta=\dfrac{\sin\theta}{\cos\theta}$ がありますね！

$\sin(90°-\theta)$，$\cos(90°-\theta)$，$\tan(90°-\theta)$ は下の合同な直角三角形の辺の比を用いると

$\sin\theta=\dfrac{b}{c}$

$\cos\theta=\dfrac{a}{c}$

$\tan\theta=\dfrac{b}{a}$

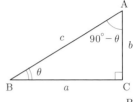

$\sin(90°-\theta)=\dfrac{a}{c}$

$\cos(90°-\theta)=\dfrac{b}{c}$

$\tan(90°-\theta)=\dfrac{a}{b}$

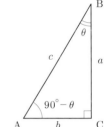

なので

$\sin(90°-\theta)=\cos\theta$

$\cos(90°-\theta)=\sin\theta$

$\tan(90°-\theta)=\dfrac{1}{\tan\theta}$

が成り立ちます。

これだけは！ 13

解答

(1) $\triangle$ABC において $\mathbf{AC}=\sin\theta$

AC∥DE より，$\angle$CDE$=\angle$ACD$=\theta$（平行線の錯角）であるから

$\triangle$ADC において $\mathbf{DC}=\mathbf{AC}\cos\theta=\sin\theta\cos\theta$

$\triangle$CDE において $\mathbf{DE}=\mathbf{DC}\cos\theta=\sin\theta\cos^2\theta$

よって $\dfrac{\mathbf{DE}}{\mathbf{AC}}=\dfrac{\sin\theta\cos^2\theta}{\sin\theta}=\underline{\mathbf{\cos^2\theta}}$

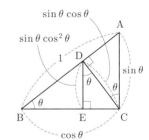

(2) △ACF∽△EDF（2角相等）と(1)より

$$FC : FD = AC : ED = 1 : \cos^2\theta$$

よって $FC = \dfrac{1}{1+\cos^2\theta}DC = \dfrac{\sin\theta\cos\theta}{1+\cos^2\theta}$

△DEC において $EC = DC\sin\theta = \sin^2\theta\cos\theta$

また，∠FCE$+\theta=90°$ より

$$\underline{\triangle FEC} = \frac{1}{2}EC\cdot FC\sin(90°-\theta) \qquad \sin(90°-\theta)=\cos\theta$$

$$= \frac{1}{2}\cdot\sin^2\theta\cos\theta\cdot\frac{\sin\theta\cos\theta}{1+\cos^2\theta}\cdot\cos\theta$$

$$= \boldsymbol{\frac{\sin^3\theta\cos^3\theta}{2(1+\cos^2\theta)}}$$

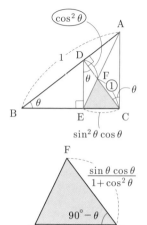

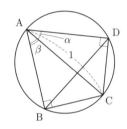

参考 ┈┈

円に内接する四角形 ABCD において

$$\textbf{AC}\cdot\textbf{BD}=\textbf{AB}\cdot\textbf{CD}+\textbf{BC}\cdot\textbf{DA} \quad（トレミーの定理）$$

が成り立ちます。図において，円の直径 AC$=1$，∠CAD$=\alpha$，
∠CAB$=\beta$ であるとき，**トレミーの定理**を用いると

加法定理 $\sin(\alpha+\beta)=\sin\alpha\cos\beta+\cos\alpha\sin\beta$

を証明できます！ 加法定理を発見した一人が，トレミー（別
名：プトレマイオス）です！

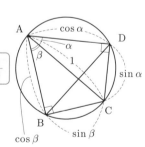

証明 △ACD において $DC=\sin\alpha$，$AD=\cos\alpha$

△ABC において $BC=\sin\beta$，$AB=\cos\beta$

△ABD で正弦定理より $\dfrac{DB}{\sin(\alpha+\beta)}=1$ ◀ 外接円の半径は $\frac{1}{2}$

∴ $DB=\sin(\alpha+\beta)$

ここで，**トレミーの定理**より

$$AC\cdot BD=AB\cdot CD+BC\cdot DA$$

$$1\cdot\sin(\alpha+\beta)=\cos\beta\cdot\sin\alpha+\sin\beta\cdot\cos\alpha$$

∴ $\sin(\alpha+\beta)=\sin\alpha\cos\beta+\cos\alpha\sin\beta$ □

上記の証明は鋭角の場合の証明ですが，加法定理は一般角について成り立ちます。

類題に挑戦！ 13

解答 四角形 ABCD の内接円の中心を O とする。この円と辺 AB, BC, CD, DA の接点をそれぞれ E, F, G, H とおく。(A), (B)より，四角形 ABCD は次の 2 つの場合が考えられる。

(i) 90° の内角が隣り合うとき

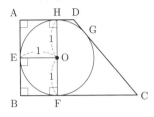

(ii) 90° の内角が向かい合うとき

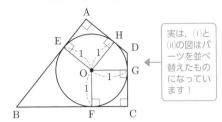

実は，(i)と(ii)の図はパーツを並べ替えたものになっています！

(i) $\angle DOH = \alpha$, $\angle COF = \beta$ とおくと $\alpha + \beta = 90°$

四角形 ABCD の面積を S とすると

$$S = 2 + 2 \cdot \frac{1}{2} \cdot 1 \cdot \tan\alpha + 2 \cdot \frac{1}{2} \cdot 1 \cdot \tan\beta$$

$$= 2 + \tan\alpha + \tan\beta$$

$$= 2 + \tan\alpha + \tan(90° - \alpha)$$

$$= 2 + \tan\alpha + \frac{1}{\tan\alpha} \quad \left(\tan(90° - \alpha) = \frac{1}{\tan\alpha} \right)$$

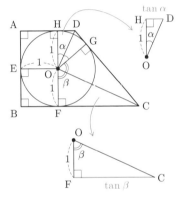

α は鋭角であり，$\tan\alpha > 0$, $\dfrac{1}{\tan\alpha} > 0$ であるから，

相加平均と相乗平均の不等式により

$$S \geqq 2 + 2\sqrt{\tan\alpha \cdot \frac{1}{\tan\alpha}} = 4$$

等号成立条件は，$\tan\alpha = \dfrac{1}{\tan\alpha}$ すなわち $\tan\alpha = 1 \ (>0)$ で，$\alpha = 45°$, $\beta = 45°$ である。

(ii) $\angle DOH = \alpha$, $\angle BOE = \beta$ とおくと，(i)と同様の式が成り立つ。

(i), (ii)より，S は，$\alpha = 45°$, $\beta = 45°$, すなわち，四角形 ABCD が正方形になるとき，最小値 $\underline{4}$ をとる。

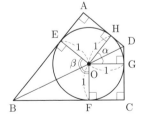

テーマ **14** 三角比の空間図形問題！ 最適な断面を取り出せ！

重要ポイント 総整理！

三角比の空間図形問題の攻略法

立体図形 (空間図形) の問題は，

全体の見取り図をかいて，その都度，最適な断面 (表面) を取り出して，平面で考える

ことがポイントになります。問題文に与えられた条件から，注目する平面を適切に選んで考えることを繰り返すことによって，問題は解けるように作られています。そして，立体図形を把握するためには，真上から見るなど，

特定の方向から見た平面図をかく

ことも有効です。さらに，断面が二等辺三角形の場合は，頂点から底辺に引いた中線・垂線，頂角の二等分線，底辺の垂直二等分線はすべて一致しますので，状況によっては，

垂線を下ろすなどの補助線を入れて考える

ことも上手い手法になります。とにかく手を動かして，**求めたい辺や角を含む断面を取り出し図をかくことが，得意になる秘訣です！**

> 1 辺の長さが 1 の正四面体 OABC の辺 BC 上に点 P をとり，線分 BP の長さを x とする。
> (1) 三角形 OAP の面積を x で表せ。
> (2) P が辺 BC 上を動くとき三角形 OAP の面積の最小値を求めよ。　　　　(京都大)

(1) **△ABP で余弦定理より**

$$AP^2 = 1^2 + x^2 - 2 \cdot 1 \cdot x \cdot \cos 60°$$
$$= x^2 - x + 1$$
$$\therefore \quad AP = \sqrt{x^2 - x + 1} \ (>0)$$

← √ の中も正です！

△OBP で余弦定理より

$$OP = \sqrt{x^2 - x + 1}$$

← 点Pから垂線を下ろすと，PH は高さ！

点Pから辺 OA に下ろした垂線を PH とする。

△OAP は二等辺三角形になることから，点Hは辺 OA の

中点となり $\quad AH = OH = \dfrac{1}{2}$

← 二等辺三角形の場合，頂点から底辺に下ろした垂線と中線は一致！

△AHP で三平方の定理より

$$PH^2 = (\sqrt{x^2 - x + 1})^2 - \left(\dfrac{1}{2}\right)^2 = x^2 - x + \dfrac{3}{4}$$

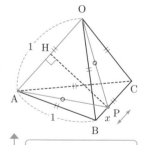

まず，見取図をかきます！ △OAP に着目すると，AP と OP の長さが分かれば，三角形の 3 辺の長さが分かります！ AP を求めるための最適な三角形は △ABP ですね！

$$\therefore \quad \mathrm{PH}=\sqrt{x^2-x+\frac{3}{4}}\quad(>0) \quad \leftarrow \boxed{\sqrt{}\ \text{の中も正です！}}$$

よって

$$\underline{\triangle \mathrm{OAP}}=\frac{1}{2}\mathrm{OA\cdot PH}\underline{=\frac{1}{2}\sqrt{x^2-x+\frac{3}{4}}}$$

(2) $\qquad \triangle \mathrm{OAP}=\frac{1}{2}\sqrt{\left(x-\frac{1}{2}\right)^2+\frac{1}{2}}\quad(0<x\leqq1)$

$\boxed{\text{点Pが辺 BC の中点のときに }\triangle\mathrm{OAP}\text{ の面積は最小になるのです！}}$

$\triangle \mathrm{OAP}$ は，$x=\dfrac{1}{2}$ のとき，最小値 $\dfrac{1}{2}\sqrt{\dfrac{1}{2}}=\dfrac{\sqrt{2}}{4}$ をとる。

これだけは！ 14

解答 (1) 点 P から平面 ABC に下ろ

した垂線を PH とすると，

PA＝PB＝PC より

$\boxed{\text{PH は共通だから，直角三角形の合同条件を満たしています！}}$

$\boxed{\text{PA＝PB＝PC より等脚四面体になります！ 等脚四面体の場合は点 P から平面 ABC に垂線を下ろします！}}$

$\qquad \triangle \mathrm{PAH}\equiv\triangle \mathrm{PBH}\equiv\triangle \mathrm{PCH}$

（斜辺他一辺相等）◁

$\therefore\quad \mathrm{HA＝HB＝HC}$

よって，**点 H は △ABC の外心**であるから，

HA は外接円の半径となり，**△ABC で正弦定理**より

$$2\mathrm{HA}=\frac{3}{\sin60°}=\frac{3}{\frac{\sqrt{3}}{2}}=2\sqrt{3} \quad \leftarrow \boxed{\text{外接円の半径ときたら，正弦定理！}}$$

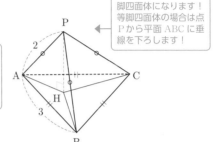

$\therefore\quad \mathrm{HA}=\sqrt{3}$

よって，**△APH で三平方の定理**より

$\qquad \mathrm{PH}^2=2^2-(\sqrt{3})^2=1$

$\therefore\quad \mathrm{PH}=1(>0)$

したがって，求める体積は

$$\frac{1}{3}\cdot\frac{1}{2}\cdot3^2\cdot\sin60°\cdot1=\frac{3\sqrt{3}}{4}$$

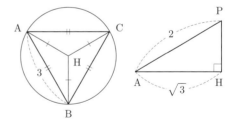

(2) $\mathrm{AE＝AF}$，$\angle \mathrm{EAF}=60°$ より $\mathrm{EF＝AE＝AF}$ ◁ $\boxed{\triangle\mathrm{AEF}\text{は正三角形！}}$

よって $\triangle \mathrm{PAE}\equiv\triangle \mathrm{PAF}$ （二辺夾角相等）

$\therefore\quad \mathrm{PE＝PF}$

ここで，$\mathrm{AE}=x$ $(0<x\leqq3)$ とおく。

△PAB で余弦定理より

$$\cos\angle \mathrm{PAB}=\frac{2^2+3^2-2^2}{2\cdot2\cdot3}=\frac{3}{4}$$

△PAE で余弦定理より

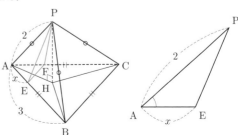

$$PE^2 = 2^2 + x^2 - 2 \cdot 2 \cdot x \cdot \frac{3}{4}$$

$$= x^2 - 3x + 4$$

$\cos \angle EPF = \dfrac{4}{5}$, $EF = x$ であるから, △PEF で余弦定理より

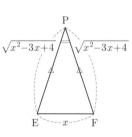

$$x^2 = (x^2 - 3x + 4) + (x^2 - 3x + 4) - 2(x^2 - 3x + 4) \cdot \frac{4}{5}$$

$$3x^2 + 6x - 8 = 0$$

$0 < x \leqq 3$ より $x = \dfrac{-3 + \sqrt{33}}{3}$ $\quad \therefore \quad$ $\underline{AE = \dfrac{\sqrt{33} - 3}{3}}$

参考

△PAB が二等辺三角形なので, **垂線 PD を下ろす**と, 直角三角形 PAD の辺の比から $\cos \angle PAB$ を求めることができます。

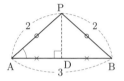

二等辺三角形の場合, 頂点から底辺に下ろした垂線と中線は一致!

$$\cos \angle PAB = \frac{AD}{PA} = \frac{\dfrac{3}{2}}{2} = \frac{3}{4}$$

類題に挑戦！ 14

解答 (1) $CD = x$ とおくと, **直角三角形の辺の比より**

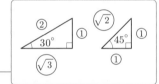

$$AC = \sqrt{3}\,x, \quad CE = x, \quad BC = \frac{x}{\sqrt{3}}$$

△ACE で余弦定理より

$$\cos \angle CAE = \frac{1^2 + 3x^2 - x^2}{2 \cdot 1 \cdot \sqrt{3}\,x}$$

△ABC で余弦定理より

$$\cos \angle CAB = \frac{3^2 + 3x^2 - \dfrac{x^2}{3}}{2 \cdot 3 \cdot \sqrt{3}\,x}$$

$\cos \angle CAE = \cos \angle CAB$ より

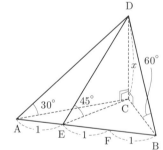

$$\frac{1^2 + 3x^2 - x^2}{2 \cdot 1 \cdot \sqrt{3}\,x} = \frac{3^2 + 3x^2 - \dfrac{x^2}{3}}{2 \cdot 3 \cdot \sqrt{3}\,x}$$

$$9(2x^2 + 1) = 3\left(\frac{8}{3}x^2 + 9\right)$$

$$10x^2 = 18$$

$\therefore \quad x^2 = \dfrac{9}{5}$

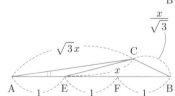

$\therefore \quad x = \dfrac{3\sqrt{5}}{5} \ (>0)$ $\quad \therefore \quad$ $\underline{CD = \dfrac{3\sqrt{5}}{5}}$

(2) (1)より

$$\cos\angle\text{CAF}=\frac{2x^2+1}{2\sqrt{3}\,x}=\frac{2\left(\frac{3\sqrt{5}}{5}\right)^2+1}{2\sqrt{3}\cdot\frac{3\sqrt{5}}{5}}=\frac{23}{6\sqrt{15}}$$

また，$\text{AC}=\sqrt{3}\,x=\sqrt{3}\cdot\frac{3\sqrt{5}}{5}=\frac{3\sqrt{15}}{5}$ であるから，

△ACF で余弦定理より

$$\text{CF}^2=\left(\frac{3\sqrt{15}}{5}\right)^2+2^2-2\cdot\frac{3\sqrt{15}}{5}\cdot2\cdot\frac{23}{6\sqrt{15}}$$

$$=\frac{27}{5}+4-\frac{46}{5}=\frac{1}{5}$$

$$\therefore\quad \text{CF}=\frac{1}{\sqrt{5}}\quad(>0)$$

△DCF で三平方の定理より

$$\text{DF}^2=\text{CD}^2+\text{CF}^2=\frac{9}{5}+\frac{1}{5}=2$$

$$\therefore\quad \text{DF}=\sqrt{2}\quad(>0)$$

よって　$\underline{\cos\theta=\dfrac{\text{CF}}{\text{DF}}=\dfrac{1}{\sqrt{5}}\div\sqrt{2}=\dfrac{1}{\sqrt{10}}=\dfrac{\sqrt{10}}{10}}$ ◀ $\boxed{\cos\theta\text{は，直角三角形の辺の比！}}$

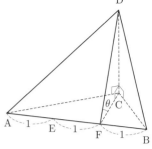

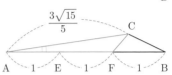

参考

$\text{CF}=y$ とおくと，△CAF で中線定理より ◀

$$(\sqrt{3}\,x)^2+y^2=2(x^2+1^2)$$

△CEB で中線定理より

$$x^2+\left(\frac{x}{\sqrt{3}}\right)^2=2(y^2+1^2)$$

これを解いて，CD，CF を求めることもできます。

$$\boxed{\begin{array}{c}\text{中線定理}\\[2pt]\\ \text{AB}^2+\text{AC}^2=2(\text{AM}^2+\text{BM}^2)\end{array}}$$

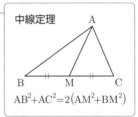

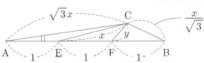

テーマ **15** | ベクトルと斜交座標！　直線編！

重要ポイント **総整理！**

直線のベクトル方程式と斜交座標

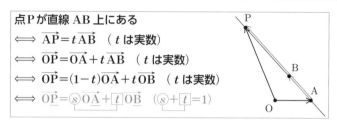

点Pが直線 AB 上にある
$\iff \overrightarrow{AP} = t\overrightarrow{AB}$　（t は実数）
$\iff \overrightarrow{OP} = \overrightarrow{OA} + t\overrightarrow{AB}$　（t は実数）
$\iff \overrightarrow{OP} = (1-t)\overrightarrow{OA} + t\overrightarrow{OB}$　（t は実数）
$\iff \overrightarrow{OP} = \boxed{s}\overrightarrow{OA} + \boxed{t}\overrightarrow{OB}$　（$\boxed{s} + \boxed{t} = 1$）

　最後の式は，点Pが直線 AB 上のとき，$\overrightarrow{OP}$ を $\overrightarrow{OA}$ と $\overrightarrow{OB}$ で表すと，$\overrightarrow{OA}$ と $\overrightarrow{OB}$ の係数の和が1になるということです。この技は，かなり使えます！　そして，$\overrightarrow{OP} = s\overrightarrow{OA} + t\overrightarrow{OB}$ の形では，st 平面の**斜交座標**の感覚が大事です！

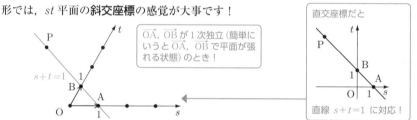

$\overrightarrow{OA}$, $\overrightarrow{OB}$ が1次独立（簡単にいうと $\overrightarrow{OA}$, $\overrightarrow{OB}$ で平面が張れる状態）のとき！

直交座標だと

直線 $s+t=1$ に対応！

　図のように，$\overrightarrow{OA}$ と $\overrightarrow{OB}$ をそのまま延長した直線を，s 軸，t 軸と設定します。斜交の st 平面に座標 $(s,\ t)$ を導入し，A$(1,\ 0)$，B$(0,\ 1)$ とすると，**直線 AB は s 切片1，t 切片1の直線で $s+t=1$ と表せます。**

　また，線分 AB は $s+t=1$ の式に $s \geqq 0$，$t \geqq 0$ の条件を付け加えることで表せますね！ $\overrightarrow{OP} = s\overrightarrow{OA} + t\overrightarrow{OB}$ の形で表せるとき，s, t に関する関係式は，直交座標のときと同様に，斜交の st 平面の図形の式と対応するのです！

　△OAB において，辺 OA の中点をP，辺 AB を 3：4 に内分する点をQ，直線 BP と直線 OQ の交点をRとする。このとき，$\overrightarrow{OQ}$，$\overrightarrow{OR}$ を $\overrightarrow{OA}$，$\overrightarrow{OB}$ を用いて表せ。

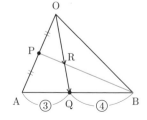

$$\overrightarrow{OQ} = \frac{4\overrightarrow{OA} + 3\overrightarrow{OB}}{3+4}$$

線分 AB を $m:n$ に内分する点がQの場合，内分点ベクトル $\overrightarrow{OQ} = \dfrac{n\overrightarrow{OA} + m\overrightarrow{OB}}{m+n}$ となります！

$$= \frac{4}{7}\overrightarrow{OA} + \frac{3}{7}\overrightarrow{OB}$$

Rは直線 OQ 上にあるから，$\overrightarrow{OR} = k\overrightarrow{OQ}$（$k$ は実数）とおく。

よって　$\overrightarrow{OR} = \dfrac{4}{7}k\overrightarrow{OA} + \dfrac{3}{7}k\overrightarrow{OB}$　……①

$\overrightarrow{OA}=2\overrightarrow{OP}$ より $\overrightarrow{OR}=\dfrac{8}{7}k\overrightarrow{OP}+\dfrac{3}{7}k\overrightarrow{OB}$ 係数の和が1

Rは直線 PB 上にあるから $\boxed{\dfrac{8}{7}k}+\boxed{\dfrac{3}{7}k}=1$ ∴ $k=\dfrac{7}{11}$

これを①に代入して $\overrightarrow{OR}=\dfrac{4}{11}\overrightarrow{OA}+\dfrac{3}{11}\overrightarrow{OB}$

これだけは! 15

解答 (1) $\overrightarrow{OP}=x\overrightarrow{OA}+y\overrightarrow{OB}$ (x, y は実数) とおく。

$\overrightarrow{OA}=\dfrac{3}{2}\overrightarrow{OM}$ より $\overrightarrow{OP}=\boxed{x\cdot\dfrac{3}{2}}\overrightarrow{OM}+\boxed{y}\overrightarrow{OB}$ 係数の和が1

P は直線 BM 上にあるから $\boxed{\dfrac{3}{2}x}+\boxed{y}=1$ ……①

また，$\overrightarrow{OB}=\dfrac{t+1}{t}\overrightarrow{ON}$ より $\overrightarrow{OP}=\boxed{x}\overrightarrow{OA}+\boxed{y\cdot\dfrac{t+1}{t}}\overrightarrow{ON}$ 係数の和が1

P は直線 AN 上にあるから $\boxed{x}+\boxed{\dfrac{t+1}{t}y}=1$ ……②

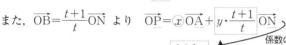

①，②より $x=\dfrac{2}{t+3}$, $y=\dfrac{t}{t+3}$

よって $\overrightarrow{OP}=\dfrac{2}{t+3}\overrightarrow{OA}+\dfrac{t}{t+3}\overrightarrow{OB}$ ……③

> 内分点ベクトルを用いるときの
> 上手い比のおき方です！

別解1 AP：PN $=n:(1-n)$ とおくと

$\overrightarrow{OP}=(1-n)\overrightarrow{OA}+n\overrightarrow{ON}$

$=(1-n)\overrightarrow{OA}+\dfrac{nt}{t+1}\overrightarrow{OB}$

> P は線分 AN を $n:(1-n)$
> に内分する点！ 内分点ベク
> トルを用いると！

また，BP：PM $=m:(1-m)$ とおくと

$\overrightarrow{OP}=m\overrightarrow{OM}+(1-m)\overrightarrow{OB}$

$=\dfrac{2}{3}m\overrightarrow{OA}+(1-m)\overrightarrow{OB}$

> P は線分 BM を $m:(1-m)$
> に内分する点！ 内分点ベク
> トルを用いると！

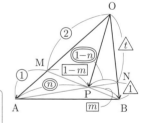

$\overrightarrow{OA}$, $\overrightarrow{OB}$ **は1次独立であるから**

> $\overrightarrow{OA}$, $\overrightarrow{OB}$ が1次独立の場合，$\overrightarrow{OP}=\bullet\overrightarrow{OA}+\blacksquare\overrightarrow{OB}$ の
> 表し方は一通りであるから！
> ちなみに，$\overrightarrow{OA}$ と $\overrightarrow{OB}$ が1次独立でなかったら，
> $\overrightarrow{OP}=\bullet\overrightarrow{OA}+\blacksquare\overrightarrow{OB}$ の表し方はたくさんあります！
> 1次独立だから，いえる性質なのです！

$1-n=\dfrac{2}{3}m$, $\dfrac{nt}{t+1}=1-m$

この2式を連立して

$n=\dfrac{t+1}{t+3}$, $m=\dfrac{3}{t+3}$

> n, m についての連
> 立方程式と見ます！
> t は定数扱いです！

よって $\overrightarrow{OP}=\dfrac{2}{t+3}\overrightarrow{OA}+\dfrac{t}{t+3}\overrightarrow{OB}$

別解2 △OMB と直線 AN で，メネラウスの定理より

$\dfrac{\boxed{O}\boxed{A}}{\boxed{A}\boxed{M}}\cdot\dfrac{\boxed{M}\boxed{P}}{\boxed{P}\boxed{B}}\cdot\dfrac{\boxed{B}\boxed{N}}{\boxed{N}\boxed{O}}=1$

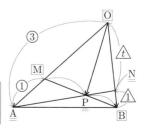

> 三角形の頂点□と直線
> AN との交点＿を交互
> にいくイメージ！

$$\frac{3}{1} \cdot \frac{\text{MP}}{\text{PB}} \cdot \frac{1}{t} = 1 \qquad \therefore \quad \frac{\text{MP}}{\text{PB}} = \frac{t}{3}$$

これと $\overrightarrow{\text{OM}} = \dfrac{2}{3}\overrightarrow{\text{OA}}$ より

$$\overrightarrow{\text{OP}} = \frac{3\overrightarrow{\text{OM}} + t\overrightarrow{\text{OB}}}{t+3} = \frac{3\left(\dfrac{2}{3}\overrightarrow{\text{OA}}\right) + t\overrightarrow{\text{OB}}}{t+3}$$

> Pは線分 MB を $t:3$ に内分する点！
> 内分点ベクトルを用いると！

$$= \frac{2}{t+3}\overrightarrow{\text{OA}} + \frac{t}{t+3}\overrightarrow{\text{OB}}$$

(2)　△OPB≡△OPM　……(a)　（1辺両端角相等）

$\therefore$　OB=OM　$\therefore$　**OA：OB**=OA：OM**=3：2**

(1)と $\overrightarrow{\text{OA}} = \dfrac{3}{2}\overrightarrow{\text{OM}}$ より

$$\overrightarrow{\text{OP}} = \frac{2}{t+3}\overrightarrow{\text{OA}} + \frac{t}{t+3}\overrightarrow{\text{OB}} = \frac{3}{t+3}\overrightarrow{\text{OM}} + \frac{t}{t+3}\overrightarrow{\text{OB}}$$

(a)より，PB=PM であるから　$\overrightarrow{\text{OP}} = \dfrac{1}{2}\overrightarrow{\text{OM}} + \dfrac{1}{2}\overrightarrow{\text{OB}}$

$\overrightarrow{\text{OM}}$，$\overrightarrow{\text{OB}}$ は1次独立であるから　$\dfrac{3}{t+3} = \dfrac{t}{t+3} = \dfrac{1}{2}$

$\therefore$　**$t=3$**

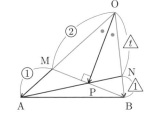

別解　OA=a，OB=b とおく。

OP は ∠AOB の二等分線であるから，

$\overrightarrow{\text{OP}} = k\left(\dfrac{\overrightarrow{\text{OA}}}{a} + \dfrac{\overrightarrow{\text{OB}}}{b}\right)$（$k$ は 0 でない実数）……④ とおく。

> **参考** を参照！

$\overrightarrow{\text{OP}} \perp \overrightarrow{\text{BM}}$ より，$\overrightarrow{\text{OP}} \cdot \overrightarrow{\text{BM}} = 0$ であるから

$$k\left(\frac{\overrightarrow{\text{OA}}}{a} + \frac{\overrightarrow{\text{OB}}}{b}\right) \cdot (\overrightarrow{\text{OM}} - \overrightarrow{\text{OB}}) = 0$$

$$\left(\frac{\overrightarrow{\text{OA}}}{a} + \frac{\overrightarrow{\text{OB}}}{b}\right) \cdot \left(\frac{2}{3}\overrightarrow{\text{OA}} - \overrightarrow{\text{OB}}\right) = 0 \quad (\because \quad k \neq 0)$$

$$(b\overrightarrow{\text{OA}} + a\overrightarrow{\text{OB}}) \cdot (2\overrightarrow{\text{OA}} - 3\overrightarrow{\text{OB}}) = 0$$

$$(2a-3b)(\overrightarrow{\text{OA}} \cdot \overrightarrow{\text{OB}} + ab) = 0$$

$$(2a-3b)(ab\cos\angle\text{AOB} + ab) = 0$$

$$ab(2a-3b)(\cos\angle\text{AOB} + 1) = 0$$

ここで，$0° < \angle\text{AOB} < 180°$ より，$\cos\angle\text{AOB} \neq -1$ であり，$a>0$，$b>0$ より

$2a-3b=0$　$\therefore$　$2a=3b$　……⑤　$\therefore$　**OA：OB**$=a:b$**=3：2**

$\overrightarrow{\text{OA}}$，$\overrightarrow{\text{OB}}$ は1次独立であるから，③，④より　$\dfrac{2}{t+3} = \dfrac{k}{a}$　……⑥，$\dfrac{t}{t+3} = \dfrac{k}{b}$　……⑦

⑦÷⑥ より　$\dfrac{t}{2} = \dfrac{a}{b} = \dfrac{3}{2}$　$(\because$　⑤$)$　$\therefore$　**$t=3$**

参考 ......

　一般に，$\overrightarrow{OA'}=\dfrac{\vec{a}}{|\vec{a}|}$，$\overrightarrow{OB'}=\dfrac{\vec{b}}{|\vec{b}|}$ とおくと，

$|\overrightarrow{OA'}|=|\overrightarrow{OB'}|=1$ となり，ともに単位ベクトルになります。
この2つの単位ベクトルを2辺とする平行四辺形はひし形に
なります。このことから，$\overrightarrow{OA'}+\overrightarrow{OB'}(=\overrightarrow{OP'})$ はひし形の対
角線を表すベクトルになり，∠A′OB′ すなわち ∠XOY の二
等分線になります。3点 O，P，P′ は一直線上にあるから，

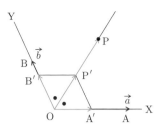

$\overrightarrow{OP}=k\overrightarrow{OP'}$（$k$ は実数）と表されるので，$\overrightarrow{OP}=k\left(\dfrac{\vec{a}}{|\vec{a}|}+\dfrac{\vec{b}}{|\vec{b}|}\right)$（$k$ は0でない実数）と表され

ます。

類題に挑戦！ 15

解答　(1)　$\overrightarrow{BP}=x\vec{a}+y\vec{c}$（$x$，$y$ は実数）とおく。

$\vec{a}=\dfrac{5}{3}\overrightarrow{BN}$ より　$\overrightarrow{BP}=\boxed{x\cdot\dfrac{5}{3}}\overrightarrow{BN}+\boxed{y}\overrightarrow{BC}$

　　係数の和が1

P は直線 CN 上にあるから　$\boxed{\dfrac{5}{3}x}+\boxed{y}=1$ ……①

また，$\vec{c}=\dfrac{1}{t}\overrightarrow{BL}$ より　$\overrightarrow{BP}=\boxed{x}\overrightarrow{BA}+\boxed{y\cdot\dfrac{1}{t}}\overrightarrow{BL}$

　　係数の和が1

P は直線 AL 上にあるから　$\boxed{x}+\boxed{\dfrac{1}{t}y}=1$ ……②

①，②より　$x=\dfrac{3-3t}{5-3t}$，$y=\dfrac{2t}{5-3t}$

よって　$\overrightarrow{BP}=\dfrac{3-3t}{5-3t}\vec{a}+\dfrac{2t}{5-3t}\vec{c}$

> 内分点ベクトルを用いる
> ときの上手い比のおき方
> です！

別解　$AP:PL=m:(1-m)$ とおくと

$\overrightarrow{BP}=(1-m)\overrightarrow{BA}+m\overrightarrow{BL}$

　$=(1-m)\vec{a}+mt\vec{c}$

> P は線分 AL
> を $m:(1-m)$
> に内分する点！
> 内分ベクトルを
> 用いると！

また，$CP:PN=n:(1-n)$
とおくと

$\overrightarrow{BP}=n\overrightarrow{BN}+(1-n)\overrightarrow{BC}$

　$=\dfrac{3}{5}n\vec{a}+(1-n)\vec{c}$

> P は線分 CN
> を $n:(1-n)$
> に内分する
> 点！ 内分点
> ベクトルを用
> いると！

$\vec{a}$，$\vec{c}$ は1次独立であるから

　$1-m=\dfrac{3}{5}n$，$mt=1-n$

この2式を連立して

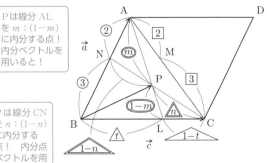

$$m=\frac{2}{5-3t}, \quad n=\frac{5-5t}{5-3t} \quad (\because \quad 0<t<1)$$

> m, n についての連立方程式と見ます！
> t は定数扱いです！

よって $\quad \overrightarrow{\mathrm{BP}}=\frac{3-3t}{5-3t}\vec{a}+\frac{2t}{5-3t}\vec{c}$

(2) $\quad \overrightarrow{\mathrm{MD}}=\overrightarrow{\mathrm{BD}}-\overrightarrow{\mathrm{BM}}$

$\qquad =(\vec{a}+\vec{c})-\dfrac{3\vec{a}+2\vec{c}}{5}$

$\qquad =\dfrac{1}{5}(2\vec{a}+3\vec{c}) \quad \cdots\cdots ③$

$\overrightarrow{\mathrm{PD}}=\overrightarrow{\mathrm{BD}}-\overrightarrow{\mathrm{BP}}$

$\qquad =(\vec{a}+\vec{c})-\left(\dfrac{3-3t}{5-3t}\vec{a}+\dfrac{2t}{5-3t}\vec{c}\right)$

$\qquad =\dfrac{1}{5-3t}\{2\vec{a}+(5-5t)\vec{c}\} \quad \cdots\cdots ④$

3点 P，M，D が一直線上にあるから $\quad \overrightarrow{\mathrm{MD}}/\!/\overrightarrow{\mathrm{PD}}$

また，$\vec{a}$，$\vec{c}$ は1次独立であるから，③，④の係数より

> 3点 P，M，D が一直線上にあるとき
> $\overrightarrow{\mathrm{MD}}=\bullet\overrightarrow{\mathrm{PD}}$ となる $\bullet$ が存在します！

$\qquad 2:3=2:(5-5t)$

$\qquad 5-5t=3 \quad \therefore \quad \underline{t=\dfrac{2}{5}}$

重要ポイント **総整理！**

ベクトルと斜交座標　領域編

$\overrightarrow{\text{OP}}=s\overrightarrow{\text{OA}}+t\overrightarrow{\text{OB}}$ の形では，st 平面の**斜交座標**の感覚が大事です！　下の図のように，$\overrightarrow{\text{OA}}$ と $\overrightarrow{\text{OB}}$ をそのまま延長した直線を，s 軸，t 軸と設定すると，s, t に関する関係式は，直交座標のときと同じく，斜交の st 平面の図形の式を表しています。$\overrightarrow{\text{OP}}=s\overrightarrow{\text{OA}}+t\overrightarrow{\text{OB}}$ の形のように，**パラメーター s, t で式を整理**すると，点Pが動く領域が見切れます！

① $\overrightarrow{\text{OP}}=s\overrightarrow{\text{OA}}+t\overrightarrow{\text{OB}}$
$(s+t\leqq1,\ s\geqq0,\ t\geqq0)$

② $\overrightarrow{\text{OP}}=s\overrightarrow{\text{OA}}+t\overrightarrow{\text{OB}}$
$(0\leqq s\leqq1,\ 0\leqq t\leqq1)$

③ $\overrightarrow{\text{OP}}=2\overrightarrow{\text{OB}}+s\overrightarrow{\text{OA}}+t\overrightarrow{\text{OB}}$
$(0\leqq s\leqq1,\ 0\leqq t\leqq1)$

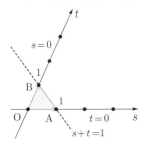

点Pは三角形の内部およびその周上を動く。

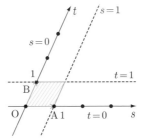

点Pは平行四辺形の内部およびその周上を動く。

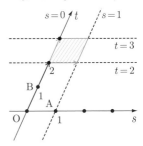

②を $2\overrightarrow{\text{OB}}$ だけ平行移動したもの。

これだけは！ 16

解答 (1) (a) $\overrightarrow{\text{CD}}=\vec{a}+\vec{b}$ とおく。

$\overrightarrow{\text{CP}}=s\vec{a}+t(\vec{a}+\vec{b})$
$=s\overrightarrow{\text{CA}}+t\overrightarrow{\text{CD}}$ ◀ パラメーター s, t で整理するのがポイント！

$(0\leqq s+t\leqq1,\ s\geqq0,\ t\geqq0)$

点Pは $\triangle\text{CAD}$ の内部およびその周上を動く。

よって，求める領域は図の斜線部分である。

ただし，**境界線を含む**。

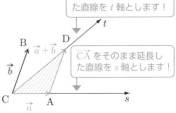

$\overrightarrow{\text{CD}}$ をそのまま延長した直線を t 軸とします！

$\overrightarrow{\text{CA}}$ をそのまま延長した直線を s 軸とします！

(b) $\overrightarrow{\text{CE}}=2\vec{a}+\vec{b}$, $\overrightarrow{\text{CF}}=\vec{a}-\vec{b}$ とおく。

$\overrightarrow{\text{CP}}=s(2\vec{a}+\vec{b})+t(\vec{a}-\vec{b})$
$=s\overrightarrow{\text{CE}}+t\overrightarrow{\text{CF}}$ ◀

$(0\leqq s+t\leqq1,\ s\geqq0,\ t\geqq0)$

点Pは $\triangle\text{CEF}$ の内部およびその周上を動く。

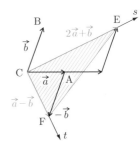

よって，求める領域は図の斜線部分である。ただし，**境界線を含む**。

(2) 平行四辺形 CADB の面積を T とすると

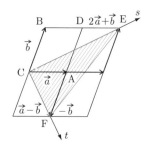

(a) $\triangle \text{ACD} = \dfrac{1}{2}T = \triangle \text{ABC}$ $\therefore$ __1倍__

(b) $\triangle \text{CFE} = 4T - T - T - \dfrac{1}{2}T = \dfrac{3}{2}T = 3\triangle \text{ABC}$

   $\therefore$ __3倍__

類題に挑戦！ **16**

解答 2直線 AB，CD の交点を O とする。

$\overrightarrow{\text{OB}} = \vec{b}$，$\overrightarrow{\text{OC}} = \vec{c}$ とおく。

点Pは辺 AB 上，点Qは辺 CD 上を動くから

   $\overrightarrow{\text{BP}} = s\vec{b}$ $(0 \le s \le 1)$，$\overrightarrow{\text{CQ}} = t\vec{c}$ $(0 \le t \le 1)$

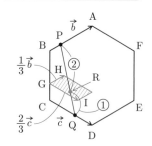

と表される。

また，$\overrightarrow{\text{BQ}} = \overrightarrow{\text{BC}} + \overrightarrow{\text{CQ}} = \overrightarrow{\text{BC}} + t\vec{c}$ と表される。

点Rは線分 PQ を 2：1 に内分するから

   $\overrightarrow{\text{BR}} = \dfrac{1 \cdot \overrightarrow{\text{BP}} + 2\overrightarrow{\text{BQ}}}{2+1}$

   $= \dfrac{s}{3}\vec{b} + \dfrac{2}{3}(\overrightarrow{\text{BC}} + t\vec{c})$ ◀ $\dfrac{2}{3}\overrightarrow{\text{BC}}$ にはパラメーター s，t が入っていませんので，$\vec{b}$，$\vec{c}$ を用いて表す必要はありません！

   $= \dfrac{2}{3}\overrightarrow{\text{BC}} + s\left(\dfrac{1}{3}\vec{b}\right) + t\left(\dfrac{2}{3}\vec{c}\right)$ $(0 \le s \le 1,\ 0 \le t \le 1)$ ◀ パラメーター s，t で整理するのがポイント！ パラメーター s，t の範囲もチェック！

ここで，$\overrightarrow{\text{BG}} = \dfrac{2}{3}\overrightarrow{\text{BC}}$，$\overrightarrow{\text{GH}} = \dfrac{1}{3}\vec{b}$，$\overrightarrow{\text{GI}} = \dfrac{2}{3}\vec{c}$ とおく。

点Rは GH，GI を隣り合う 2 辺とする平行四辺形の内部およびその周上を動く。

よって，$\triangle \text{OBC}$ は正三角形であるから，$\vec{b}$ と $\vec{c}$ のなす角は 60°，$|\vec{b}| = |\vec{c}| = 1$ より，求める面積は

   $\text{GH} \cdot \text{GI} \sin 60° = \left|\dfrac{1}{3}\vec{b}\right|\left|\dfrac{2}{3}\vec{c}\right| \cdot \dfrac{\sqrt{3}}{2} = \dfrac{\sqrt{3}}{9}$

参考

次の問題のように，位置が分からない点Pの存在範囲を求めるためには，**ベクトルの始点をそろえて，$\overrightarrow{\text{AP}} = s\overrightarrow{\text{AB}} + t\overrightarrow{\text{AC}}$ に変形する**ことがポイントです！ 重要なことは，**位置が分からない点Pを始点にして考えないこと**です。ちなみに，$s > 0$，$t > 0$ のときは，点Pは，st 斜交平面の第1象限に対応する領域に存在することになります。

平面上に一直線上にはない3点 A，B，C がある。

点Pが

$$a\overrightarrow{PA}+b\overrightarrow{PB}+c\overrightarrow{PC}=\vec{0},$$

$$a>0,\ b<0,\ c<0,\ a+b+c<0$$

を満たすならば，点Pは図の番号 ☐ の範囲に存在する。

(早稲田大)

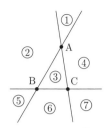

$a\overrightarrow{PA}+b\overrightarrow{PB}+c\overrightarrow{PC}=\vec{0}$ より $-a\overrightarrow{AP}+b(\overrightarrow{AB}-\overrightarrow{AP})+c(\overrightarrow{AC}-\overrightarrow{AP})=\vec{0}$ ← 始点をAにそろえます！

よって $(a+b+c)\overrightarrow{AP}=b\overrightarrow{AB}+c\overrightarrow{AC}$

$a+b+c<0$ であるから

$$\overrightarrow{AP}=\frac{b\overrightarrow{AB}+c\overrightarrow{AC}}{a+b+c}=\frac{b}{a+b+c}\overrightarrow{AB}+\frac{c}{a+b+c}\overrightarrow{AC}$$

$b<0,\ c<0,\ a+b+c<0$ より

$$\frac{b}{a+b+c}>0,\ \frac{c}{a+b+c}>0$$

よって，**存在範囲は③または⑥** ……(a)

また，$a\overrightarrow{PA}+b\overrightarrow{PB}+c\overrightarrow{PC}=\vec{0}$ より

$$a(\overrightarrow{BA}-\overrightarrow{BP})-b\overrightarrow{BP}+c(\overrightarrow{BC}-\overrightarrow{BP})=\vec{0}$$ ← 始点をBにそろえます！

よって $(a+b+c)\overrightarrow{BP}=a\overrightarrow{BA}+c\overrightarrow{BC}$

$a+b+c<0$ であるから

$$\overrightarrow{BP}=\frac{a\overrightarrow{BA}+c\overrightarrow{BC}}{a+b+c}=\frac{c}{a+b+c}\overrightarrow{BC}+\frac{a}{a+b+c}\overrightarrow{BA}$$

$a>0,\ c<0,\ a+b+c<0$ より

$$\frac{c}{a+b+c}>0,\ \frac{a}{a+b+c}<0$$

よって，**存在範囲は⑥または⑦** ……(b)

(a)，(b)より，存在範囲は⑥

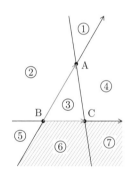

この問題は，次のテーマ17の**ベクトルから読みとる点の位置**で紹介する解法でも解くことができます。余力がある人は，その解法でも解いてみると良いでしょう！

テーマ 17 | ベクトルから読み取る点の位置！

重要ポイント 総整理！

内分点ベクトルから読み取る点の位置

$\triangle$ABC において，点 M が辺 BC を $3:1$ に内分するとき

$$\overrightarrow{AM}=\frac{\overrightarrow{AB}+3\overrightarrow{AC}}{3+1}=\frac{1}{4}\overrightarrow{AB}+\frac{3}{4}\overrightarrow{AC}$$

また，点Nが線分 AM を $5:2$ に内分するとき

$$\overrightarrow{AN}=\frac{5}{7}\overrightarrow{AM}=\frac{5}{7}\cdot\left(\frac{1}{4}\overrightarrow{AB}+\frac{3}{4}\overrightarrow{BC}\right)=\frac{5}{28}\overrightarrow{AB}+\frac{15}{28}\overrightarrow{AC}$$

となります。

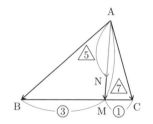

この逆の作業によって，**ベクトルの式からその点の位置情報を読みとる**ことができます！

$\triangle$ABC において，$\overrightarrow{AN}=\dfrac{5}{28}\overrightarrow{AB}+\dfrac{15}{28}\overrightarrow{AC}$ となる点Nはどのような点になるのでしょうか？

$$\overrightarrow{AN}=\frac{5}{28}\overrightarrow{AB}+\frac{15}{28}\overrightarrow{AC}=\frac{5}{28}(\overrightarrow{AB}+3\overrightarrow{AC})=\frac{5}{7}\cdot\frac{①\overrightarrow{AB}+③\overrightarrow{AC}}{③+①}$$

> 係数の和を分母に用意します！

辺 BC を $3:1$ に内分する点を M とすると， $\overrightarrow{AM}=\dfrac{\overrightarrow{AB}+3\overrightarrow{AC}}{3+1}$ **より** $\overrightarrow{AN}=\dfrac{5}{7}\overrightarrow{AM}$

以上より，**辺 BC を $3:1$ に内分する点を M としたとき，点Nは線分 AM を $5:2$ に内分する点**となります。

これだけは！ 17

解答 (1) $r\overrightarrow{AP}+s\overrightarrow{BP}+t\overrightarrow{CP}=\overrightarrow{0}$ を変形すると

> 始点をAにそろえます！

$$r\overrightarrow{AP}+s(\overrightarrow{AP}-\overrightarrow{AB})+t(\overrightarrow{AP}-\overrightarrow{AC})=\overrightarrow{0}$$
$$(r+s+t)\overrightarrow{AP}=s\overrightarrow{AB}+t\overrightarrow{AC}$$

$r+s+t>0$ より

> この変形がポイント！

$$\overrightarrow{AP}=\frac{1}{r+s+t}(s\overrightarrow{AB}+t\overrightarrow{AC})=\frac{s+t}{r+s+t}\times\frac{⑤\overrightarrow{AB}+①\overrightarrow{AC}}{①+⑤}$$

> 係数の和を分母に用意します！

辺 BC を $t:s$ に内分する点をDとすると， $\overrightarrow{AD}=\dfrac{s\overrightarrow{AB}+t\overrightarrow{AC}}{t+s}$ **より**

$$\overrightarrow{AP}=\frac{s+t}{r+s+t}\overrightarrow{AD}$$

> この式から，3点 A, P, D は一直線上で，AP：AD＝$|s+t|:|r+s+t|$ となることが分かります！ 今回は絶対値がはずせます！

$r>0,\ s>0,\ t>0$ より $\quad 0<\dfrac{s+t}{r+s+t}<1$

以上より，辺 BC を $t:s$ に内分する点を D としたとき，
点 P は線分 AD を $(s+t):r$ に内分する点であるから，点
P は $\triangle$ABC の内部にある。　　□

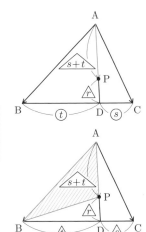

(2) $\quad\triangle\text{PAB}=\dfrac{s+t}{r+s+t}\triangle\text{ABD}$

$\triangle$PAB, $\triangle$PBC,
$\triangle$PCA を，$\triangle$ABC
を基準にして表して
いきます！

$\qquad\qquad=\dfrac{s+t}{r+s+t}\cdot\dfrac{t}{s+t}\triangle\text{ABC}$

$\qquad\qquad=\dfrac{t}{r+s+t}\triangle\text{ABC}$

同様にして

$\qquad\triangle\text{PBC}=\dfrac{r}{r+s+t}\triangle\text{ABC}$

$\qquad\triangle\text{PCA}=\dfrac{s}{r+s+t}\triangle\text{ABC}$

$\triangle$PCA$=\triangle$ABC$-\triangle$PAB$-\triangle$PBC でも求められます！

$\therefore\quad\underline{\triangle\text{PAB}:\triangle\text{PBC}:\triangle\text{PCA}}=\dfrac{t}{r+s+t}:\dfrac{r}{r+s+t}:\dfrac{s}{r+s+t}$

$\qquad\qquad\qquad\qquad\qquad=\underline{t:r:s}$

類題に挑戦！ 17

解答 (1) $\overrightarrow{\text{PA}}+s\overrightarrow{\text{PB}}+3\overrightarrow{\text{PC}}=\vec{0}$ を変形すると

始点を A にそろえます！

$\qquad-\overrightarrow{\text{AP}}+s(\overrightarrow{\text{AB}}-\overrightarrow{\text{AP}})+3(\overrightarrow{\text{AC}}-\overrightarrow{\text{AP}})=\vec{0}$

$\qquad(s+4)\overrightarrow{\text{AP}}=s\overrightarrow{\text{AB}}+3\overrightarrow{\text{AC}}$

$s+4>0$ より

$\qquad\overrightarrow{\text{AP}}=\dfrac{s}{s+4}\overrightarrow{\text{AB}}+\dfrac{3}{s+4}\overrightarrow{\text{AC}}$

$\overrightarrow{\text{AB}},\ \overrightarrow{\text{AC}}$ は 1 次独立であるから $\quad\alpha=\dfrac{s}{s+4},\ \beta=\dfrac{3}{s+4}$

(2) (1)より $\quad\overrightarrow{\text{AP}}=\dfrac{s+3}{s+4}\times\dfrac{\text{⑤}\overrightarrow{\text{AB}}+\text{③}\overrightarrow{\text{AC}}}{\text{③}+\text{⑤}}$

係数の和を分母に用意します！

辺 BC を $3:s$ に内分する点が D であるから，

$\overrightarrow{\text{AD}}=\dfrac{s\overrightarrow{\text{AB}}+3\overrightarrow{\text{AC}}}{3+s}$ より $\quad\overrightarrow{\text{AP}}=\dfrac{s+3}{s+4}\overrightarrow{\text{AD}}$

この式から 3 点
A, P, D は一
直線上で
AP : AD
$=(s+3):(s+4)$
となることが分
かります！

以上より，辺 BC を $3:s$ に内分する点
を D としたとき，点 P は線分 AD を
$(s+3):1$ に内分する点であるから

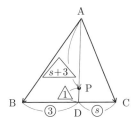

$\qquad|\overrightarrow{\text{BD}}|:|\overrightarrow{\text{DC}}|=3:s$ $\qquad\therefore\quad\dfrac{|\overrightarrow{\text{BD}}|}{|\overrightarrow{\text{DC}}|}=\dfrac{3}{s}$

$$|\overrightarrow{\mathrm{AP}}| : |\overrightarrow{\mathrm{PD}}| = (s+3):1 \qquad \therefore \quad \frac{|\overrightarrow{\mathrm{AP}}|}{|\overrightarrow{\mathrm{PD}}|} = s+3$$

(3) ヘロンの公式より $\dfrac{5+6+7}{2}=9$ ◀──

> テーマ12で学習しましたね！　ヘロンの公式
> $\triangle\mathrm{ABC}=\sqrt{l(l-a)(l-b)(l-c)}$
> ただし, $l=\dfrac{a+b+c}{2}$ （l は三角形の周の長さの半分）

$$\triangle\mathrm{ABC}=\sqrt{9(9-5)(9-6)(9-7)}$$
$$=\sqrt{9\cdot 4\cdot 3\cdot 2}=\underline{\underline{6\sqrt{6}}}$$

別解　$\triangle\mathrm{ABC}$ で余弦定理より　$\cos\angle\mathrm{BAC}=\dfrac{7^2+6^2-5^2}{2\cdot 7\cdot 6}=\dfrac{5}{7}$

$\sin\angle\mathrm{BAC}>0$ より　$\sin\angle\mathrm{BAC}=\sqrt{1-\left(\dfrac{5}{7}\right)^2}=\dfrac{2\sqrt{6}}{7}$

$$\therefore\quad \triangle\mathrm{ABC}=\frac{1}{2}\mathrm{AB}\cdot\mathrm{AC}\cdot\sin\angle\mathrm{BAC}$$
$$=\frac{1}{2}\cdot 7\cdot 6\cdot\frac{2\sqrt{6}}{7}$$
$$=\underline{\underline{6\sqrt{6}}}$$

(4) (2), (3)より　$\triangle\mathrm{APC}=\dfrac{s+3}{s+4}\cdot\triangle\mathrm{ADC}$

$$=\frac{s+3}{s+4}\cdot\frac{s}{3+s}\cdot\triangle\mathrm{ABC}$$
$$=\frac{s}{s+4}\cdot 6\sqrt{6}$$

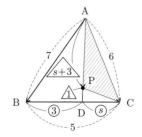

$\triangle\mathrm{APC}=2\sqrt{6}$ より　$\dfrac{s}{s+4}\cdot 6\sqrt{6}=2\sqrt{6}$

$\therefore\quad 3s=s+4$

$\therefore\quad \underline{\underline{s=2}}\ (>0)$

テーマ 18 | ベクトルと内積！

重要ポイント 総整理！

ベクトルと内積

平面でも空間でも使える三角形の面積公式　$\triangle ABC = \dfrac{1}{2}\sqrt{|\overrightarrow{AB}|^2|\overrightarrow{AC}|^2-(\overrightarrow{AB}\cdot\overrightarrow{AC})^2}$

証明 $\angle BAC = \theta$ とおくと

$$\triangle ABC = \frac{1}{2}|\overrightarrow{AB}\|\overrightarrow{AC}|\sin\theta$$

$$= \frac{1}{2}\sqrt{|\overrightarrow{AB}|^2|\overrightarrow{AC}|^2\sin^2\theta}$$

$$= \frac{1}{2}\sqrt{|\overrightarrow{AB}|^2|\overrightarrow{AC}|^2(1-\cos^2\theta)}$$

$$= \frac{1}{2}\sqrt{|\overrightarrow{AB}|^2|\overrightarrow{AC}|^2-(|\overrightarrow{AB}\|\overrightarrow{AC}|\cos\theta)^2}$$

$$= \frac{1}{2}\sqrt{|\overrightarrow{AB}|^2|\overrightarrow{AC}|^2-(\overrightarrow{AB}\cdot\overrightarrow{AC})^2} \quad \square$$

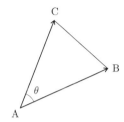

$\triangle ABC = \dfrac{1}{2}\sqrt{|\overrightarrow{AB}|^2|\overrightarrow{AC}|^2-(\overrightarrow{AB}\cdot\overrightarrow{AC})^2}$ で，$\overrightarrow{AB}=(a_1, a_2)$，$\overrightarrow{AC}=(b_1, b_2)$ とすると

座標平面で使える三角形の面積公式　$\triangle ABC = \dfrac{1}{2}|a_1 b_2 - a_2 b_1|$

証明 $\triangle ABC = \dfrac{1}{2}\sqrt{(a_1{}^2+a_2{}^2)(b_1{}^2+b_2{}^2)-(a_1 b_1 + a_2 b_2)^2}$

$$= \frac{1}{2}\sqrt{a_1{}^2 b_2{}^2 - 2a_1 a_2 b_1 b_2 + a_2{}^2 b_1{}^2}$$

$$= \frac{1}{2}\sqrt{(a_1 b_2 - a_2 b_1)^2} = \frac{1}{2}|a_1 b_2 - a_2 b_1| \quad \square$$

> ベクトルの大きさを求める
> ときにも非常に重要です！

$|\vec{a}-\vec{b}|^2 = |\vec{a}|^2 - 2\vec{a}\cdot\vec{b} + |\vec{b}|^2$ のように，大きさの式を2乗すると，内積が出てきます！

$\triangle OAB$ において，$\overrightarrow{OA}=\vec{a}$，$\overrightarrow{OB}=\vec{b}$ とする。$|\vec{a}|=3$，$|\vec{b}|=2$，$|\vec{a}-2\vec{b}|=\sqrt{7}$ のとき

(1) $\vec{a}\cdot\vec{b}$ の値は ☐ である。

(2) $\triangle OAB$ の面積は ☐ である。

(慶應義塾大)

(1) $|\vec{a}-2\vec{b}|=\sqrt{7}$ より　$|\vec{a}-2\vec{b}|^2=7$　よって　$|\vec{a}|^2-4\vec{a}\cdot\vec{b}+4|\vec{b}|^2=7$

$|\vec{a}|=3$，$|\vec{b}|=2$ を代入すると　$9-4\vec{a}\cdot\vec{b}+4\cdot4=7$　$\therefore\ \vec{a}\cdot\vec{b}=\underline{\dfrac{9}{2}}$

(2) $\triangle OAB = \dfrac{1}{2}\sqrt{|\vec{a}|^2|\vec{b}|^2-(\vec{a}\cdot\vec{b})^2} = \dfrac{1}{2}\sqrt{9\cdot4-\left(\dfrac{9}{2}\right)^2} = \underline{\dfrac{3\sqrt{7}}{4}}$

> 平面でも空間でも使えるベク
> トル版の三角形の面積公式！

これだけは！ 18

解答 (1) $|\overrightarrow{OA}+\overrightarrow{OB}|=1$ より

> $|\overrightarrow{AB}|$ を求めるためには
> $|\overrightarrow{AB}|^2=|\overrightarrow{OB}-\overrightarrow{OA}|^2=|\overrightarrow{OB}|^2-2\overrightarrow{OA}\cdot\overrightarrow{OB}+|\overrightarrow{OA}|^2$ より，
> $|\overrightarrow{OB}|$ と $\overrightarrow{OA}\cdot\overrightarrow{OB}$ を先に求めておく必要があります！

$|\overrightarrow{OA}+\overrightarrow{OB}|^2=1$ ← 2乗すると $|\overrightarrow{OB}|^2$ と $\overrightarrow{OA}\cdot\overrightarrow{OB}$ が出てきます！

$|\overrightarrow{OA}|^2+2\overrightarrow{OA}\cdot\overrightarrow{OB}+|\overrightarrow{OB}|^2=1$

$|\overrightarrow{OA}|=1$ より　$2\overrightarrow{OA}\cdot\overrightarrow{OB}+|\overrightarrow{OB}|^2=0$　……①

また，$|2\overrightarrow{OA}+\overrightarrow{OB}|=1$ より

$|2\overrightarrow{OA}+\overrightarrow{OB}|^2=1$ ← 2乗すると $|\overrightarrow{OB}|^2$ と $\overrightarrow{OA}\cdot\overrightarrow{OB}$ が出てきます！

$4|\overrightarrow{OA}|^2+4\overrightarrow{OA}\cdot\overrightarrow{OB}+|\overrightarrow{OB}|^2=1$

$|\overrightarrow{OA}|=1$ より　$4\overrightarrow{OA}\cdot\overrightarrow{OB}+|\overrightarrow{OB}|^2=-3$　……②

①，②より　$|\overrightarrow{OB}|=\sqrt{3}\ (>0),\ \overrightarrow{OA}\cdot\overrightarrow{OB}=-\dfrac{3}{2}$

$\begin{aligned}|\overrightarrow{AB}|^2&=|\overrightarrow{OB}-\overrightarrow{OA}|^2\\&=|\overrightarrow{OB}|^2-2\overrightarrow{OB}\cdot\overrightarrow{OA}+|\overrightarrow{OA}|^2\\&=3-2\cdot\left(-\dfrac{3}{2}\right)+1=7\end{aligned}$

$\therefore\ |\overrightarrow{AB}|=\sqrt{7}\ (>0)$

また，$\triangle OAB$ の面積は

$$\triangle OAB=\dfrac{1}{2}\sqrt{|\overrightarrow{OA}|^2|\overrightarrow{OB}|^2-(\overrightarrow{OA}\cdot\overrightarrow{OB})^2}=\dfrac{1}{2}\sqrt{3-\dfrac{9}{4}}=\dfrac{\sqrt{3}}{4}$$

> ベクトル版の三角形の面積公式です！ 平面上でも空間上でも同じ式になります！

(2) 点 O から線分 AB に下ろした垂線を OH とする。

　点 P は，O を中心とし，半径が OB $(=\sqrt{3})$ の円周上を動く。この円と直線 OH との交点のうち直線 AB から遠い方に P が来たとき，$\triangle PAB$ の面積が最大となる。

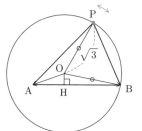

$\triangle OAB=\dfrac{1}{2}AB\cdot OH$ であるから

$\dfrac{\sqrt{3}}{4}=\dfrac{1}{2}\cdot\sqrt{7}\cdot OH$

$\therefore\ OH=\dfrac{\sqrt{3}}{2\sqrt{7}}$

よって，$\triangle PAB$ の面積の最大値は

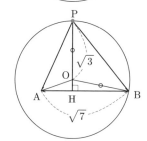

$\dfrac{1}{2}AB\cdot(OH+OP)=\dfrac{1}{2}\cdot\sqrt{7}\cdot\left(\dfrac{\sqrt{3}}{2\sqrt{7}}+\sqrt{3}\right)$

$=\dfrac{2\sqrt{21}+\sqrt{3}}{4}$

類題に挑戦！ 18

解答 (1) 点Oは△ABCの外心より，P，Q，Rはそれぞ
れ辺 **BC，CA，AB の中点である**から

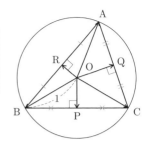

> △ABCの外心は
> OA＝OB＝OC
> なので，三角形の各
> 辺の垂直二等分線の
> 交点ですね！

$$\overrightarrow{OP}=\frac{\overrightarrow{OB}+\overrightarrow{OC}}{2}, \quad \overrightarrow{OQ}=\frac{\overrightarrow{OC}+\overrightarrow{OA}}{2},$$

$$\overrightarrow{OR}=\frac{\overrightarrow{OA}+\overrightarrow{OB}}{2}$$

$3\overrightarrow{OP}+2\overrightarrow{OQ}+5\overrightarrow{OR}=\vec{0}$ に代入して

$$3\left(\frac{\overrightarrow{OB}+\overrightarrow{OC}}{2}\right)+2\left(\frac{\overrightarrow{OC}+\overrightarrow{OA}}{2}\right)+5\left(\frac{\overrightarrow{OA}+\overrightarrow{OB}}{2}\right)=\vec{0}$$

$$7\overrightarrow{OA}+8\overrightarrow{OB}+5\overrightarrow{OC}=\vec{0}$$

$$8\overrightarrow{OB}=-7\overrightarrow{OA}-5\overrightarrow{OC} \quad \cdots\cdots①$$

$$\therefore \quad \overrightarrow{OB}=-\frac{7}{8}\overrightarrow{OA}-\frac{5}{8}\overrightarrow{OC}$$

(2) ①より $|8\overrightarrow{OB}|=|-7\overrightarrow{OA}-5\overrightarrow{OC}|$

> 2乗すると $\overrightarrow{OA}\cdot\overrightarrow{OC}$ が出てきます！
> もし，$\overrightarrow{OB}\cdot\overrightarrow{OC}$ を求める問題であれば，
> $|7\overrightarrow{OA}|=|-8\overrightarrow{OB}-5\overrightarrow{OC}|$ を2乗します！

$$|8\overrightarrow{OB}|^2=|-7\overrightarrow{OA}-5\overrightarrow{OC}|^2$$

$$64|\overrightarrow{OB}|^2=49|\overrightarrow{OA}|^2+70\overrightarrow{OA}\cdot\overrightarrow{OC}+25|\overrightarrow{OC}|^2$$

$|\overrightarrow{OA}|=|\overrightarrow{OB}|=|\overrightarrow{OC}|=1$ より

$$64=49+70\overrightarrow{OA}\cdot\overrightarrow{OC}+25$$

$$70\overrightarrow{OA}\cdot\overrightarrow{OC}=-10$$

$$\therefore \quad \overrightarrow{OA}\cdot\overrightarrow{OC}=-\frac{1}{7}$$

(3) $\overrightarrow{OQ}=\dfrac{\overrightarrow{OA}+\overrightarrow{OC}}{2}$ より

> $|\overrightarrow{OQ}|$ を求めるためには $|\overrightarrow{OQ}|^2$ を変形していきます！
> この手法は，ベクトルでは必修事項ですよ！

$$|\overrightarrow{OQ}|^2=\left|\frac{\overrightarrow{OA}+\overrightarrow{OC}}{2}\right|^2$$

$$=\frac{1}{4}(|\overrightarrow{OA}|^2+2\overrightarrow{OA}\cdot\overrightarrow{OC}+|\overrightarrow{OC}|^2)$$

$$=\frac{1}{4}\left\{1+2\cdot\left(-\frac{1}{7}\right)+1\right\}$$

$$=\frac{1}{4}\cdot\frac{12}{7}=\frac{3}{7}$$

$$\therefore \quad OQ=|\overrightarrow{OQ}|=\sqrt{\frac{3}{7}}=\frac{\sqrt{21}}{7} \quad (>0)$$

重要ポイント 総整理！

空間ベクトルと斜交座標　平面編

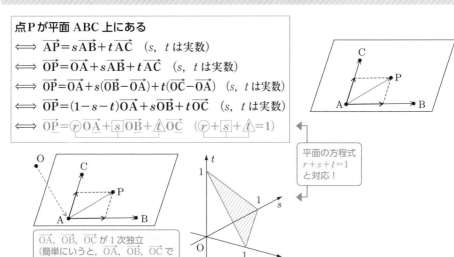

点Pが平面 ABC 上にある

$\iff \overrightarrow{AP} = s\overrightarrow{AB} + t\overrightarrow{AC}$ （s, t は実数）

$\iff \overrightarrow{OP} = \overrightarrow{OA} + s\overrightarrow{AB} + t\overrightarrow{AC}$ （s, t は実数）

$\iff \overrightarrow{OP} = \overrightarrow{OA} + s(\overrightarrow{OB} - \overrightarrow{OA}) + t(\overrightarrow{OC} - \overrightarrow{OA})$ （s, t は実数）

$\iff \overrightarrow{OP} = (1 - s - t)\overrightarrow{OA} + s\overrightarrow{OB} + t\overrightarrow{OC}$ （s, t は実数）

$\iff \overrightarrow{OP} = \boxed{r}\overrightarrow{OA} + \boxed{s}\overrightarrow{OB} + \boxed{\triangle}\overrightarrow{OC}$ （$\boxed{r} + \boxed{s} + \boxed{\triangle} = 1$）

平面の方程式
$r + s + t = 1$
と対応！

$\overrightarrow{OA}$, $\overrightarrow{OB}$, $\overrightarrow{OC}$ が１次独立
（簡単にいうと、$\overrightarrow{OA}$, $\overrightarrow{OB}$, $\overrightarrow{OC}$ で
四面体が張れる状態）のとき！

最後の式は、点Pが平面 ABC 上にあるとき、$\overrightarrow{OP}$ を $\overrightarrow{OA}$, $\overrightarrow{OB}$, $\overrightarrow{OC}$ で表すと、$\overrightarrow{OA}$, $\overrightarrow{OB}$, $\overrightarrow{OC}$ の係数の和が１になるということです。この技は、かなり使えます！

　四面体 OABC を考え、$\vec{a} = \overrightarrow{OA}$, $\vec{b} = \overrightarrow{OB}$, $\vec{c} = \overrightarrow{OC}$ とする。また、線分 OA, OB, OC を 2：1 に内分する点をそれぞれ P, Q, R とし、直線 BR と直線 QC の交点を D, 3点P, B, C を通る平面と直線 AD との交点をEとする。

(1) $\overrightarrow{OD}$ を $\vec{b}$ と $\vec{c}$ で表せ。

(2) $\overrightarrow{OE}$ を $\vec{a}$, $\vec{b}$, $\vec{c}$ で表せ。

(1)は平面 OBC で完結する問いです！
テーマ 15 の「係数の和が１」で解きましょう！

(1)　$\overrightarrow{OD} = x\overrightarrow{OB} + y\overrightarrow{OC}$ とおく。

$\overrightarrow{OC} = \dfrac{3}{2}\overrightarrow{OR}$ より　$\overrightarrow{OD} = \boxed{x}\overrightarrow{OB} + \boxed{\dfrac{3}{2}y}\overrightarrow{OR}$

係数の和が１

D は直線 BR 上にあるから　$\boxed{x} + \boxed{\dfrac{3}{2}y} = 1$　……①

$\overrightarrow{OB} = \dfrac{3}{2}\overrightarrow{OQ}$ より　$\overrightarrow{OD} = \boxed{\dfrac{3}{2}x}\overrightarrow{OQ} + \boxed{y}\overrightarrow{OC}$

係数の和が１

D は直線 QC 上にあるから　$\boxed{\dfrac{3}{2}x} + \boxed{y} = 1$　……②

①, ②より　$x = \dfrac{2}{5}$, $y = \dfrac{2}{5}$　　∴　$\underline{\overrightarrow{OD} = \dfrac{2}{5}\vec{b} + \dfrac{2}{5}\vec{c}}$

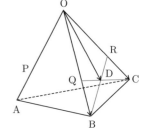

(2) Eは直線 AD 上にあるから，$\overrightarrow{AE}=k\overrightarrow{AD}$（$k$ は実数）とおく。

$$\overrightarrow{OE}=(1-k)\overrightarrow{OA}+k\overrightarrow{OD}$$ ← 始点をOにそろえます！

(1)より　$\overrightarrow{OE}=(1-k)\overrightarrow{OA}+\dfrac{2}{5}k\overrightarrow{OB}+\dfrac{2}{5}k\overrightarrow{OC}$　……③

$\overrightarrow{OA}=\dfrac{3}{2}\overrightarrow{OP}$　より

$$\overrightarrow{OE}=\boxed{\dfrac{3}{2}(1-k)}\overrightarrow{OP}+\boxed{\dfrac{2}{5}k}\overrightarrow{OB}+\triangle\dfrac{2}{5}k\triangle\overrightarrow{OC}$$

Eは平面 PBC 上にあるから 係数の和が1

$$\boxed{\dfrac{3}{2}(1-k)}+\boxed{\dfrac{2}{5}k}+\triangle\dfrac{2}{5}k\triangle=1 \qquad \therefore\ k=\dfrac{5}{7}$$

これを③に代入して　$\overrightarrow{OE}=\dfrac{2}{7}\vec{a}+\dfrac{2}{7}\vec{b}+\dfrac{2}{7}\vec{c}$

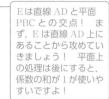

Eは直線 AD と平面 PBC との交点！ まず，E は直線 AD 上にあることから攻めていきましょう！ 平面上の処理は後にすると，係数の和が 1 が使いやすいですよ！

これだけは！ 19

解答　(1)　$\overrightarrow{OD}=\dfrac{1}{2}\overrightarrow{OA},\ \overrightarrow{OE}=\dfrac{1}{4}\overrightarrow{OB},\ \overrightarrow{OF}=\dfrac{1}{4}\overrightarrow{OC}$

Gは△DEF の重心より

$$\overrightarrow{OG}=\dfrac{\overrightarrow{OD}+\overrightarrow{OE}+\overrightarrow{OF}}{3}$$

$$=\dfrac{1}{6}\overrightarrow{OA}+\dfrac{1}{12}\overrightarrow{OB}+\dfrac{1}{12}\overrightarrow{OC}$$

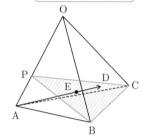

(2)　Hは直線 OG 上にあるから，$\overrightarrow{OH}=k\overrightarrow{OG}$（$k$ は実数）とおく。

(1)より　$\overrightarrow{OH}=\boxed{\dfrac{k}{6}}\overrightarrow{OA}+\boxed{\dfrac{k}{12}}\overrightarrow{OB}+\triangle\dfrac{k}{12}\triangle\overrightarrow{OC}$　……①

Hは平面 ABC 上にあるから 係数の和が1 $\boxed{\dfrac{k}{6}}+\boxed{\dfrac{k}{12}}+\triangle\dfrac{k}{12}\triangle=1 \qquad \therefore\ k=3$

Hは直線 OG と平面 ABC との交点！ まずは，直線上から攻めましょう！ 平面上の処理は後で行います！

ここで，正四面体 OABC は 1 辺の長さが 1 より

$$|\overrightarrow{OA}|=|\overrightarrow{OB}|=|\overrightarrow{OC}|=1$$

将来必要になるので，求めておきます！

また，$\overrightarrow{OA}\cdot\overrightarrow{OB}=1\times1\times\cos60°=\dfrac{1}{2},\ \overrightarrow{OB}\cdot\overrightarrow{OC}=\dfrac{1}{2},\ \overrightarrow{OC}\cdot\overrightarrow{OA}=\dfrac{1}{2}$ であり，さらに①より

$$|\overrightarrow{AH}|^2=|\overrightarrow{OH}-\overrightarrow{OA}|^2$$

$$=\left|\left(\dfrac{1}{2}\overrightarrow{OA}+\dfrac{1}{4}\overrightarrow{OB}+\dfrac{1}{4}\overrightarrow{OC}\right)-\overrightarrow{OA}\right|^2 \quad(\because\ ①)$$

$$=\left|-\dfrac{1}{2}\overrightarrow{OA}+\dfrac{1}{4}\overrightarrow{OB}+\dfrac{1}{4}\overrightarrow{OC}\right|^2$$

$|\overrightarrow{AH}|$ を求めるには，$\overrightarrow{AH}$ を $\overrightarrow{OA},\ \overrightarrow{OB},\ \overrightarrow{OC}$ で表し，$|\overrightarrow{AH}|^2$ を考えます！ この求め方は確実に押さえましょう！

$$=\dfrac{1}{4}|\overrightarrow{OA}|^2+\dfrac{1}{16}|\overrightarrow{OB}|^2+\dfrac{1}{16}|\overrightarrow{OC}|^2-\dfrac{1}{4}\overrightarrow{OA}\cdot\overrightarrow{OB}+\dfrac{1}{8}\overrightarrow{OB}\cdot\overrightarrow{OC}-\dfrac{1}{4}\overrightarrow{OC}\cdot\overrightarrow{OA}$$

$$=\dfrac{3}{16}$$

$$|\overrightarrow{AH}|=\sqrt{\frac{3}{16}}=\frac{\sqrt{3}}{4}\ (\geqq0)\qquad\therefore\quad \underline{AH=\frac{\sqrt{3}}{4}}$$

類題に挑戦！ 19

解答 $\overrightarrow{OA}=\frac{1}{p}\overrightarrow{OP},\ \overrightarrow{OB}=\frac{1}{q}\overrightarrow{OQ},\ \overrightarrow{OC}=\frac{1}{r}\overrightarrow{OR},\ \overrightarrow{OD}=\frac{1}{s}\overrightarrow{OS}$

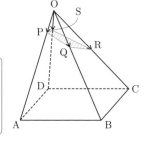

($p,\ q,\ r,\ s$ は 0 ではない実数) であるから，これらの式を $\overrightarrow{OA}+\overrightarrow{OC}=\overrightarrow{OB}+\overrightarrow{OD}$ に代入して

$$\frac{1}{p}\overrightarrow{OP}+\frac{1}{r}\overrightarrow{OR}=\frac{1}{q}\overrightarrow{OQ}+\frac{1}{s}\overrightarrow{OS}$$

> 4つのベクトルのうち
> 1つのベクトルを3つの
> ベクトルで表します！
> $\overrightarrow{OP}$ でも $\overrightarrow{OR}$ でも $\overrightarrow{OQ}$ でも
> どのベクトルでもよいで
> す！

$$\frac{1}{s}\overrightarrow{OS}=\frac{1}{p}\overrightarrow{OP}+\frac{1}{r}\overrightarrow{OR}-\frac{1}{q}\overrightarrow{OQ}$$

$$\overrightarrow{OS}=\boxed{\frac{s}{p}}\overrightarrow{OP}+\boxed{\frac{s}{r}}\overrightarrow{OR}\ \triangle\ \frac{s}{q}\ \overrightarrow{OQ}$$

係数の和が1

<u>S</u>は平面 <u>P Q R</u> 上にあるから $\boxed{\frac{s}{p}}+\boxed{\frac{s}{r}}\ \triangle\ \frac{s}{q}=1$

$$\therefore\quad \frac{1}{p}+\frac{1}{r}=\frac{1}{q}+\frac{1}{s}\quad \square$$

参考 ···

　点 P が平面 ABC 上にあるときは，**係数の和が 1** に着目した $\overrightarrow{OP}=r\overrightarrow{OA}+s\overrightarrow{OB}+t\overrightarrow{OC}$ ($r+s+t=1$) のおき方と，斜交座標を意識した $\overrightarrow{AP}=x\overrightarrow{AB}+y\overrightarrow{AC}$ ($x,\ y$ は実数) のおき方の両方をマスターしておきましょう！

テーマ **20** | 平面と垂線の交点の座標！

重要ポイント **総整理！**

平面に下ろした垂線の平面との交点

O から平面 ABC に垂線 OH を下ろしたとき，交点 H の座標を求める手順

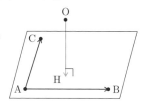

① **H は平面 ABC 上より** $\overrightarrow{AH}=s\overrightarrow{AB}+t\overrightarrow{AC}$ **（s，t は実数）**

すなわち $\overrightarrow{OH}=\overrightarrow{OA}+\overrightarrow{AH}=\overrightarrow{OA}+s\overrightarrow{AB}+t\overrightarrow{AC}$ と表します。

② **1 次独立な** $\overrightarrow{AB}$, $\overrightarrow{AC}$ **によって平面 ABC が定まります。**

$\overrightarrow{OH}\perp$平面 ABC より，$\overrightarrow{OH}\perp\overrightarrow{AB}$, $\overrightarrow{OH}\perp\overrightarrow{AC}$ なので

$\overrightarrow{OH}\cdot\overrightarrow{AB}=0$, $\overrightarrow{OH}\cdot\overrightarrow{AC}=0$ に着目して，**平面と垂線の交点 H**

の座標を求めることができます！

> 原点を O とし，3 点 A$(2, 0, 0)$，B$(0, 4, 0)$，C$(0, 0, 3)$ をとる。原点 O から 3 点 A，
> B，C を含む平面に垂線を下ろし，この平面と垂線の交点を H とする。
> (1) H の座標を求めよ。
> (2) △ABC の面積を求めよ。

(1) **H は平面 ABC 上にあるから，**$\overrightarrow{AH}=s\overrightarrow{AB}+t\overrightarrow{AC}$（$s$，$t$ は

実数）とおける。 ← 点が平面上ときたら，このおき方ですね！

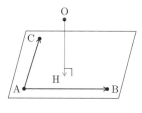

$$\overrightarrow{OH}=\overrightarrow{OA}+\overrightarrow{AH}=\overrightarrow{OA}+s\overrightarrow{AB}+t\overrightarrow{AC}$$

ここで，$\overrightarrow{AB}=(-2, 4, 0)$，$\overrightarrow{AC}=(-2, 0, 3)$ であるから

$$\overrightarrow{OH}=(2, 0, 0)+s(-2, 4, 0)+t(-2, 0, 3)$$
$$=(2-2s-2t, 4s, 3t)$$

$\overrightarrow{OH}\perp$平面 ABC より，$\overrightarrow{OH}\perp\overrightarrow{AB}$, $\overrightarrow{OH}\perp\overrightarrow{AC}$ であるから $\overrightarrow{OH}\cdot\overrightarrow{AB}=0$, $\overrightarrow{OH}\cdot\overrightarrow{AC}=0$

$\overrightarrow{OH}\cdot\overrightarrow{AB}=0$ より $(2-2s-2t)\cdot(-2)+4s\cdot4+3t\cdot0=0$ ∴ $5s+t=1$ ……①

$\overrightarrow{OH}\cdot\overrightarrow{AC}=0$ より $(2-2s-2t)\cdot(-2)+4s\cdot0+3t\cdot3=0$ ∴ $4s+13t=4$ ……②

①，②より $s=\dfrac{9}{61}$，$t=\dfrac{16}{61}$ ∴ $\overrightarrow{OH}=\left(\dfrac{72}{61}, \dfrac{36}{61}, \dfrac{48}{61}\right)$ ∴ **H$\left(\dfrac{72}{61}, \dfrac{36}{61}, \dfrac{48}{61}\right)$**

(2) $\overrightarrow{AB}=(-2, 4, 0)$, $\overrightarrow{AC}=(-2, 0, 3)$ より

$$|\overrightarrow{AB}|=\sqrt{(-2)^2+4^2+0^2}=2\sqrt{5}$$

$$|\overrightarrow{AC}|=\sqrt{(-2)^2+0^2+3^2}=\sqrt{13}$$

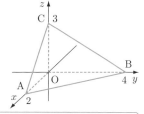

$\overrightarrow{AB}\cdot\overrightarrow{AC}=(-2)\cdot(-2)+4\cdot0+0\cdot3=4$ であるから

$$\triangle ABC=\frac{1}{2}\sqrt{|\overrightarrow{AB}|^2|\overrightarrow{AC}|^2-(\overrightarrow{AB}\cdot\overrightarrow{AC})^2}$$

$$=\frac{1}{2}\sqrt{20\cdot13-4^2}=\sqrt{61}$$

平面でも空間でも使えるベクトル版の三角形の面積公式！

これだけは！ **20**

解答 (1) **点Hは平面 ABC 上にあるから，**

$$\overrightarrow{AH}=s\overrightarrow{AB}+t\overrightarrow{AC} \ (s, \ t \ \textbf{は実数}) \ \textbf{とおける。}$$

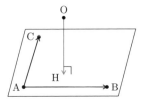

点が平面上ときたら，このおき方ですね！

$$\overrightarrow{OH}=\overrightarrow{OA}+\overrightarrow{AH}=\overrightarrow{OA}+s\overrightarrow{AB}+t\overrightarrow{AC}$$

$\overrightarrow{AB}=(-3, \ 2, \ 0), \ \overrightarrow{AC}=(-3, \ 0, \ 1)$ であるから

$$\overrightarrow{OH}=(3, \ 0, \ 0)+s(-3, \ 2, \ 0)+t(-3, \ 0, \ 1)$$

$$=(-3s-3t+3, \ 2s, \ t)$$

$\overrightarrow{OH}\perp$平面 ABC より，$\overrightarrow{OH}\perp\overrightarrow{AB}, \ \overrightarrow{OH}\perp\overrightarrow{AC}$ であるから $\overrightarrow{OH}\cdot\overrightarrow{AB}=0, \ \overrightarrow{OH}\cdot\overrightarrow{AC}=0$

$\overrightarrow{OH}\cdot\overrightarrow{AB}=0$ より $(-3s-3t+3)\cdot(-3)+2s\cdot2+t\cdot0=0$ $\therefore$ $13s+9t=9$ ……①

$\overrightarrow{OH}\cdot\overrightarrow{AC}=0$ より $(-3s-3t+3)\cdot(-3)+2s\cdot0+t\cdot1=0$ $\therefore$ $9s+10t=9$ ……②

①，②より $s=\dfrac{9}{49}, \ t=\dfrac{36}{49}$ $\therefore$ $\overrightarrow{OH}=\left(\dfrac{12}{49}, \ \dfrac{18}{49}, \ \dfrac{36}{49}\right)$

$\therefore$ $\underline{H\left(\dfrac{^{ア}12}{^{イ}49}, \ \dfrac{^{ウ}18}{^{エ}49}, \ \dfrac{^{オ}36}{^{カ}49}\right)}$

(2) 四面体 OABC に内接する球の中心を I とし，半径を r とおく。

四面体 OABC, 四面体 IOAB, 四面体 IOBC, 四面体 IOAC, 四面体 IABC の体積をそれぞれ $V, \ V_1, \ V_2, \ V_3, \ V_4$ とする。

$$V=V_1+V_2+V_3+V_4 \ \cdots\cdots③$$

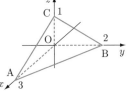

三角形の内接円の半径は三角形の面積の分割で求まります！ 同様に考えれば，四面体の内接球の半径は四面体の体積の分割で求まります！

$$V=\frac{1}{3}\triangle OAB\cdot CO=\frac{1}{3}\cdot3\cdot1=1$$

$$V_1=\frac{1}{3}\triangle OAB\cdot r=r$$

$$V_2=\frac{1}{3}\triangle OBC\cdot r=\frac{r}{3}$$

$$V_3=\frac{1}{3}\triangle OAC\cdot r=\frac{r}{2}$$

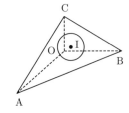

ここで，$\overrightarrow{AB}=(-3, \ 2, \ 0), \ \overrightarrow{AC}=(-3, \ 0, \ 1)$ より

$|\overrightarrow{AB}|=\sqrt{(-3)^2+2^2+0^2}=\sqrt{13}, \ |\overrightarrow{AC}|=\sqrt{(-3)^2+0^2+1^2}=\sqrt{10},$

$\overrightarrow{AB}\cdot\overrightarrow{AC}=(-3)\cdot(-3)+2\cdot0+0\cdot1=9$ であるから

$$\triangle ABC=\frac{1}{2}\sqrt{|\overrightarrow{AB}|^2|\overrightarrow{AC}|^2-(\overrightarrow{AB}\cdot\overrightarrow{AC})^2}=\frac{1}{2}\sqrt{13\cdot10-9^2}=\frac{7}{2}$$

平面でも空間でも使えるベクトル版の三角形の面積公式！

よって $V_4=\dfrac{1}{3}\triangle ABC\cdot r=\dfrac{7}{6}r$

したがって，③より $1=r+\dfrac{r}{3}+\dfrac{r}{2}+\dfrac{7}{6}r$ $\therefore$ $r=\dfrac{1}{3}$

ゆえに，四面体 OABC に内接する球の半径は $\underline{\dfrac{^{キ}1}{^{ク}3}}$

類題に挑戦！ 20

解答 (1) 点Hは平面 OBC上にあるから，

$\overrightarrow{\mathrm{OH}}=s\overrightarrow{\mathrm{OB}}+t\overrightarrow{\mathrm{OC}}$ （s，t は実数）とおける。

> 点が平面上ときたら，このおき方ですね！

$\overrightarrow{\mathrm{AH}}=\overrightarrow{\mathrm{OH}}-\overrightarrow{\mathrm{OA}}=s(3,\ 0,\ 1)+t(1,\ 2,\ 1)-(2,\ 1,\ 4)$

$\quad=(3s+t-2,\ 2t-1,\ s+t-4)$

$\overrightarrow{\mathrm{AH}}\perp$平面 OBC より，$\overrightarrow{\mathrm{AH}}\perp\overrightarrow{\mathrm{OB}}$，$\overrightarrow{\mathrm{AH}}\perp\overrightarrow{\mathrm{OC}}$ であるから

$\quad\overrightarrow{\mathrm{AH}}\cdot\overrightarrow{\mathrm{OB}}=0$，$\overrightarrow{\mathrm{AH}}\cdot\overrightarrow{\mathrm{OC}}=0$

$\overrightarrow{\mathrm{AH}}\cdot\overrightarrow{\mathrm{OB}}=0$ より

$\quad(3s+t-2)\cdot3+(2t-1)\cdot0+(s+t-4)\cdot1=0$　$\therefore$　$5s+2t=5$　……①

$\overrightarrow{\mathrm{AH}}\cdot\overrightarrow{\mathrm{OC}}=0$ より

$\quad(3s+t-2)\cdot1+(2t-1)\cdot2+(s+t-4)\cdot1=0$　$\therefore$　$2s+3t=4$　……②

①，②より　$s=\dfrac{7}{11}$，$t=\dfrac{10}{11}$　$\therefore$　$\overrightarrow{\mathrm{OH}}=\dfrac{7}{11}(3,\ 0,\ 1)+\dfrac{10}{11}(1,\ 2,\ 1)=\left(\dfrac{31}{11},\ \dfrac{20}{11},\ \dfrac{17}{11}\right)$

$\therefore$　$\mathrm{H}\left(\dfrac{31}{11},\ \dfrac{20}{11},\ \dfrac{17}{11}\right)$

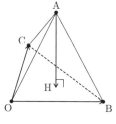

(2) $|\overrightarrow{\mathrm{OB}}|=\sqrt{3^2+0^2+1^2}=\sqrt{10}$，$|\overrightarrow{\mathrm{OC}}|=\sqrt{1^2+2^2+1^2}=\sqrt{6}$，

$\overrightarrow{\mathrm{OB}}\cdot\overrightarrow{\mathrm{OC}}=3\cdot1+0\cdot2+1\cdot1=4$ より

> 平面でも空間でも使えるベクトル版の三角形の面積公式！

$\therefore$　$\triangle\mathrm{OBC}=\dfrac{1}{2}\sqrt{|\overrightarrow{\mathrm{OB}}|^2|\overrightarrow{\mathrm{OC}}|^2-(\overrightarrow{\mathrm{OB}}\cdot\overrightarrow{\mathrm{OC}})^2}$

$\quad=\dfrac{1}{2}\sqrt{10\cdot6-4^2}=\dfrac{1}{2}\sqrt{44}=\underline{\sqrt{11}}$

また，$\overrightarrow{\mathrm{AH}}=\left(\dfrac{9}{11},\ \dfrac{9}{11},\ -\dfrac{27}{11}\right)$ より

$\quad\mathrm{AH}=\dfrac{9}{11}\cdot\sqrt{1^2+1^2+(-3)^2}=\dfrac{9\sqrt{11}}{11}$

> 外接球の半径を扱う問題では，中心を設定し，半径が等しいことに着目して立式し，連立方程式を計算していきます！

よって，**四面体 AOBC の体積**は　$\dfrac{1}{3}\triangle\mathrm{OBC}\cdot\mathrm{AH}=\dfrac{1}{3}\cdot\sqrt{11}\cdot\dfrac{9\sqrt{11}}{11}=\underline{3}$

(3) 四面体 AOBC に外接する球の中心を $\mathrm{P}(a,\ b,\ c)$ とおく。

$\mathrm{OP}=\mathrm{AP}=\mathrm{BP}=\mathrm{CP}$ より，$\mathrm{OP}^2=\mathrm{AP}^2$，$\mathrm{OP}^2=\mathrm{BP}^2$，$\mathrm{OP}^2=\mathrm{CP}^2$ であるから

$\begin{cases}a^2+b^2+c^2=(a-2)^2+(b-1)^2+(c-4)^2\\a^2+b^2+c^2=(a-3)^2+b^2+(c-1)^2\\a^2+b^2+c^2=(a-1)^2+(b-2)^2+(c-1)^2\end{cases}$

$\therefore$　$\begin{cases}4a+2b+8c=21&……③\\3a+c=5&……④\\a+2b+c=3&……⑤\end{cases}$

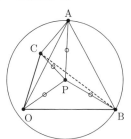

③～⑤より　$a=\dfrac{17}{18}$，$b=-\dfrac{1}{18}$，$c=\dfrac{13}{6}$

よって $P\left(\dfrac{17}{18},\ -\dfrac{1}{18},\ \dfrac{13}{6}\right)$

$\therefore\quad OP^2=\left(\dfrac{17}{18}\right)^2+\left(-\dfrac{1}{18}\right)^2+\left(\dfrac{13}{6}\right)^2=\dfrac{1811}{324}$ ◀ $\boxed{\text{OP は半径ですね！}}$

よって，求める球面の方程式は

$$\left(x-\dfrac{17}{18}\right)^2+\left(y+\dfrac{1}{18}\right)^2+\left(z-\dfrac{13}{6}\right)^2=\dfrac{1811}{324}$$

◀ $\boxed{\begin{array}{l}\text{中心が }(a,\ b,\ c)\text{，半径が } r \text{の球面}\\\text{の方程式は，}\\(x-a)^2+(y-b)^2+(z-c)^2=r^2\end{array}}$

[参考] ....

平面と垂線の交点Hの座標が求めることができれば，平面に関して対称な点の座標についても簡単に求めることができます。

> 座標空間に 4 点 A(1, 1, 2)，B(2, 0, 1)，C(1, 1, 0)，D(3, 4, 6) がある。3 点 A，B，C の定める平面に関して点Dと対称な点をEとする。点Eの座標を求めよ。 (信州大)

点Dから平面 ABC に垂線 DH を下ろす。

点Hは平面 ABC 上にあるから，$\overrightarrow{AH}=s\overrightarrow{AB}+t\overrightarrow{AC}$ (s, t は実数)と表される。 ◀ $\boxed{\text{点が平面上ときたら，このおき方ですね！}}$

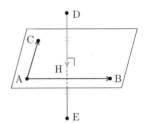

$$\overrightarrow{DH}=\overrightarrow{DA}+\overrightarrow{AH}=\overrightarrow{DA}+s\overrightarrow{AB}+t\overrightarrow{AC}$$

$\overrightarrow{AB}=(1,\ -1,\ -1)$，$\overrightarrow{AC}=(0,\ 0,\ -2)$，

$\overrightarrow{DA}=(-2,\ -3,\ -4)$ より

$\qquad\overrightarrow{DH}=(-2,\ -3,\ -4)+s(1,\ -1,\ -1)+t(0,\ 0,\ -2)$

$\qquad\quad\ =(s-2,\ -s-3,\ -s-2t-4)$

$\overrightarrow{DH}\perp$平面 ABC より，$\overrightarrow{DH}\perp\overrightarrow{AB}$，$\overrightarrow{DH}\perp\overrightarrow{AC}$ であるから

$\qquad\overrightarrow{DH}\cdot\overrightarrow{AB}=0$，$\overrightarrow{DH}\cdot\overrightarrow{AC}=0$

$\overrightarrow{DH}\cdot\overrightarrow{AB}=0$ より $(s-2)\cdot1+(-s-3)\cdot(-1)+(-s-2t-4)\cdot(-1)=0$

$\therefore\quad 3s+2t=-5\quad\cdots\cdots①$

$\overrightarrow{DH}\cdot\overrightarrow{AC}=0$ より $(s-2)\cdot0+(-s-3)\cdot0+(-s-2t-4)\cdot(-2)=0$

$\therefore\quad s+2t=-4\quad\cdots\cdots②$

①，②より $s=-\dfrac{1}{2}$，$t=-\dfrac{7}{4}$

$\therefore\quad\overrightarrow{DH}=\left(-\dfrac{5}{2},\ -\dfrac{5}{2},\ 0\right)$ ◀ $\boxed{\begin{array}{l}\overrightarrow{OH}=\overrightarrow{OD}+\overrightarrow{DH}\text{ でHの座標が求まります！ さらに }\overrightarrow{DH}\\\text{を足すと，平面に関する対称点が求まります！}\end{array}}$

$\overrightarrow{DE}=2\overrightarrow{DH}$ より $\overrightarrow{OE}=\overrightarrow{OD}+2\overrightarrow{DH}=(-2,\ -1,\ 6)$

$\therefore\quad\underline{E(-2,\ -1,\ 6)}$

テーマ **21** | 直線に関しての対称点！

重要ポイント 総整理！

直線に関する対称点

点Aと点Cが直線 l に関して対称であるとき

① 線分 AC の中点 M が直線 l 上にある

② $AC \perp l$

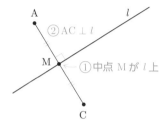

A

②$AC \perp l$

l

M ①中点 M が l 上

C

> 直線 $l : y = \dfrac{1}{2}x + 1$ と点 A(1, 4) がある。直線 l に関して，点Aと対称な点Cの座標を求めよ。

C(a, b) とおく。

線分 AC の中点 $M\left(\dfrac{a+1}{2}, \dfrac{b+4}{2}\right)$ が直線 l 上にあるから

$$\dfrac{b+4}{2} = \dfrac{1}{2} \cdot \dfrac{a+1}{2} + 1 \quad \therefore \quad a - 2b = 3 \quad \cdots\cdots①$$

$AC \perp l$ より

$$\dfrac{b-4}{a-1} \cdot \dfrac{1}{2} = -1 \quad \therefore \quad 2a + b = 6 \quad \cdots\cdots②$$

①，②より $a = 3$, $b = 0$ $\quad \therefore \quad \underline{\mathbf{C(3, 0)}}$

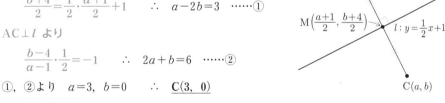

A(1, 4)

$M\left(\dfrac{a+1}{2}, \dfrac{b+4}{2}\right)$

$l : y = \dfrac{1}{2}x + 1$

C(a, b)

これだけは！ 21

解答 P(p, p^2), Q(q, q^2) ($p \neq q$) とおく。

2点 P，Q が直線 $y = ax + 1$ に関して対称より，線分

PQ の中点 $M\left(\dfrac{p+q}{2}, \dfrac{p^2+q^2}{2}\right)$ が直線 $y = ax + 1$ 上にあるから

$$\dfrac{p^2+q^2}{2} = a \cdot \dfrac{p+q}{2} + 1$$

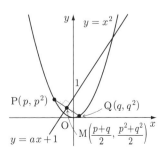

$y = x^2$

y

1

P(p, p^2)

Q(q, q^2)

O $\quad M\left(\dfrac{p+q}{2}, \dfrac{p^2+q^2}{2}\right)$ $\quad x$

$y = ax + 1$

$\therefore \quad p^2+q^2=a(p+q)+2$ ← 基本対称式 $p+q$, pq で表します！ 対称式は必ず基本対称式で表せます！

$\therefore \quad (p+q)^2-2pq=a(p+q)+2$ ……①

また，$p \neq q$ より，直線PQの傾きは $\dfrac{p^2-q^2}{p-q}=p+q$ であり，直線PQと直線 $y=ax+1$

は垂直であるから

$$(p+q) \cdot a=-1 \qquad a \neq 0 \text{ より} \quad p+q=-\frac{1}{a} \quad \text{……②}$$

②を①に代入すると $\left(-\dfrac{1}{a}\right)^2-2pq=a\left(-\dfrac{1}{a}\right)+2$

$\therefore \quad pq=\dfrac{1}{2}\left(\dfrac{1}{a^2}-1\right)=\dfrac{1}{2a^2}-\dfrac{1}{2}$ ……③ ← p, q を解とする2次方程式を作ることができます！

よって，②，③より，p, q を解とする t の2次方程式は

$$t^2+\frac{1}{a}t+\frac{1}{2a^2}-\frac{1}{2}=0$$

← p, q を解とする t の2次方程式は
$(t-p)(t-q)=0$
$t^2-(p+q)t+pq=0$
②，③を代入すると，このような式になります！

$\therefore \quad 2a^2t^2+2at+(1-a^2)=0$ ……④

となる。

したがって，**条件を満たす異なる2点P，Qが存在するための条件は，②，③を満たす異なる2つの実数 p, q が存在すること，すなわち，方程式④が異なる2つの実数解をもつこと**である。 ← この存在条件の言い換えは重要!!

④の判別式 D について $\dfrac{D}{4}>0 \qquad a^2-2a^2(1-a^2)>0 \qquad a^2(2a^2-1)>0$

$a^2>0$ より $2a^2-1>0$

$\therefore \quad \boldsymbol{a<-\dfrac{1}{\sqrt{2}}, \quad \dfrac{1}{\sqrt{2}}<a}$

類題に挑戦！ 21

法線についてはテーマ4の**類題に挑戦！** で詳しく解説しているので，参考にして下さいね！

解答 (1) $y=x^2$ より，$y'=2x$ であるから，点 $P(a, a^2)$ における法線 l の方程式は ←

$x-a+2a(y-a^2)=0 \qquad \therefore \quad \boldsymbol{x+2ay-2a^3-a=0}$

別解 $y=x^2$ より，$y'=2x$ であるから，点 $P(a, a^2)$ における法線 l の方程式は

(ⅰ) $a \neq 0$ のとき $y-a^2=-\dfrac{1}{2a}(x-a)$ ←

(接線の傾き)×(法線の傾き)$=-1$
より，(法線の傾き)$=-\dfrac{1}{2a}$ です！

すなわち $y=-\dfrac{1}{2a}x+a^2+\dfrac{1}{2}$

よって $x+2ay-2a^3-a=0$ ……(＊)

(ⅱ) $a=0$ のとき，法線 l の方程式は

$$x = 0 \quad \leftarrow \boxed{\text{点}(0,0)\text{における接線は }x\text{ 軸であり，法線は }y\text{ 軸です！}}$$

これは（＊）において，$a = 0$ としたものである。

(i)，(ii)より，求める法線 l の方程式は $\quad \boxed{x + 2ay - 2a^3 - a = 0}$

(2) 法線 l に関して，点 $A(a, 0)$ と対称な点を $B(X, Y)$
とおく。 $\leftarrow \boxed{\text{まず，A の対称点 B を求めます！}}$

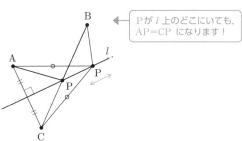

線分 AB の中点 $M\left(\dfrac{X+a}{2},\ \dfrac{Y}{2}\right)$ が l 上にあるから

$$\dfrac{X+a}{2} + 2a \cdot \dfrac{Y}{2} - 2a^3 - a = 0$$

$$X + 2aY - 4a^3 - a = 0 \quad \cdots\cdots ①$$

$a \neq 0$ のとき，$AB \perp l$ より $\quad \dfrac{Y}{X-a} \cdot \dfrac{1}{-2a} = -1$

$\therefore\ Y = 2a(X-a) \quad \cdots\cdots ②$

①，②より $\quad X = \dfrac{8a^3 + a}{4a^2 + 1},\ Y = \dfrac{8a^4}{4a^2 + 1}$

$\therefore\ B\left(\dfrac{8a^3 + a}{4a^2 + 1},\ \dfrac{8a^4}{4a^2 + 1}\right)$

直線 m は，2 点 P，B を通る直線であるから

$$y - a^2 = \dfrac{\dfrac{8a^4}{4a^2 + 1} - a^2}{\dfrac{8a^3 + a}{4a^2 + 1} - a}(x - a) \quad \therefore\ \boxed{y = \dfrac{4a^2 - 1}{4a}x + \dfrac{1}{4}} \quad \cdots\cdots ③$$

(3) ③より，直線 m は，a の値によらず y 切片が $\dfrac{1}{4}$ であり，定点 $\underline{F\left(0,\ \dfrac{1}{4}\right)}$ を通る。

$\boxed{\text{参考}}$ ......

直線 l 上の点を P，直線 l に関して同じ側にある 2 つの点を A，B とします。また，点 A の直線 l に関して対称な点を C とします。

折れ線 AP＋PB の最短距離を求める
問題では，対称点を活用します。

$$AP + PB = CP + PB \geqq CB$$

3 点 C，P，B がこの順で一直線上に
並ぶとき，AP＋PB が最小になります！

直線 $l : y = \dfrac{1}{2}x + 1$ と 2 点 A(1, 4)，B(5, 6) がある。

(1) 直線 l に関して，点 A と対称な点 C の座標を求めよ。

(2) 直線 l 上の点 P で，AP＋PB を最小にするものの座標を求めよ。　　　　(富山大)

(1)　<u>**C(3, 0)**</u>　◀── 重要ポイント 総整理! で解説済み！

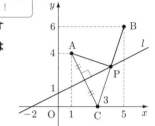

Pが l 上のどこにいても，AP＝CPになります！

(2)　**AP＝CP より　AP＋PB＝CP＋PB≧CB**　◀──

　　よって，3 点 C，P，B がこの順で一直線上に並ぶとき，すなわち，P が直線 BC と直線 l との交点のとき，AP＋PB は最小となる。

　　直線 BC の方程式は　$y - 0 = 3(x - 3)$

　　∴　$y = 3x - 9$　……①

　　直線①と直線 l との交点を求めると，その交点は $(4, 3)$

　　よって，AP＋PB を最小にする P の座標は　**P(4, 3)**

テーマ **22** | 円と円が接する問題！　中心線を引け！

重要ポイント **総整理！**

円と円が接する問題

円と円が接する問題では，2つの円の中心どうしを結び，**中心間の距離**に着目します！
中心間の距離を「2点間の距離公式」と「半径の和（差）」の2通りで表します！

> 座標平面上に，中心がそれぞれ点 $(0, 1)$，点 $(2, 1)$ で，同じ半径 1 をもつ 2 つの円 C_1 と C_2 がある。
>
> (1) 2円 C_1，C_2 と x 軸に接するように円 C_3 をかく。このとき，円 C_3 の中心の座標を求めよ。
>
> (2) さらに，2円 C_1，C_3 と x 軸に接するように円 C_2 とは異なる円 C_4 をかく。このとき，円 C_4 の中心の座標を求めよ。
>
> （千葉大）

(1) 円 C_3 の半径を r とおくと，中心の座標は $(1, r)$ とおける。 ◀

> 図の対称性から C_3 の中心の x 座標は1と分かります！

　　2円 C_1，C_3 の中心間の距離について

$$1^2+(1-r)^2=(1+r)^2$$ ◀

> $\sqrt{1^2+(1-r)^2} = 1+r$
> 　2点間の　　半径の和
> 　距離公式
> 両辺ともに正より，2乗します！

$$\therefore \quad r=\frac{1}{4}$$

　　よって，C_3 の中心の座標は

> x 軸と円 C_4 が接しているので，円 C_4 の半径は，図より円 C_4 の中心の y 座標と一致しますね！

$$\left(1, \ \frac{1}{4}\right)$$

(2) C_4 の中心の座標を (x, y) とおくと，半径は y となる。 ◀

　　2円 C_1，C_4 の中心間の距離について

$$x^2+(1-y)^2=(1+y)^2$$ ◀

> 2点間の距離公式＝半径の和
> 両辺ともに正より，2乗します！

$$\therefore \quad x^2=4y \quad \cdots\cdots①$$

　　2円 C_3，C_4 の中心間の距離について

$$(1-x)^2+\left(\frac{1}{4}-y\right)^2=\left(\frac{1}{4}+y\right)^2$$ ◀

$$\therefore \quad (1-x)^2=y \quad \cdots\cdots②$$

①，②より，y を消去して　$x^2=4(1-x)^2$

$$3x^2-8x+4=0$$

$$(x-2)(3x-2)=0$$

$0<x<1$ より　$x=\dfrac{2}{3}$

これを①に代入して　$y=\dfrac{1}{9}$

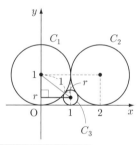

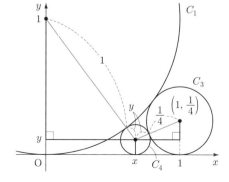

よって，C_4 の中心の座標は　$\left(\dfrac{2}{3},\ \dfrac{1}{9}\right)$

これだけは！ 22

解答　円 C_1，C_2 の中心をそれぞれ A，B とし，円 C_1 と x 軸との接点を P，円 C_2 と y 軸との接点を Q，円 C_1，C_2 と l との接点を R とする。

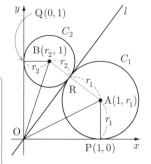

円の外部の点から接線を 2 本引くと，接線の長さは等しいので，OP＝OR＝OQ＝1 となるから，A$(1,\ r_1)$，B$(r_2,\ 1)$ と表せる。

2 円 C_1，C_2 の中心間の距離 AB について

$$(1-r_2)^2+(1-r_1)^2=(r_1+r_2)^2$$

$$r_1r_2+r_1+r_2-1=0$$

$$\therefore\ r_2=\dfrac{1-r_1}{1+r_1}=\dfrac{2}{1+r_1}-1\ \ \cdots\cdots①$$

接線の長さ

$\sqrt{(1-r_2)^2+(1-r_1)^2}=\ r_1+r_2$
2 点間の距離公式　　半径の和
両辺ともに正より，2 乗します！

このとき　$8r_1+9r_2=8r_1+\dfrac{18}{1+r_1}-9$

$$=8(1+r_1)+\dfrac{18}{1+r_1}-17$$

この変形がポイント！

この形を見たら，相加平均と相乗平均の不等式ですね！

$1+r_1>0,\ \dfrac{18}{1+r_1}>0$ であるから，相加平均と相乗平均の不等式により

$$8r_1+9r_2=\underbrace{8(1+r_1)+\dfrac{18}{1+r_1}}-17\geqq\underbrace{2\sqrt{8(1+r_1)\cdot\dfrac{18}{1+r_1}}}-17=7$$

等号成立条件は，$8(1+r_1)=\dfrac{18}{1+r_1}$ すなわち $(1+r_1)^2=\dfrac{9}{4}$　　$1+r_1>0$ に注意して，

$1+r_1=\dfrac{3}{2}$ すなわち $r_1=\dfrac{1}{2}$ のときである。

等号成立条件のチェックを忘れずに！

このとき，①より，$r_2=\dfrac{1}{3}$ である。

よって，$8r_1+9r_2$ は，$r_1=\dfrac{1}{2}$，$r_2=\dfrac{1}{3}$ のとき**最小値 7** をとる。

このとき，A$\left(1,\ \dfrac{1}{2}\right)$，B$\left(\dfrac{1}{3},\ 1\right)$

また，R は線分 AB を $r_1:r_2=3:2$ に内分するから

$$R\left(\dfrac{2\cdot1+3\cdot\dfrac{1}{3}}{3+2},\ \dfrac{2\cdot\dfrac{1}{2}+3\cdot1}{3+2}\right)\quad\therefore\ R\left(\dfrac{3}{5},\ \dfrac{4}{5}\right)$$

したがって，**直線 l の方程式**は　$y=\dfrac{4}{3}x$

類題に挑戦！ 22

解答 (1) A(1, 0)，P(a, b) とする。

円 C_3 が円 C_1 に内接するから $0 < t < 2$ ……①

2 円 C_1，C_3 の中心間の距離 OP について

$$a^2 + b^2 = (2-t)^2 \quad (\because \ 2-t > 0) \quad \text{……②}$$

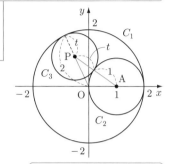

円 C_3 が円 C_2 に外接するから，2 円 C_2，C_3 の中心間の距離 AP について

$$(a-1)^2 + b^2 = (1+t)^2 \quad \text{……③}$$

②，③より，b を消去して $2a - 1 = -6t + 3$

$\therefore$ $\underline{a = -3t + 2}$

これを②に代入すると $(-3t+2)^2 + b^2 = (2-t)^2$

$\therefore$ $b^2 = -8t^2 + 8t$ ……④

これを満たす正の実数 b が存在する条件は

$$-8t^2 + 8t > 0 \quad \text{すなわち} \quad -8t(t-1) > 0 \text{ より}$$

$\therefore$ $0 < t < 1$ ……⑤

t がとりうる値の範囲は，①と⑤より $\underline{0 < t < 1}$

④より $\underline{b = \sqrt{-8t^2 + 8t}}$

(2) $b = \sqrt{-8t^2 + 8t} = \sqrt{-8\left(t - \dfrac{1}{2}\right)^2 + 2} \quad (0 < t < 1)$

よって，b は $t = \dfrac{1}{2}$ のとき最大値 $\sqrt{2}$ をとる。

右上の囲み：
$\sqrt{a^2 + b^2} = 2 - t$
2 点間の距離公式　半径の差
①より，両辺ともに正より，2 乗します！

$\sqrt{(a-1)^2 + b^2} = 1 + t$
2 点間の距離公式　半径の和
①より，両辺ともに正より，2 乗します！

$b^2 \leqq 0$ になると，正の実数 b
が存在しないことになります！

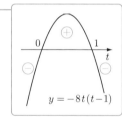

$y = -8t(t-1)$

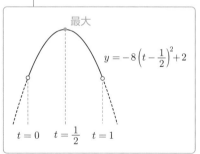

最大

$y = -8\left(t - \dfrac{1}{2}\right)^2 + 2$

$t = 0 \quad t = \dfrac{1}{2} \quad t = 1$

テーマ **23** | 線形計画法の基本！

重要ポイント **総整理！**

線形計画法の仕組み

> 座標平面上で連立不等式 $x \geqq 0$, $y \geqq 0$, $y \leqq 6-2x$, $x \leqq 6-2y$ の表す領域を D とする。
>
> (1) 領域 D を図示せよ。
>
> (2) 領域 D の点 (x, y) に対して，$x+y$ の最大値を求めよ。

(1) 領域 D は図の斜線部分である。ただし，**境界線を含む**。 ◀── 境界情報の記述を忘れずに！

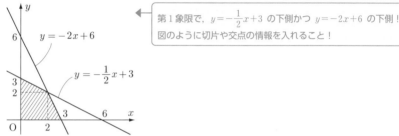

> 第 1 象限で，$y=-\dfrac{1}{2}x+3$ の下側かつ $y=-2x+6$ の下側！
> 図のように切片や交点の情報を入れること！

(2) $x+y=k$ とおく。

$$y=-x+k \quad \cdots\cdots ①$$

これは傾きが -1，y 切片が k の直線を表す。

直線①が領域 D と共有点をもつときの y 切片 k の最大値が求めるものである。

直線①が点 $(2, 2)$ を通るとき，y 切片 k が最大となる。

よって，$x+y$ は $\underline{x=2, \ y=2}$ のとき最大値 4 をとる。

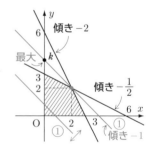

ちょっと！ **一言**

〈線形計画法の仕組み　〜なぜ k とおくのか？〜〉

上のような解法を線形計画法といいます。

上の問題で，$x+y=0$ になるのか？　について考えると，この直線と領域は共有点をもつので，$x+y$ は $x=0$, $y=0$ のとき 0 の値をとります。

$x+y=-1$ になるのか？　について考えると，この直線と領域は共有点をもたないので，$x+y$ は -1 の値をとりません。

$x+y$ が k という値をとれるかどうかについては，$x+y=k$ すなわち $y=-x+k$ の直線と領域とで共有点をもてば，$x+y$ は k という値をとります。ですので，直線と領域

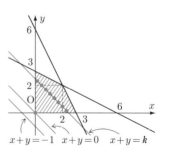

とで共有点をもつ中で，y 切片 k のとりうる値の範囲を図から読みとることで，$x+y$ のとりうる値の範囲を求めることができるのです！

参考 ....

前ページの問題の続きです。

▌(3) 領域 D の点 $(x,\ y)$ に対して，$3x+y$ の最大値を求めよ。

$3x+y=k$ とおく。

$\qquad y=-3x+k$ ……②

これは**傾きが -3，y 切片が k の直線**を表す。

直線②が領域 D と共有点をもつときの y 切片 k の最大値が求めるものである。

直線②が点 $(3,\ 0)$ を通るとき，y 切片 k が最大となる。

よって，$3x+y$ は $\underline{x=3,\ y=0\ \text{のとき最大値}\ 9}$ をとる。

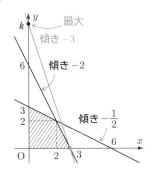

それでは，次の問題はどうでしょう？

▌(4) 領域 D の点 $(x,\ y)$ に対して，$\dfrac{1}{3}x+y$ の最大値を求めよ。

$\dfrac{1}{3}x+y=k$ とおく。

$\qquad y=-\dfrac{1}{3}x+k$ ……③

これは**傾きが $-\dfrac{1}{3}$，y 切片が k の直線**を表す。

直線③が領域 D と共有点をもつときの y 切片 k の最大値が求めるものである。

直線③が点 $(0,\ 3)$ を通るとき，y 切片 k が最大となる。

よって，$\dfrac{1}{3}x+y$ は $\underline{x=0,\ y=3\ \text{のとき最大値}\ 3}$ をとる。

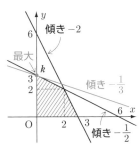

　このように，**傾きによって，y 切片 k の最大値をとる場所が変わります**ので，**必ず傾さをチェックして，正確な図をかいて考える**ようにしましょう！

これだけは! 23

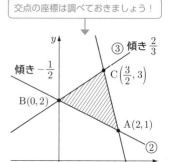

交点の座標は調べておきましょう!

解答 $4x+y=9$ ……①

$x+2y-4$ ……②

$2x-3y=-6$ ……③　とおく。

よって，(x, y) の存在範囲は図の斜線部分である。ただし，境界線を含む。

(i) $2x+y$ の最大値，最小値について

$2x+y=k$ とおくと

$y=-2x+k$ ……④

これは**傾きが -2，y 切片が k の直線**を表す。

直線④が領域と共有点をもつときの y 切片 k の最大値と最小値を求めればよい。

直線④が点 $C\left(\dfrac{3}{2}, 3\right)$ を通るとき，y 切片 k は最大とな

る。最大値は　$2 \times \dfrac{3}{2} + 3 = 6$

また，**直線④が点 $B(0, 2)$ を通るとき，y 切片 k は最小**となる。最小値は　2

よって，<u>$2x+y$ は $x=\dfrac{3}{2}$，$y=3$ のとき最大値 6，</u>

<u>$x=0$，$y=2$ のとき最小値 2 をとる。</u>

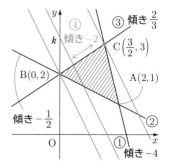

(ii) x^2+y^2 の最大値，最小値について

$x^2+y^2=r^2$ ……⑤　とおくと，これは，**原点を中心とする半径 r の円**を表す。

円⑤が領域と共有点をもつときの r^2 の最大値と最小値を求めればよい。

円⑤が点 $C\left(\dfrac{3}{2}, 3\right)$ を通るとき，

半径 r が最大となる。r^2 の最大値は

半径 r が最大のとき，r^2 も最大!

$r^2 = \dfrac{9}{4} + 9 = \dfrac{45}{4}$

⑤に $x=\dfrac{3}{2}$，$y=3$ を代入!

また，半径 r が最小となるのは**円⑤が線分 AB（直線②）に接するとき**であるから，接点を H とすると，r^2 の最小値は

後に，接点 H の座標を求める際，H が線分 AB 上に存在しているかを必ず確認してくださいね!

$r^2 = OH^2 = \left(\dfrac{|0+0-4|}{\sqrt{1^2+2^2}}\right)^2 = \dfrac{16}{5}$

OH は原点と直線②：$x+2y-4=0$ の距離です!

このときの**接点 H の座標は，②と，原点を通り②に垂直な直線 $OH : y=2x$ との交点で**

垂直条件より，（②の傾き）・（OH の傾き）$=-1$

（②の傾き）$=-\dfrac{1}{2}$ より，（OH の傾き）$=2$

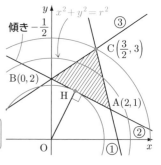

あるから　$H\left(\dfrac{4}{5},\ \dfrac{8}{5}\right)$　← これより，H は線分 AB 上にありますから，ここで最小値をとりますね！

よって，$\underline{x^2+y^2\ は}$

$x=\dfrac{3}{2}$，$y=3$ のとき最大値 $\dfrac{45}{4}$，　$x=\dfrac{4}{5}$，$y=\dfrac{8}{5}$ のとき最小値 $\dfrac{16}{5}$ をとる。

類題に挑戦！ 23

解答　(1)　連立不等式の表す領域は図の斜線部分である。

ただし，**境界線を含む。**

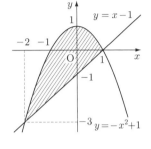

(2)　2 つの放物線 $y=x^2-2x+k$，$y=-x^2+1$ が共有点をも

つので，2 式を連立して

$$x^2-2x+k=-x^2+1$$

$$2x^2-2x+(k-1)=0 \quad \cdots\cdots①$$

①の判別式 D について　$\dfrac{D}{4}\geqq0$

$$(-1)^2-2(k-1)\geqq0 \qquad 3-2k\geqq0 \qquad \therefore\ \underline{k\leqq\dfrac{3}{2}}$$

(3)　$y-x^2+2x=k$ とおくと

$$y=(x-1)^2+k-1 \quad \cdots\cdots②$$

これは**下に凸で頂点が $(1,\ k-1)$** の放物線を表す。　← 放物線を動かします！

頂点 $(1,\ k-1)$ は直線 $x=1$ 上を動く。

放物線②が領域と共有点をもつときの k の最大値と

最小値を求めればよい。

k の値が最大となるのは，放物線②の頂点の y 座標

$k-1$ も最大になるときであり，図と(2)より　$k=\dfrac{3}{2}$

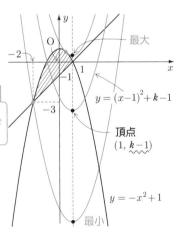

このとき，①より　$4x^2-4x+1=0$

放物線②と $y=-x^2+1$ が接するとき！

$$(2x-1)^2=0 \qquad \therefore\ x=\dfrac{1}{2}$$

よって，**接点の座標は** $\left(\dfrac{1}{2},\ \dfrac{3}{4}\right)$

また，k の値が最小となるのは，放物線②の頂点

の y 座標 $k-1$ も最小になるときで，放物線②が

点 $(-2,\ -3)$ を通るときである。

このとき　$k=-3-(-2)^2+2\cdot(-2)=-11$

よって，$y-x^2+2x$ は $x=\dfrac{1}{2}$，$y=\dfrac{3}{4}$ のとき最大値 $\dfrac{3}{2}$，

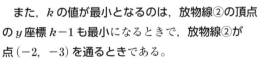

$x=-2$，$y=-3$ のとき最小値 -11 をとる。

テーマ **24** | 同値変形で紐解く軌跡問題！

重要ポイント 総整理！

同値変形で紐解く軌跡問題

▌ 2点 A(1, −2)，B(6, 8) から等しい距離にある点Pの軌跡を求めよ。

〈**幾何的アプローチ**〉 AP＝BP より，P は線分 AB の垂直二等分線をえがく。

直線 AB の傾きは 2

線分 AB の中点 M は，M$\left(\dfrac{7}{2},\ 3\right)$

よって，線分 AB の垂直二等分線の方程式は

$$y-3=-\frac{1}{2}\left(x-\frac{7}{2}\right) \qquad \therefore \quad 2x+4y=19$$

したがって，P の軌跡は **直線 $2x+4y=19$** ◀ 軌跡では図形の名称をかきます！

〈**解析的アプローチ**〉 P$(x,\ y)$ とおくと

$\qquad$ AP＝BP

$\Longleftrightarrow$ AP²＝BP²，AP≧0，BP≧0 $\longrightarrow$

$\Longleftrightarrow$ $(x-1)^2+(y+2)^2=(x-6)^2+(y-8)^2$ ◀

$\Longleftrightarrow$ $-2x+4y+5=-12x-16y+100$

$\Longleftrightarrow$ $2x+4y=19$

(実数)²≧0 より，
$(x-1)^2+(y+2)^2≧0$
$(x-6)^2+(y-8)^2≧0$ が常に成り立っています！
ですので，この2式は省略できます！

よって，P の軌跡は **直線 $2x+4y=19$** ◀ 軌跡では図形の名称をかきます！

数学者ピエール・ド・フェルマーは，点Pの軌跡を求める際，P$(x,\ y)$ とおき，与えられた条件を同値変形で紐解き，$x,\ y$ の関係式を導くことで，軌跡の方程式を求めることに成功しました。上の問題では，**幾何的アプローチ**でも解けますが，これはどんな問題でも通用するものではありません。まずは，P$(x,\ y)$ とおき，与えられた条件を繰り返し同値変形していく解き方を押さえることが大切です！

これだけは！ 24

解答 (1) 中心 $(t,\ 0)$ で半径 t の円であるから

$\qquad$ **$(x-t)^2+y^2=t^2$** ……①

(2) $y=ax+1$ ……② を①に代入して

$\qquad$ $(a^2+1)x^2+2(a-t)x+1=0$ ……③

方程式③が重解をもつので③の判別式において $\dfrac{D}{4}=0$

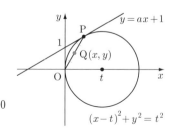

$$(a-t)^2-(a^2+1)=0$$

$$t^2-2at-1=0 \qquad \therefore \quad \boldsymbol{a=\dfrac{t^2-1}{2t}} \quad \cdots\cdots ④$$

このとき，方程式③の重解は $\quad x=-\dfrac{a-t}{a^2+1} \quad \cdots\cdots ⑤$

④を⑤に代入すると，

$$x=-\frac{\dfrac{t^2-1}{2t}-t}{\left(\dfrac{t^2-1}{2t}\right)^2+1}$$

$$=-\frac{2t(t^2-1)-4t^3}{(t^2-1)^2+4t^2}$$

$$=-\frac{-2t(t^2+1)}{(t^2+1)^2}=\frac{2t}{t^2+1} \quad \cdots\cdots ⑥$$

> ③で，$a^2+1>0$ より，
> $$x^2+\frac{2(a-t)}{a^2+1}x+\frac{1}{a^2+1}=0$$
> この方程式は重解をもつので，
> $(x+●)^2=0$ と変形できます！
> 今回の場合は，$\left(x+\dfrac{a-t}{a^2+1}\right)^2=0$
> と変形でき，重解は $\quad x=-\dfrac{a-t}{a^2+1}$

④と⑥を②に代入すると $\quad y=\dfrac{t^2-1}{2t}\cdot\dfrac{2t}{t^2+1}+1=\dfrac{2t^2}{t^2+1}$

よって $\quad \underline{\mathbf{P}\left(\dfrac{2t}{t^2+1},\ \dfrac{2t^2}{t^2+1}\right)}$

> 3 つの式を満たす実数 t が存在すれば，最初の 2 式より実数 x，y も存在し，点 $Q(x, y)$ が存在します！ これらの式を同値変形で紐解くことで Q の軌跡が求まります！

(3) $\mathbf{Q}(x,\ y)$ とおくと

$$x=\frac{t}{t^2+1},\ y=\frac{t^2}{t^2+1},\ t>0 \ を満たす実数 \ t \ が存在すれば \ Q(x, y) \ が存在する。$$

$\Longleftrightarrow x=\dfrac{t}{t^2+1},\ y=tx,\ t>0$ を満たす実数 t が存在すればよい。

$\Longleftrightarrow x=\dfrac{t}{t^2+1},\ t=\dfrac{y}{x},\ x>0$ を満たす実数 t が存在すればよい。

$(\because\ t>0\ より，\ x>0)$

> $t=\dfrac{y}{x}$ の分母 x が 0 とならないことの理由を記述！

$\Longleftrightarrow x=\dfrac{\dfrac{y}{x}}{\left(\dfrac{y}{x}\right)^2+1},\ t=\dfrac{y}{x},\ x>0$ を満たす実数 t が存在

すればよい。

> ＼ちょっと！ 一言 参照！

$\Longleftrightarrow x^2+y^2=y,\ x>0$ が成立すればよい。

よって，求める軌跡は

> 軌跡では図形の名称をかきます！

$\underline{円 \quad x^2+\left(y-\dfrac{1}{2}\right)^2=\dfrac{1}{4}\ (x>0)}$

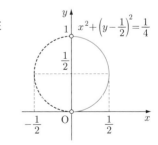

＼ちょっと！ 一言

　(3)では t が入っている式を 1 つのみにすることができましたね！ もはや，$t=\dfrac{y}{x}$ の式

は，実数 x，y が存在すれば，実数 t も存在するという意味でしか他なりません！ ですか

ら，残りの 2 式が成立し，実数 x，y が存在すればよいと言い換えられます！

軌跡の理論は，とても難しく感じていると思いますが，繰り返し同値変形していくことで軌跡が求まるということを必ず押さえておいて下さい！

類題に挑戦！ 24

解答 $y=(x+2)^2=x^2+4x+4$ より，$y'=2(x+2)$ であるから，$\mathrm{P}(a,\,(a+2)^2)$ における放物線①の接線の方程式は

> 接線問題では接点をおくことからスタートします！

$$y=2(a+2)(x-a)+(a+2)^2 \quad \cdots\cdots③$$

接線③が放物線②と異なる2点 Q，R で交わるから，②と③を連立して

> 点 $(a,\,f(a))$ における接線の方程式は，
> $y-f(a)=f'(a)(x-a)$

$$-x^2+1=2(a+2)(x-a)+(a+2)^2$$
$$x^2+2(a+2)x-a^2+3=0 \quad \cdots\cdots④$$

この判別式 D について

$$\frac{D}{4}>0$$
$$(a+2)^2-(-a^2+3)>0$$
$$2a^2+4a+1>0$$
$$\therefore\ a<-1-\frac{\sqrt{2}}{2},\quad -1+\frac{\sqrt{2}}{2}<a \quad \cdots\cdots⑤$$

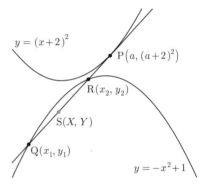

$\mathrm{Q}(x_1,\,y_1)$，$\mathrm{R}(x_2,\,y_2)$ **とすると，x 座標 x_1，x_2 は，方程式④の異なる2つの実数解であり，解と係数の関係から**

$$x_1+x_2=-2(a+2)$$

> Q，R も座標を設定しておくことがポイント！
> $ax^2+bx+c=0\ (a\neq0)$ の解を α，β とするとき，
> $\alpha+\beta=-\dfrac{b}{a}$，$\alpha\beta=\dfrac{c}{a}$

線分 QR の中点を S$(X,\,Y)$ とおくと

$$X=\frac{x_1+x_2}{2}=-a-2 \quad \cdots\cdots⑥$$
$$Y=2(a+2)(X-a)+(a+2)^2 \quad \cdots\cdots⑦$$

> 点 S$(X,\,Y)$ は接線③上にあります！ $x=X,\,y=Y$ を代入！

> 同値変形を意識します！

⑤，⑥，⑦より

$$X=-a-2,\ Y=2(a+2)(X-a)+(a+2)^2,\ a<-1-\frac{\sqrt{2}}{2},\ -1+\frac{\sqrt{2}}{2}<a$$

を満たす実数 a が存在すれば，S$(X,\,Y)$ が存在する。

$$\Longleftrightarrow a=-X-2,\ Y=2(a+2)(X-a)+(a+2)^2,\ a<-1-\frac{\sqrt{2}}{2},\ -1+\frac{\sqrt{2}}{2}<a$$

を満たす実数 a が存在すればよい。

> a を消去します！

$$\Longleftrightarrow Y=-3X^2-4X,\ X<-1-\frac{\sqrt{2}}{2},\ -1+\frac{\sqrt{2}}{2}<X$$

が成立すればよい。

よって，点Sの軌跡は，

放物線 $y=-3x^2-4x$ $\left(x<-1-\dfrac{\sqrt{2}}{2},\ -1+\dfrac{\sqrt{2}}{2}<x\right)$ ◀

> 軌跡では図形の名称をかさねます！

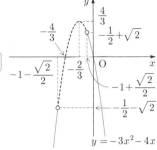

$$y=-3x^2-4x$$

参考 ....

　見込み角が一定から軌跡の方程式が円になる軌跡の問題に挑戦しましょう！

　このタイプの問題の場合は，同値変形で攻めるより，**幾何的アプローチ**で解いた方が計算量が半減します。とくに，∠OMA＝90°を保ちながら M だけが動く場合は，**M は線分 OA を直径とする円周上**を動きます！

> M は O，A にくることはありません！

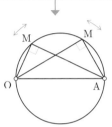

　点 (5, 0) を通り，傾きが a の直線が円 $x^2+y^2=9$ と異なる 2 点 P，Q で交わるとき，次の問いに答えよ。

(1) a の値の範囲を求めよ。

(2) P と Q の中点を M とする。a を動かすとき，点 M の軌跡を求めよ。　　（群馬大）

(1) 円 $x^2+y^2=9$ と傾き a で点 (5, 0) を通る直線が接するとき，相似な直角三角形の辺の長さの比に着目して

$$a=\pm\frac{3}{4}$$

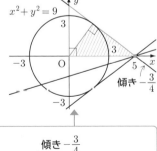

　円と直線が異なる 2 点で交わるのは，図より

$$-\frac{3}{4}<a<\frac{3}{4}$$

> 相似な直角三角形が 3 つあります！

別解 傾き a で点 $(5, 0)$ を通る直線の方程式は

$$y=a(x-5) \qquad \therefore \quad ax-y-5a=0$$

円 $x^2+y^2=9$ とこの直線が異なる 2 点で交わるのは

$$\frac{|0-0-5a|}{\sqrt{a^2+1}}<3 \qquad \longleftarrow \boxed{\text{円の中心 }(0, 0)\text{ と直線の距離}<\text{半径 }3}$$

$$|5a|<3\sqrt{a^2+1}$$

両辺を 2 乗して $\longleftarrow$ $\boxed{\text{両辺はともに }0\text{ 以上であるから, }2\text{ 乗します!}}$

$$25a^2<9(a^2+1)$$

$$a^2-\frac{9}{16}<0$$

$$\left(a+\frac{3}{4}\right)\left(a-\frac{3}{4}\right)<0$$

$$\therefore \quad \underline{-\frac{3}{4}<a<\frac{3}{4}}$$

(2) $A(5, 0)$ とおくと, 直線の傾き $a\neq0$ のとき,

$\angle OMA=90°$ を満たしながら点 M は動く。 $\longleftarrow$

よって, **点 M は線分 OA を直径とする円のうち, 円**

$x^2+y^2=9$ ……① **の内部にある部分を動く。** ただし,

$a\neq0$ より, 原点は除く。 $\longleftarrow$ $\boxed{\text{見込み角一定ときたら, 円!}}$

$\boxed{\text{図から, }\angle OMA=90°\text{ を見破ります! }\triangle OPQ\text{ は二等辺三角形ですから, 中線の OM は垂線にもなっていますね! 二等辺三角形では, 中線と垂線, 頂角の二等分線などが一致しますね! テーマ }14\text{ で扱いました!}}$

線分 OA を直径とする円の方程式は, 中心が $\left(\dfrac{5}{2}, 0\right)$,

半径が $\dfrac{5}{2}$ であるから

$$\left(x-\frac{5}{2}\right)^2+y^2=\frac{25}{4} \quad ……②$$ $\longleftarrow$ $\boxed{\text{中心は OA の中点, 半径は直径 OA}=5\text{ の半分!}}$

また, 直線の傾き $a=0$ のとき点 M は原点 O と一致するから, 点 M は②の円上にある。

円①, ②の交点の x 座標は, y を消去して

$$\left(x-\frac{5}{2}\right)^2+9-x^2=\frac{25}{4}$$ $\longleftarrow$ $\boxed{2\text{ つの円が交わるとき, }2\text{ 円の交点を通る直線の方程式は, 円}-\text{円}=\text{直線 で求めることができます! この方針で考えてもよいですよね!}}$

$$-5x+9=0$$

$$\therefore \quad x=\frac{9}{5}$$

よって, 点 M の軌跡は,

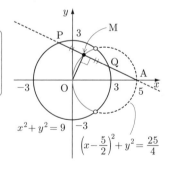

円 $\left(x-\dfrac{5}{2}\right)^2+y^2=\dfrac{25}{4} \quad \left(0\leqq x<\dfrac{9}{5}\right)$ $\longleftarrow$ $\boxed{\text{軌跡では図形の名称をかきます!}}$

テーマ **25** | **4タイプで攻略する球箱問題！**

重要ポイント 総整理！

球箱問題

　球を箱に入れる問題（**球箱問題**）では，球に $\begin{cases} \text{区別がある} \\ \text{区別がない} \end{cases}$，箱に $\begin{cases} \text{区別がある} \\ \text{区別がない} \end{cases}$ の4タイプ！

　以下，区別がある6個の球を①，②，③，④，⑤，⑥，区別がある3つの箱をA，B，Cとします。

タイプ1　区別がある6個の球を，区別がある3つの箱に入れる方法は

空の箱があってもよい場合　**ア**　通りあり，

空の箱があってはいけない場合　**イ**　通りある。

(ア)　**各々の球について，入れ方が3通りずつあるから**
$$3^6 = \text{ア}\,\underline{729}\,(通り)$$

(イ)　空箱ができるときをカウントしてから，全体の(ア)から
引いて求める。

(i)　**空箱が2箱のとき**
　　6個の球がどの箱にまとまって入るかで，3通り

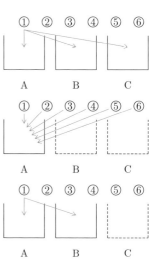

(ii)　**空箱が1箱のとき**
　　球が入る2つの箱の選び方が $_3C_2 = 3$（通り），続い
　　てその2つの箱に球を入れる方法が $2^6 - 2 = 62$（通り）

あるので ◀──── 6個の球が1つの箱に入る2通りは除外しないといけません！

$$3 \times 62 = 186\,(通り)$$

(i)，(ii)より，入れ方の総数は　$729 - 3 - 186 = \text{イ}\,\underline{540}\,(通り)$

タイプ2　区別がある6個の球を，区別がない3つの箱に入れる方法は

空の箱があってもよい場合　**ウ**　通りあり，

空の箱があってはいけない場合　**エ**　通りある。

ポイントは，**タイプ1** の結果を利用し，重複した数でわることです！

(ウ) $\boxed{タイプ1}$ では，空箱が2箱のとき，3通りであるが，

箱の区別をなくすと，3通りの重複が起こり　1通り

$\boxed{タイプ1}$ では，空箱が1箱できるとき　186通り

箱の区別をなくすと，3!通りの重複が起こり

$186 \div 3! = 31$（通り）

$\boxed{タイプ1}$ では，空箱が0箱できるとき　540通り

箱の区別をなくすと，3!通りの重複が起こり

$540 \div 3! = 90$（通り）

以上より，入れ方の総数は　$^{ウ}\underline{122}$（通り）

(エ) (ウ)より，入れ方の総数は　$^{エ}\underline{90}$ 通り

$\boxed{タイプ3}$ 　区別がない6個の球を，区別がある3つの箱に入れる方法は

空の箱があってもよい場合　$\boxed{オ}$ 通りあり，

空の箱があってはいけない場合　$\boxed{カ}$ 通りある。

(オ)　箱A，B，Cの入れ方は，6個の球に仕切りを2本加え

た計8個の並べ方の総数に1:1に対応するから

$_8C_2 = {}^{オ}\underline{28}$（通り）

A　B　C

8ヶ所のうち，2ヶ所仕切りの場所を選びます！

A　B　C

(カ)　まず箱A，B，Cに1個ずつ入れてお

いて，残り3個の球に仕切りを2本加え

た計5個の並べ方の総数に1:1に対応

するから　$_5C_2 = {}^{カ}\underline{10}$（通り）

先に1個ずつ入れ，残り3個を分けます！

A　B　C

追加の取り分

A　B　C

5ヶ所のうち，2ヶ所仕切りの場所を選びます！

$\boxed{タイプ4}$ 　区別がない6個の球を，区別がない3つの箱に入れる方法は

空の箱があってもよい場合　$\boxed{キ}$ 通りあり，

空の箱があってはいけない場合　$\boxed{ク}$ 通りある。

(キ)　小さい方から順に書き出すと

球に区別がない，箱に区別がないタイプは書き出した方が速いです！

$(0, 0, 6)$, $(0, 1, 5)$, $(0, 2, 4)$, $(0, 3, 3)$,

$(1, 1, 4)$, $(1, 2, 3)$,

$(2, 2, 2)$　　　　　　$^{キ}\underline{7}$ 通り

(ク)　(キ)より　(1, 1, 4), (1, 2, 3), (2, 2, 2)　ク **3 通り**

| タイプ4 | から | タイプ3 | を求めることができますよ！

(キ)→(オ)　(キ)の 7 通りについて，箱に A，B，C と区別をつけると，

　　　　　(キ)の (0, 1, 5), (0, 2, 4), (1, 2, 3) については，(オ)ではそれぞれ 3! 通りに対応し，

　　　　　(キ)の (0, 0, 6), (0, 3, 3), (1, 1, 4) については，(オ)ではそれぞれ 3 通りに対応し，

　　　　　(キ)の (2, 2, 2) については，(オ)でも 1 通りに対応する。

　　　　　以上より　3·3!＋3·3＋1·1＝28 (通り)

(ク)→(カ)　(ク)の (1, 2, 3) については，(カ)では 3! 通りに対応し，

　　　　　(ク)の (1, 1, 4) については，(カ)では 3 通りに対応し，

　　　　　(ク)の (2, 2, 2) については，(カ)でも 1 通りに対応する。

　　　　　以上より　1·3!＋1·3＋1·1＝10 (通り)

| これだけは！ | **25**

解 答　(1)　10 個の球を 3 つの組に分け，**小さい方から順に書き出すと**　←

　　　　　(1, 1, 8), (1, 2, 7), (1, 3, 6), (1, 4, 5),

　　　　　(2, 2, 6), (2, 3, 5), (2, 4, 4),

　　　　　(3, 3, 4)

> 球に区別がない，箱に区別がないタイプは書き出した方が速いです！

　　　以上より，求める球の入れ方は　**8 通り**

(2)　3 個の箱を A，B，C と区別する。

　　　求める球の入れ方は，A，B，C の箱に 1 個ずつ入れておいて，残り 7 個の球に仕切りを 2 本加えた計 9 個の並べ方の総数に 1：1 に対応するから

> 先に 1 個ずつ入れ，残り 7 個を分けます！

　　　$_9C_2＝$**36 (通り)**

追加の取り分

A　　B　　C

> 9 ヶ所のうち，2 ヶ所仕切りの場所を選びます！

(3)　A (球 4 個)，B (球 4 個)，C (球 2 個)の組に分ける

　　　分け方は　←

> 先に，3 個の箱を区別してから，後で箱の区別をなくして考えます！

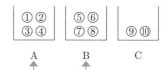

　　　　　$_{10}C_4×_6C_4$ (通り)

　　　A，B の箱の区別をなくすと，2! 通りの重複が起こる

　　　から，求める球の入れ方は

　　　　　$(_{10}C_4×_6C_4)÷2!＝$**1575 (通り)**

> 球の個数は同じなので，箱の区別をなくすと，2! 通りの重複が起きます！　例えば
> A　①②③④　B　⑤⑥⑦⑧
> A　⑤⑥⑦⑧　B　①②③④
> は箱の区別をなくすと，同じ分け方になります！

(4) 区別のつかない2個の箱をまず A，B と区別する。また，残りのもう1個の箱をCとする。

(i) Cの箱に球を2個入れる場合

A（球4個），B（球4個），C（球2個）に分けてから，A，Bの箱の区別をなくせばよく，この入れ方は，(3)より　1575通り

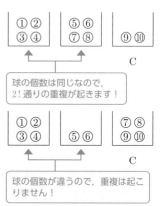

(ii) Cの箱に球を4個入れる場合

Cの箱に入れる4個の球の選び方は，$_{10}C_4$ 通りであり，残りの6個の球を4個と2個に分ける分け方は，$_6C_2$ 通りである。

よって，この入れ方は　$_{10}C_4 \times _6C_2 = 3150$（通り）

以上より，求める球の入れ方は

$$1575 + 3150 = \underline{4725（通り）}$$

参考 ··

(2)については，

$x + y + z = 10$，$x \geqq 1$，$y \geqq 1$，$z \geqq 1$ を満たす整数の組 (x, y, z) は全部で何組あるか。

と対応しています。この問題の形で出題されることもあるので，慣れておきましょう！

類題に挑戦！ 25

解答 (1) 10個の赤球を4つの組に分け，**小さい方から順に書き出すと**◀

$(0, 0, 0, 10)$，$(0, 0, 1, 9)$，$(0, 0, 2, 8)$，$(0, 0, 3, 7)$，$(0, 0, 4, 6)$，

$(0, 0, 5, 5)$，$(0, 1, 1, 8)$，$(0, 1, 2, 7)$，$(0, 1, 3, 6)$，$(0, 1, 4, 5)$，

$(0, 2, 2, 6)$，$(0, 2, 3, 5)$，$(0, 2, 4, 4)$，$(0, 3, 3, 4)$，

$(1, 1, 1, 7)$，$(1, 1, 2, 6)$，$(1, 1, 3, 5)$，$(1, 1, 4, 4)$，

$(1, 2, 2, 5)$，$(1, 2, 3, 4)$，$(1, 3, 3, 3)$，

$(2, 2, 2, 4)$，$(2, 2, 3, 3)$

> 球に区別がない，箱に区別がないタイプは書き出した方が速いです！

以上より　**23通り**

(2) 箱 A, B, C, D の入れ方は，10個の赤球に仕切りを3本加えた計13個の並べ方の総数に1:1に対応するから

$$_{13}C_3 = \underline{286（通り）}$$

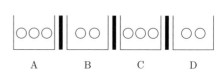

> 13ヶ所のうち，3ヶ所仕切りの場所を選びます！

(3) 赤球 6 個の箱 A, B, C, D の入れ方は, 6
   個の赤球に仕切りを 3 本加えた計 9 個の並べ
   方の総数に 1：1 に対応するから

   $$_9C_3 = 84 \text{（通り）}$$

   白球 4 個の箱 A, B, C, D の入れ方は, 4
   個の白球に仕切りを 3 本加えた計 7 個の並べ
   方の総数に 1：1 に対応するから

   $$_7C_3 = 35 \text{（通り）}$$

   よって，求める球の入れ方は　$84 \times 35 = \underline{\textbf{2940（通り）}}$

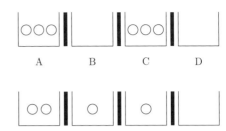

|参||考| ....

(2)については

　$x + y + z + w = 10,\ x \geqq 0,\ y \geqq 0,\ z \geqq 0,\ w \geqq 0$ を満たす整数の組 $(x,\ y,\ z,\ w)$ は全部
　で何組あるか。

と対応しています。この問題の形で出題されることもあるので，慣れておきましょう！

テーマ **26** | 余事象やベン図を利用して解く確率！

余事象やベン図を利用して解く確率

　事象 A の起こる確率を $P(A)$，事象 B の起こる確率を $P(B)$，A と B とが同時に起こる（積事象の）確率を $P(A \cap B)$ とします。ベン図から，これらの確率を用いて次の確率を表すことができます。和事象（A または B である）や積事象（A かつ B である）の確率の問題では，ベン図をかいて考えるようにしましょう！

(ⅰ)　**A が起こらない確率**

$P(\overline{A})$ を直接求めることが大変な場合は，$P(\overline{A})$ の余事象の確率 $P(A)$ を求めて，$P(\overline{A})=1-P(A)$ で求めます！

$$P(\overline{A})=1-P(A)$$

(ⅱ)　**A または B が起こる確率**

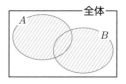

$$P(A \cup B)=P(A)+P(B)-P(A \cap B)$$

(ⅲ)　**A も B も起こらない確率**

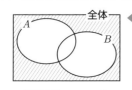

A が起こらない，かつ，B も起こらない確率です！

$$P(\overline{A \cup B})=1-P(A \cup B)$$
$$=1-\{P(A)+P(B)-P(A \cap B)\}$$

(ⅳ)　**A は起こるが，B は起こらない確率**

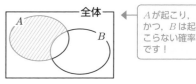

A が起こり，かつ，B は起こらない確率です！

$$P(A \cap \overline{B})=P(A)-P(A \cap B)$$

　　　1 から 6 までの目が等しい確率で出るさいころを 4 回投げる試行を考える。

(1)　出る目の最小値が 1 である確率を求めよ。

(2)　出る目の最小値が 1 で，かつ最大値が 6 である確率を求めよ。　　　　　　　（北海道大）

(1)　**出る目の最小値が 1 $\iff$ 少なくとも 1 回は 1 の目が出る** ← この言い換えがポイント！

　　これは 4 回とも 1 の目が出ない事象を A とすると，**この事象 A の余事象**であるから，求める確率 $P(\overline{A})$ は ←
「少なくとも……」ときたら，余事象！

$$P(\overline{A})=1-P(A)=1-\left(\frac{5}{6}\right)^4=1-\frac{625}{1296}=\frac{671}{1296}$$

(2)　4 回とも 6 の目が出ない事象を B とする。← 出る目の最大値が 6 である確率は $P(\overline{B})$ です！

　　「出る目の最小値が 1 で，かつ最大値が 6」である事象は $\overline{A} \cap \overline{B}$ であるから，求める確率 $P(\overline{A} \cap \overline{B})$ は

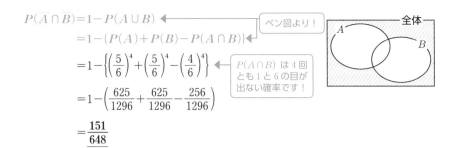

$$P(A \cap B) = 1 - P(A \cup B)$$
$$= 1 - \{P(A) + P(B) - P(A \cap B)\}$$
$$= 1 - \left\{ \left(\frac{5}{6}\right)^4 + \left(\frac{5}{6}\right)^4 - \left(\frac{4}{6}\right)^4 \right\}$$
$$= 1 - \left(\frac{625}{1296} + \frac{625}{1296} - \frac{256}{1296} \right)$$
$$= \frac{151}{648}$$

ベン図より！

$P(A \cap B)$ は 4 回とも 1 と 6 の目が出ない確率です！

これだけは！ 26

解答 (1) n 個のさいころをすべて区別して考える。

すべてのものを区別して考えるのは確率の基本的な考え方です！

少なくとも 1 個は 1 の目が出る確率は，n 個とも 1 の目が出ない事象の余事象の確率であるから，求める確率は $1 - \left(\frac{5}{6}\right)^n$

「少なくとも……」ときたら，余事象を考えます！

(2) 出る目の最小値が 2 になる事象を A，すべての目が 2 以上になる事象を B，すべての目が 3 以上になる事象を C とする。

求める確率 $P(A)$ は

$$P(A) = P(B) - P(C)$$
$$= \left(\frac{5}{6}\right)^n - \left(\frac{4}{6}\right)^n = \frac{5^n - 4^n}{6^n}$$

ベン図より！

A はまず，すべての目が 2 以上であり，その上で，2 の目が少なくとも 1 回出ることになります！

ちょっと！ 一言 で詳しく説明します！

(3) 出る目の最小値が 2 かつ最大値が 5 になる事象を D，すべての目が 2 以上 5 以下になる事象を E，すべての目が 2 以上 4 以下になる事象を F，すべての目が 3 以上 5 以下になる事象を G とする。

$F \cap G$ は，すべての目が 3 か 4 になる事象であるから，求める確率 $P(D)$ は

$$P(D) = P(E) - P(F) - P(G) + P(F \cap G)$$
$$= \left(\frac{4}{6}\right)^n - \left(\frac{3}{6}\right)^n - \left(\frac{3}{6}\right)^n + \left(\frac{2}{6}\right)^n$$
$$= \frac{4^n - 2 \cdot 3^n + 2^n}{6^n}$$

ベン図より！

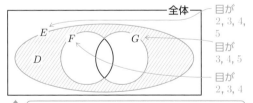

D はまず，すべての目が 2～5 であり，その上で，2 と 5 の目が少なくとも 1 回ずつ出ることになるから，上のベン図で考えることになります！

ちょっと／一言

　この問題を通して，「最小値が……」「最大値が……」「最小値が……，かつ，最大値が……」の問題は意外と難しいことが分かってもらえたと思います。「出る目の最小値が2になる確率」は，「すべての目が2以上になる確率」を単に求めればよいと思っている生徒が非常に多いです。この考え方は，間違いですよ。すべての目が2以上になる場合だと，たまたま運悪く1回も2が出ない，すなわち，すべての目が3以上となる場合も含んでいるので，注意が必要です。この場合は，出る目の最小値が2になりませんね。まずは，ベン図をかいて考えて，そのうえで，その求め方で確率が本当に求まるのか，余分なものが含まれないように，細心の注意を払いながら問題に取り組んでほしいと思います！

類題に挑戦！ 26

解答 (1)　9枚のカードから4枚のカードを同時に取り出す方法は全部で $_9C_4$ 通りあり，これらは同様に確からしい。

　　4つの番号の積 X が5の倍数になるのは，5のカードと，残り8枚のカードから3枚を取り出す場合であるから　$_8C_3$ 通り

　　よって，求める確率は　$\dfrac{_8C_3}{_9C_4}=\dfrac{56}{126}=\dfrac{4}{9}$

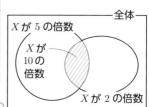

(1)の誘導を活かすために，ベン図の

の部分を調べます！

(2) **X が5の倍数になる場合のうち，X が10の倍数でないのは**，5のカードと，1，3，7，9の4枚のカードから3枚を取り出す場合で　$_4C_3$ 通り

　　よって，ベン図より，求める確率は

$$\dfrac{_8C_3-_4C_3}{_9C_4}=\dfrac{56-4}{126}=\dfrac{52}{126}$$

$$=\dfrac{26}{63}$$

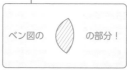

ベン図の　　の部分！

(3)　X が2の倍数である事象を A，X が3の倍数である事象を B とする。

　　　X が6の倍数 $\iff$ X が2の倍数かつ3の倍数（$A\cap B$）

　　であるから，求める確率 $P(A\cap B)$ は

$$P(A\cap B)=1-P(\overline{A}\cup\overline{B}) \quad \leftarrow \text{ベン図より！}$$
$$=1-\{P(\overline{A})+P(\overline{B})-P(\overline{A}\cap\overline{B})\}$$
$$=1-\left(\dfrac{_5C_4}{_9C_4}+\dfrac{_6C_4}{_9C_4}-0\right)$$
$$=1-\left(\dfrac{5}{126}+\dfrac{15}{126}\right)=\dfrac{53}{63}$$

$\overline{A}$ は X が2の倍数でない事象となりますが，カードは1，3，5，7，9の5枚から4枚取り出す場合で $_5C_4$ 通りです！ $\overline{B}$ も同様に考えて，カードは1，2，4，5，7，8の6枚から4枚取り出す場合で $_6C_4$ 通りです！

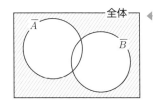

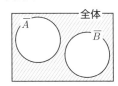

実際は左のベン図のようにはならず、下のようなベン図となります！

$\overline{A}\cap\overline{B}$ は X が 2 の倍数でない、かつ、3 の倍数でない事象となります。そうするとカードは、1, 5, 7 の 3 枚しか選べなくなり、4 枚に満たないので $P(\overline{A}\cap\overline{B})=0$ となります！

参考 ....

　　ジャンケンをして引き分けになる確率を求める問題でも、**余事象**を考えて解くのが非常に有効ですよ！　ジャンケンの勝つ確率の基本は、「**誰が**」「**何の手で**」勝つかです。

> 　複数の参加者がグー、チョキ、パーを出して勝敗を決めるジャンケンについて、以下の問いに答えよ。ただし、各参加者は、グー、チョキ、パーをそれぞれ $\dfrac{1}{3}$ の確率で出すものとする。
>
> (1)　4 人で一度だけジャンケンをするとき、1 人だけが勝つ確率、2 人が勝つ確率、3 人が勝つ確率、引き分けになる確率をそれぞれ求めよ。
>
> (2)　n 人で一度だけジャンケンをするとき、r 人が勝つ確率を n と r を用いて表せ。ただし、$n \geqq 2$, $1 \leqq r < n$ とする。
>
> (3)　$\displaystyle\sum_{r=1}^{n-1} {}_nC_r = 2^n - 2$ が成り立つことを示し、n 人で 1 度だけジャンケンをするとき、引き分けになる確率を n を用いて表せ。ただし、$n \geqq 2$ とする。　　　　　　　　（大阪府立大）

(1)　4 人で一度だけジャンケンをするとき、4 人の手の出し方は全部で 3^4 通りあり、これらは同様に確からしい。◀ 4 人それぞれに 3 通りの手の出し方があります！

　　勝者が決まるとき、**勝者の手の出し方**はグー、チョキ、パーのいずれかの 3 通りあり、残りの人はそれに対応する負けの手でチョキ、パー、グーと自動的に決まる。

よって、**1 人だけが勝つ確率**は　$\dfrac{\overset{\text{誰が}}{{}_4C_1}\cdot\overset{\text{何の手で}}{3}}{3^4}=\dfrac{4}{27}$

　　　　2 人が勝つ確率は　$\dfrac{\overset{\text{誰が}}{{}_4C_2}\cdot\overset{\text{何の手で}}{3}}{3^4}=\dfrac{2}{9}$

　　　　3 人が勝つ確率は　$\dfrac{\overset{\text{誰が}}{{}_4C_3}\cdot\overset{\text{何の手で}}{3}}{3^4}=\dfrac{4}{27}$

したがって、**引き分けになる確率**は、勝者が決まる事象の**余事象**の確率であるから

$1-\left(\dfrac{4}{27}+\dfrac{2}{9}+\dfrac{4}{27}\right)=\dfrac{13}{27}$ ◀ 引き分け（あいこ）の確率は余事象の確率の定石です！

(2)　(1)と同様にして、求める確率は　$\dfrac{\overset{\text{誰が}}{{}_nC_r}\cdot\overset{\text{何の手で}}{3}}{3^n}=\dfrac{{}_nC_r}{3^{n-1}}$

(3) 二項定理より，$n \geqq 2$ のとき

$$2^n = (1+1)^n$$
$$= {}_nC_0 \cdot 1^n + {}_nC_1 \cdot 1^{n-1} \cdot 1^1 + \cdots\cdots + {}_nC_{n-1} \cdot 1^1 \cdot 1^{n-1} + {}_nC_n \cdot 1^n$$
$$= 1 + \underline{{}_nC_1 + \cdots\cdots + {}_nC_{n-1}} + 1$$
$$= 2 + \underline{\sum_{r=1}^{n-1} {}_nC_r}$$

$$\therefore \quad \sum_{r=1}^{n-1} {}_nC_r = 2^n - 2 \quad \square$$

引き分けになる確率は，勝者が決まる事象の**余事象**の確率であるから，(2)より

$$1 - \sum_{r=1}^{n-1} \frac{{}_nC_r}{3^{n-1}} = 1 - \frac{\sum_{r=1}^{n-1} {}_nC_r}{3^{n-1}} = \underline{1 - \frac{2^n - 2}{3^{n-1}}}$$

別解 n 人が一度だけジャンケンをするとき，**引き分けになる**のは，n 人の手の出し方が同じ場合か，あるいは，n 人の手の出し方が 3 種類の場合である。すなわち，引き分けになるのは，**n 人の手の出し方がちょうど 2 種類の手を出す場合以外である**ことが分かる。 ← 鋭い発想です！

　n 人がちょうど 2 種類の手を出す確率は，まず，

　　2 種類の出す手の選び方は　${}_3C_2 = 3$（通り）であり，

　　その後，n 人がそのどちらの手を出すかで　$(2^n - 2)$ 通り

であるから，その確率は　$\dfrac{3(2^n - 2)}{3^n} = \dfrac{2^n - 2}{3^{n-1}}$　　全員同じ手になる場合の 2 通りを除いています！

　よって，求める確率は，その余事象の確率であるから　$\underline{1 - \dfrac{2^n - 2}{3^{n-1}}}$

| 反復試行の確率！

重要ポイント 総整理！

反復試行の確率

次の問題を通して，**反復試行の確率**の根幹を押さえましょう！

> 反復試行の確率とは，完全に同じ試行を何回か繰り返す場合の確率です！

> 表が出る確率が $\frac{1}{10}$，裏が出る確率が $\frac{9}{10}$ であるコインがある。このコインを 5 回投げて 3 回表が出る確率を求めよ。

「表が出る」場合を○で，「裏が出る」場合を×で表すことにします。コインを 5 回投げて 3 回表が出る場合を，表にまとめると次のようになります。

1回目	2回目	3回目	4回目	5回目	確率
○	○	○	×	×	$\frac{1}{10}\cdot\frac{1}{10}\cdot\frac{1}{10}\cdot\frac{9}{10}\cdot\frac{9}{10}$
○	○	×	○	×	$\frac{1}{10}\cdot\frac{1}{10}\cdot\frac{9}{10}\cdot\frac{1}{10}\cdot\frac{9}{10}$
○	○	×	×	○	$\frac{1}{10}\cdot\frac{1}{10}\cdot\frac{9}{10}\cdot\frac{9}{10}\cdot\frac{1}{10}$
○	×	○	○	×	$\frac{1}{10}\cdot\frac{9}{10}\cdot\frac{1}{10}\cdot\frac{1}{10}\cdot\frac{9}{10}$
○	×	○	×	○	$\frac{1}{10}\cdot\frac{9}{10}\cdot\frac{1}{10}\cdot\frac{9}{10}\cdot\frac{1}{10}$
○	×	×	○	○	$\frac{1}{10}\cdot\frac{9}{10}\cdot\frac{9}{10}\cdot\frac{1}{10}\cdot\frac{1}{10}$
×	○	○	○	×	$\frac{9}{10}\cdot\frac{1}{10}\cdot\frac{1}{10}\cdot\frac{1}{10}\cdot\frac{9}{10}$
×	○	○	×	○	$\frac{9}{10}\cdot\frac{1}{10}\cdot\frac{1}{10}\cdot\frac{9}{10}\cdot\frac{1}{10}$
×	○	×	○	○	$\frac{9}{10}\cdot\frac{1}{10}\cdot\frac{9}{10}\cdot\frac{1}{10}\cdot\frac{1}{10}$
×	×	○	○	○	$\frac{9}{10}\cdot\frac{9}{10}\cdot\frac{1}{10}\cdot\frac{1}{10}\cdot\frac{1}{10}$

$_5C_3$ 通りです。○○○××を並べる場合の数だけありますね！

どの確率も $\left(\frac{1}{10}\right)^3\cdot\left(\frac{9}{10}\right)^2$ になっていますね！

どの場合も，$\left(\frac{1}{10}\right)^3\left(\frac{9}{10}\right)^2$ の確率で起こることが分かりますね。この確率に，場合の数をかけると，5 回投げて 3 回表が出る確率が求まります。すなわち，どれか 1 つの場合の「サンプルの確率」に「すべての場合の数」をかけることで，反復試行の確率は求まるのです！

よって，コインを 5 回投げて 3 回表が出る確率は

$$\underset{\text{場合の数}}{\boxed{_5C_3}} \cdot \underset{\text{サンプルの確率}}{\left(\frac{1}{10}\right)^3 \left(\frac{9}{10}\right)^2} = \frac{81}{10000}$$

$\left(\frac{1}{10}\right)^3\left(\frac{9}{10}\right)^2$ が $_5C_3$ 通りあります！

これだけは！ 27

解答 (1) 3試合目で優勝が決まるのは，Aが3連勝，または，Bが3連勝するときであるから

$$p^3 + q^3 \quad \cdots\cdots ①$$

「Aが3連勝」と「Bが3連勝」は同時に起こらない（排反である）ので，単純に確率を足すことができます！

(2) まず，5試合目でAが優勝するのは，1試合目から4試合目までの4試合のうち，2試合はAが勝ち，残りの2試合はAが勝たずに，そして，5試合目にAが勝つときであるから，その確率は

この解釈が大切です！

$$\underset{\text{場合の数}}{_4C_2} \underset{4試合目まで}{p^2(1-p)^2} \cdot \underset{5試合目}{p} = 6p^3(1-p)^2$$

同様に，5試合目でBが優勝する確率は $6q^3(1-q)^2$

よって，求める確率は

$$6\{p^3(1-p)^2 + q^3(1-q)^2\} \quad \cdots\cdots ②$$

これらも排反であるので，単純に足すことができます！

(3) (2)と同様に，4試合目で優勝が決まる確率は

$$3\{p^3(1-p) + q^3(1-q)\} \quad \cdots\cdots ③$$

ここで，$p = q = \frac{1}{3}$ より，①，②，③にこれを代入することで $\frac{2}{27}, \frac{16}{81}, \frac{4}{27}$

よって，5試合目が終了した時点でまだ優勝が決まらない確率は，**5試合目までに優勝が決まる事象の余事象の確率**であるから

$$1 - \left(\frac{2}{27} + \frac{16}{81} + \frac{4}{27}\right) = \frac{47}{81}$$

(4) $p = q = \frac{1}{2}$ より引き分けになることはない。よって，**3試合目から5試合目までに必ず優勝が決まる。**

$p = q = \frac{1}{2}$ より，①，②，③にこれを代入することで $\frac{1}{4}, \frac{3}{8}, \frac{3}{8}$

よって，求める期待値は $3 \cdot \frac{1}{4} + 4 \cdot \frac{3}{8} + 5 \cdot \frac{3}{8} = \frac{3 \cdot 2 + 4 \cdot 3 + 5 \cdot 3}{8} = \frac{33}{8}$

期待値 E は

値	x_1	x_2	$\cdots$	x_n
確率	p_1	p_2	$\cdots$	p_n

のとき，$E = x_1p_1 + x_2p_2 + \cdots\cdots + x_np_n$ ですよ！

類題に挑戦！ 27

解答 (1) 合計点が4回目にはじめて100点になるのは，3回目までに金のカードを1回，白のカードを2回取り出し，そして4回目に金のカードを取り出す場合であるから，求める確率は

$$\underline{P(4)} = {}_3C_1\left(\frac{1}{n}\right)^1\underbrace{\left(\frac{n-2}{n}\right)^2}_{\text{3回目まで}} \cdot \underbrace{\frac{1}{n}}_{\text{4回目に金}} = \frac{3(n-2)^2}{n^4}$$

(2) 合計点が 6 回目にはじめて 100 点になるのは，次の場合がある。

(i) 5 回目までに金のカードを 1 回，白のカードを 4 回取り出し，そして 6 回目に金のカードを取り出す場合で，その確率は

$$\underbrace{{}_5C_1\left(\frac{1}{n}\right)^1\left(\frac{n-2}{n}\right)^4}_{\text{5回目まで}} \cdot \underbrace{\frac{1}{n}}_{\text{6回目に金}} = \frac{5(n-2)^4}{n^6}$$

(ii) 6 回目までに金のカードを 1 回，銀のカードを 5 回取り出す場合で，その確率は

$${}_6C_1\left(\frac{1}{n}\right)^1\left(\frac{1}{n}\right)^5 = \frac{6}{n^6}$$

> 6 回目は金または銀のどちらのカードを取り出してもよいです！

以上より，求める確率は　$\underline{P(6)} = \dfrac{5(n-2)^4}{n^6} + \dfrac{6}{n^6} = \dfrac{5(n-2)^4+6}{n^6}$

(3) 合計点が 11 回目にはじめて 100 点になるのは，次の場合がある。

(i) 10 回目までに金のカードを 1 回，白のカードを 9 回取り出し，そして 11 回目に金のカードを取り出す場合で，その確率は

$$\underbrace{{}_{10}C_1\left(\frac{1}{n}\right)^1\left(\frac{n-2}{n}\right)^9}_{\text{10回目まで}} \cdot \underbrace{\frac{1}{n}}_{\text{11回目に金}} = \frac{10(n-2)^9}{n^{11}}$$

(ii) 10 回目までに銀のカードを 5 回，白のカードを 5 回取り出し，そして 11 回目に金のカードを取り出す場合で，その確率は

$$\underbrace{{}_{10}C_5\left(\frac{1}{n}\right)^5\left(\frac{n-2}{n}\right)^5}_{\text{10回目まで}} \cdot \underbrace{\frac{1}{n}}_{\text{11回目に金}} = \frac{252(n-2)^5}{n^{11}}$$

(iii) 10 回目までに金のカードを 1 回，銀のカードを 4 回，白のカードを 5 回取り出し，そして 11 回目に銀のカードを取り出す場合で，その確率は

$$\underbrace{{}_{10}C_1 \cdot {}_9C_4\left(\frac{1}{n}\right)^1\left(\frac{1}{n}\right)^4\left(\frac{n-2}{n}\right)^5}_{\text{10回目まで}} \cdot \underbrace{\frac{1}{n}}_{\text{11回目に銀}} = \frac{1260(n-2)^5}{n^{11}}$$

(iv) 10 回目までに銀のカードを 9 回，白のカードを 1 回取り出し，そして 11 回目に銀のカードを取り出す場合で，その確率は

$$\underbrace{{}_{10}C_9\left(\frac{1}{n}\right)^9\left(\frac{n-2}{n}\right)^1}_{\text{10回目まで}} \cdot \underbrace{\frac{1}{n}}_{\text{11回目に銀}} = \frac{10(n-2)}{n^{11}}$$

以上より，求める確率は

$$\underline{P(11)} = \frac{10(n-2)^9}{n^{11}} + \frac{252(n-2)^5}{n^{11}} + \frac{1260(n-2)^5}{n^{11}} + \frac{10(n-2)}{n^{11}}$$

$$= \frac{10(n-2)^9 + 1512(n-2)^5 + 10(n-2)}{n^{11}}$$

テーマ **28** | 確率の最大・最小！

重要ポイント **総整理！**

確率の最大・最小

確率 p_n が最大となる自然数 n を求める問題では，$\boxed{\dfrac{p_{n+1}}{p_n} \text{と1の大小比べ}}$ を行います。

まず，最初に，$\dfrac{p_{n+1}}{p_n} > 1$ となる n の範囲を調べます！

例えば，$\dfrac{p_{n+1}}{p_n} > 1$ を解いたら，次の3つのことが分かったとします。

$n < 5$ $(n=1, 2, 3, 4)$ のとき，$\dfrac{p_{n+1}}{p_n} > 1$ すなわち $p_n < p_{n+1}$

> $n=1$ とすると，$p_1 < p_2$
> $n=2$ とすると，$p_2 < p_3$
> $n=3$ とすると，$p_3 < p_4$
> $n=4$ とすると，$p_4 < p_5$

$n = 5$ のとき，$\dfrac{p_{n+1}}{p_n} = 1$ すなわち $p_n = p_{n+1}$

> $n=5$ とすると，$p_5 = p_6$

$n > 5$ $(n=6, 7, \cdots\cdots)$ のとき，$\dfrac{p_{n+1}}{p_n} < 1$ すなわち $p_n > p_{n+1}$

> $n=6$ とすると，$p_6 > p_7$
> $n=7$ とすると，$p_7 > p_8$
> $\vdots$

以上より，

$$\boxed{p_1 < p_2 < \cdots\cdots < p_5 = p_6 > p_7 > p_8 > \cdots\cdots}$$

したがって，確率 p_n が最大となる自然数 n は $n=5, 6$ と求まるわけです！

これだけは！ **28**

解答 (1) 1回の試行で白球を取り出す確率は $\dfrac{20}{70} = \dfrac{2}{7}$

赤球を取り出す確率は $\dfrac{5}{7}$

よって 　場合の数 　サンプルの確率
$p_1 = {}_{40}C_1 \left(\dfrac{2}{7}\right)\left(\dfrac{5}{7}\right)^{39} = {}^{\mathcal{P}}\underline{\textbf{16}} \cdot \left(\dfrac{5}{7}\right)^{{}^{\mathcal{A}}\textbf{40}}$

> 反復試行の確率ですね！

(2) 場合の数 　サンプルの確率
$p_n = {}_{40}C_n \left(\dfrac{2}{7}\right)^n \left(\dfrac{5}{7}\right)^{40-n}$

$= {}_{40}C_n \cdot \dfrac{2^n \cdot 5^{40-n}}{7^{40}}$

$= {}_{40}C_n \cdot \dfrac{2^n}{7^{40}} \cdot \dfrac{5^{40}}{5^n}$

> $5^{40-n} = \dfrac{5^{40}}{5^n}$ です！

$= \dfrac{40!}{n!(40-n)!} \left(\dfrac{5}{7}\right)^{40} \left(\dfrac{2}{5}\right)^n$

> 40乗どうし n 乗どうしをまとめました！

ここで，$p_{n+1}=\dfrac{40!}{(n+1)!(39-n)!}\left(\dfrac{5}{7}\right)^{40}\left(\dfrac{2}{5}\right)^{n+1}$ であるから

$$\dfrac{p_{n+1}}{p_n}=\dfrac{\dfrac{40!}{(n+1)!(39-n)!}\left(\dfrac{5}{7}\right)^{40}\left(\dfrac{2}{5}\right)^{n+1}}{\dfrac{40!}{n!(40-n)!}\left(\dfrac{5}{7}\right)^{40}\left(\dfrac{2}{5}\right)^{n}}=\dfrac{^{ウ}2(^{エ}40-n)}{^{オ}5(n+^{カ}1)}$$

(3) $\dfrac{p_{n+1}}{p_n}>1$ を解くと $\dfrac{2(40-n)}{5(n+1)}>1$

n は 0 以上の整数より，$5(n+1)>0$ であるから

$2(40-n)>5(n+1)$

$7n<75$

$\therefore\ n<\dfrac{75}{7}=10.7\cdots\cdots$

よって，$0\leqq n\leqq 10$ のとき，$\dfrac{p_{n+1}}{p_n}>1$ すなわち $p_n<p_{n+1}$ ◀ $\boxed{\begin{array}{l}p_0<p_1<p_2<\cdots\cdots\\ \qquad\qquad <p_{10}<p_{11}\end{array}}$

$11\leqq n\leqq 39$ のとき，$\dfrac{p_{n+1}}{p_n}<1$ すなわち $p_n>p_{n+1}$ ◀ $\boxed{\begin{array}{l}p_{11}>p_{12}>\cdots\cdots\\ \qquad\qquad >p_{39}>p_{40}\end{array}}$

これより $p_0<p_1<\cdots\cdots<p_{10}<p_{11}>p_{12}>\cdots\cdots>p_{39}>p_{40}$

したがって，白球が取り出される確率が最大になるのは，白球が $^{キ}11$ 回取り出されるときである。

類題に挑戦！ 28

解答 (1) 最低でも 8 回ゲームを行わないと，A と B の双方が 4 勝以上になることはないから，$1\leqq n\leqq 7$ のとき $x_n=0$

$n\geqq 8$ のとき，n 回目のゲームで初めて A と B の双方が 4 勝以上になるのは

　(i) $(n-1)$ 回目までに A が 3 勝，B が $(n-4)$ 勝し，そして n 回目に A が勝つ場合

または

　(ii) $(n-1)$ 回目までに A が $(n-4)$ 勝，B が 3 勝，そして n 回目に B が勝つ場合

である。

よって，$n\geqq 8$ のとき

$$x_n=\overbrace{{}_{n-1}\mathrm{C}_3\,p^3(1-p)^{n-4}}^{(n-1)\text{回目まで}}\cdot\overbrace{p}^{n\text{回目}}+\overbrace{{}_{n-1}\mathrm{C}_3(1-p)^3p^{n-4}}^{(n-1)\text{回目まで}}\cdot\overbrace{(1-p)}^{n\text{回目}}$$

$$={}_{n-1}\mathrm{C}_3\,p^4\cdot(1-p)^4\{(1-p)^{n-8}+p^{n-8}\}$$

$$=\dfrac{1}{6}(n-1)(n-2)(n-3)p^4(1-p)^4\{(1-p)^{n-8}+p^{n-8}\}$$

$$\therefore\ x_n=\begin{cases}0\quad(1\leqq n\leqq 7)\\ \dfrac{1}{6}(n-1)(n-2)(n-3)p^4(1-p)^4\{(1-p)^{n-8}+p^{n-8}\}\quad(n\geqq 8)\end{cases}$$

(2) $1 \leqq n \leqq 7$ のとき $x_n = 0$ より，$n \geqq 8$ の場合を考えれば十分である。

$p = \dfrac{1}{2}$ のとき

$$x_n = \frac{1}{6}(n-1)(n-2)(n-3)\frac{1}{2^8} \cdot 2 \cdot \frac{1}{2^{n-8}} = \frac{(n-1)(n-2)(n-3)}{3 \cdot 2^n}$$

ここで，$x_{n+1} = \dfrac{n(n-1)(n-2)}{3 \cdot 2^{n+1}}$ であるから

$$\frac{x_{n+1}}{x_n} = \frac{n(n-1)(n-2)}{3 \cdot 2^{n+1}} \cdot \frac{3 \cdot 2^n}{(n-1)(n-2)(n-3)}$$

$$= \frac{n}{2(n-3)}$$

$\dfrac{x_{n+1}}{x_n} < 1$ を解くと $\dfrac{n}{2(n-3)} < 1$

$n \geqq 8$ より，$n-3 > 0$ であるから $n < 2(n-3)$ $\therefore$ $n > 6$

これより，$\boldsymbol{n > 6}$ のとき $\dfrac{x_{n+1}}{x_n} < 1$

ゆえに，$\boldsymbol{n \geqq 8}$ の場合で考えているので，この範囲では常に $\boldsymbol{x_n > x_{n+1}}$

よって $\boldsymbol{x_8 > x_9 > x_{10} > \cdots\cdots}$

したがって，x_n を最大にする n は $\underline{\boldsymbol{n = 8}}$

参考 ....

確率 p_n が最大となる自然数 n を求める問題では，$\dfrac{p_{n+1}}{p_n}$ と 1 の大小比べで解く以外にも，

$\boldsymbol{p_n - p_{n+1}}$ **の符号調べ**，あるいは，$\boldsymbol{p_n - p_{n+1}}$ **と 0 の大小比べ**で解くこともできます。下の問題のように，後者の誘導がついた場合は，出題者の意図に沿って解きましょう！

　箱に 2 個の赤いボールと $n-2$ 個の白いボールが入っている。($n = 3,\ 4,\ 5,\ \cdots\cdots$)

(1) 箱から 3 個のボールを取り出す組合せの総数 N を求めよ。ただし，それぞれのボールは区別できるものとする。

(2) 箱から 3 個のボールを取り出すとき，2 個が白，1 個が赤となる確率を $P(n)$ とおく。

　このとき，$P(n) = \dfrac{6(n-3)}{n(n-1)}$ であることを示せ。ただし，どのボールも取り出される確率は等しいとする。

(3) $P(n) - P(n+1)$ を求めよ。

(4) $P(n)$ が最大になる n を求めよ。 　　　　　　　　　　　　(東京都立大)

(1) 箱に入っている n 個のボールから 3 個取り出す組合せの総数 N は

$$\underline{N = {}_n\mathrm{C}_3 = \frac{1}{6}n(n-1)(n-2)}$$

(2) それぞれのボールを区別して考える。

　箱から 3 個のボールを取り出す方法は全部で N 通りあり，これらは同様に確からしい。

$n=3$ のとき，白が 1 個なので $P(n)=0$ となり，$P(n)=\dfrac{6(n-3)}{n(n-1)}$ を満たしている。

$n\geqq 4$ のとき，箱から 3 個のボールを取り出して，2 個が白，1 個が赤となるのは

$_{n-2}C_2\cdot 2\,(通り)$

よって，求める確率 $P(n)$ は

$$P(n)=\frac{_{n-2}C_2\cdot 2}{N}=\frac{1}{2}(n-2)(n-3)\cdot 2\cdot\frac{6}{n(n-1)(n-2)}=\frac{6(n-3)}{n(n-1)}$$

したがって，$n\geqq 3$ において，$P(n)=\dfrac{6(n-3)}{n(n-1)}$ と表される。　□

(3) (2)より　$\underline{P(n)-P(n+1)}=\dfrac{6(n-3)}{n(n-1)}-\dfrac{6(n-2)}{(n+1)n}$

$$=\frac{6}{(n+1)n(n-1)}\{(n-3)(n+1)-(n-2)(n-1)\}$$

$$=\frac{6(n-5)}{(n+1)n(n-1)}$$

> $P(n)-P(n+1)$ と $n-5$ の符号が一致！

(4) (3)より，n は 3 以上の整数だから，$(n+1)n(n-1)>0$ に注意して ◀

$n=3$, 4 のとき　$P(n)-P(n+1)<0$ すなわち $P(n)<P(n+1)$

$n=5$ のとき　　　$P(n)-P(n+1)=0$ すなわち $P(n)=P(n+1)$

$n\geqq 6$ のとき　　$P(n)-P(n+1)>0$ すなわち $P(n)>P(n+1)$

以上より　$P(3)<P(4)<P(5)=P(6)>P(7)>P(8)>\cdots\cdots$

したがって，$P(n)$ が最大になる n は　$\underline{n=5,\ 6}$

テーマ 29 | 条件付き確率！

重要ポイント 総整理！

条件付き確率

事象Aが起こったという条件（制限）のもとで，条件Bが起こる条件付き確率は

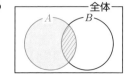

$$P_A(B) = \frac{P(A \cap B)}{P(A)}$$

となります。この式から，この条件付き確率は

事象Aの中での事象Bの割合

を表しています。条件付き確率の問題では，問題文で事象が指定されていない場合は，事象をおいて整理してから，解答を書いていくと読みやすい答案になりますよ！

> さいころを7個同時に1回振るとき，1から6の目がすべて出る事象をAとし，同じ目が6個以上出る事象をBとする。事象Bが起こらなかった場合に事象Aの起こる確率を求めよ。
>
> （東北大）

さいころは区別して考える。目の出方はすべてで6^7通りあり，これらは同様に確からしい。

事象Bが起こらなかった場合に事象Aの起こる確率は，$P_{\overline{B}}(A) = \dfrac{P(A \cap \overline{B})}{P(\overline{B})}$ と表せる。

事象Bが起こるのは

（ⅰ）同じ目が7個出る場合の6通り

（ⅱ）同じ目が6個出て，残り1個はそれと違う目が出る場合の${}_7C_1 \cdot 6 \cdot 5$通り

があるから

$$P(\overline{B}) = 1 - \frac{6 + {}_7C_1 \cdot 6 \cdot 5}{6^7} = \frac{6^7 - 6^3}{6^7} = \frac{6^4 - 1}{6^4}$$

> 事象Aと$\overline{B}$について具体的に考えると，$B \supset A$になっています！

事象Aは事象$\overline{B}$に含まれるから ◀

$$P(A \cap \overline{B}) = P(A)$$ ◀

> $\overline{B} \supset A$ ですから，ベン図より，$A \cap \overline{B} = A$

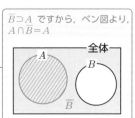

事象Aが起こるのは，どれか1つの目が7個のうち2個出る場合の${}_7C_2 \cdot 6!$通りであるから

$$P(A \cap \overline{B}) = \frac{{}_7C_2 \cdot 6!}{6^7} = \frac{70}{6^4}$$

よって，求める確率は $P_{\overline{B}}(A) = \dfrac{P(A \cap \overline{B})}{P(\overline{B})} = \dfrac{\dfrac{70}{6^4}}{\dfrac{6^4 - 1}{6^4}} = \dfrac{2}{37}$

これだけは！ 29

解答 (1) n 回目に 3 度目の赤球が出るのは，$(n-1)$ 回目までに赤球が 2 回，白球が $(n-3)$ 回出て，n 回目に赤球が出る場合であるから，求める確率は

$$\underset{(n-1)\,\text{回目まで}}{\underbrace{{}_{n-1}C_2\left(\frac{3}{10}\right)^2\left(\frac{7}{10}\right)^{n-3}}}\cdot\underset{n\,\text{回目}}{\underbrace{\frac{3}{10}}}=\frac{27\cdot7^{n-3}(n-1)(n-2)}{2\cdot10^n}$$

(2) 2 度以上連続することなく 3 度赤球が出るのは，$(n-3)$ 個の白球を 1 列に並べて，それらのすき間または両端の $(n-2)$ か所の ∧ から 3 つ選んで赤球 ◯ を配置する場合に帰着できるので，求める確率は

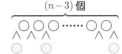

$$\underset{}{{}_{n-2}C_3\left(\frac{3}{10}\right)^3\left(\frac{7}{10}\right)^{n-3}}=\frac{9\cdot7^{n-3}(n-2)(n-3)(n-4)}{2\cdot10^n}$$

> 2 個以上連続しない
> → 後からすき間に入れると
> 連続することはないですね！

(3) n 回目に 3 度目の赤球が出る事象を A，2 度以上連続することなく 3 度赤球が出る事象を B とする。

求める確率は $P_A(B)=\dfrac{P(A\cap B)}{P(A)}$ と表せる。

> 条件付き確率の問題では，事象をおいて，求める確率を明確化しましょう！

事象 $A\cap B$ は，$(n-3)$ 個の白球を 1 列に並べ，その一番右端に赤球 ◯ を配置した後，白球のすき間または左端の $(n-3)$ か所の ∧ から 2 つ選んで赤球 ◯ を配置する場合に帰着できるので

$$P(A\cap B)={}_{n-3}C_2\left(\frac{3}{10}\right)^2\left(\frac{7}{10}\right)^{n-3}\cdot\frac{3}{10}$$

$$=\frac{27\cdot7^{n-3}(n-3)(n-4)}{2\cdot10^n}$$

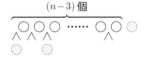

これと(1)より求める確率は

$$P_A(B)=\frac{P(A\cap B)}{P(A)}=\frac{\dfrac{27\cdot7^{n-3}(n-3)(n-4)}{2\cdot10^n}}{\dfrac{27\cdot7^{n-3}(n-1)(n-2)}{2\cdot10^n}}=\frac{(n-3)(n-4)}{(n-1)(n-2)}$$

類題に挑戦！ 29

解答 さいころを 4 回投げるとき，目の出方はすべてで 6^4 通りあり，これらは同様に確からしい。

(1) 4 回ともAがさいころを受け取らなければよいので，求める確率は $\left(\dfrac{5}{6}\right)^4=\dfrac{625}{1296}$

(2) ゲーム終了時にAの持ち点が 5 点であるのは，次のような場合である。

（A → A は 6 点であるから，A 以外の点を経由する。）

	1回目		2回目		3回目		4回目	
(i)	(A以外)	→	(A以外)	→	B	→	A	5^2 通り
					5点			
(ii)	(A以外)	→	B	→	A	→	(A以外)	5^2 通り
			5点					
(iii)	B	→	A	→	(A以外)	→	(A以外)	5^2 通り
	5点							
(iv)	C	→	A	→	F	→	A	1 通り
	4点				1点			
	D	→	A	→	E	→	A	1 通り
	3点				2点			
	E	→	A	→	D	→	A	1 通り
	2点				3点			
	F	→	A	→	C	→	A	1 通り
	1点				4点			

よって，求める確率は $\dfrac{5^2 \cdot 3 + 4}{6^4} = \dfrac{\mathbf{79}}{\mathbf{1296}}$

(3) ゲーム終了時にAの持ち点が5点である事象を X，Eの持ち点が3点である事象を Y とする。

求める確率は，$P_X(Y) = \dfrac{P(X \cap Y)}{P(X)}$ と表せる。 ◀ 条件付き確率の問題では，事象をおいて，求める確率を明確化しましょう！

(2)より $P(X) = \dfrac{79}{1296}$

(2)で求めた79通りのうち，Eの持ち点が3点となるのは，(i)の $\underset{3点}{B} \to E \to \underset{5点}{B} \to A$，または，(iii)の $\underset{5点}{B} \to A \to \underset{3点}{B} \to E$ となる場合の2通りであるから

$P(X \cap Y) = \dfrac{2}{6^4}$

よって，求める確率は $P_X(Y) = \dfrac{P(X \cap Y)}{P(X)} = \dfrac{\mathbf{2}}{\mathbf{79}}$ ◀ (2)の79通りのうち，(3)に該当するのは2通りであるから，$P_X(Y) = \dfrac{n(X \cap Y)}{n(X)} = \dfrac{2}{79}$ と場合の数を経由して求めてもよいですよ！

テーマ 30 │ 不等式で評価する整数問題！

重要ポイント **総整理！**

不等式で評価する整数問題

整数問題では，問題を解く上でキーとなる **3つのスタンス** があります。

① **積の形へ持ち込む！**

② **不等式ではさむ！**

③ **余りに着目し分類する！**

ほとんどの標準的な整数問題では，思考をこの順番で働かせることで解くことができます。

このテーマでは，まず，② **不等式ではさむ（評価する）！** この技について扱っていきましょう。この技は，**不等式を用いて範囲を絞り，しらみつぶしに調べ上げていく方法**です。例えば，$1 \le a \le b$ かつ $ab \le 3$ を満たす整数 a, b は，$(a, b)=(1, 1)$, $(1, 2)$, $(1, 3)$ と求めることができますね。この場合では，不等式が事前に用意されていますが，実際の問題では，不等式を自分で作らなければいけません。それでは，次の問題を通して，不等式の作り方について見ていきましょう！

> (1) a, b, c が整数で，$1 \le a \le b \le c$ かつ $abc = a+b+c$ のとき，$ab \le 3$ であることを示せ。
>
> (2) $1 \le a \le b \le c$ かつ $abc = a+b+c$ を満たす整数 a, b, c をすべて求めよ。

（東京女子大）

(1) $1 \le a \le b \le c$ より $abc = a+b+c \le c+c+c = 3c$ ◀ *a, b を一番大きい c におきかえれば不等式が作れます！*

$\therefore$ $abc \le 3c$　$c>0$ より $ab \le 3$ □

(2) (1)より $ab \le 3$, $1 \le a \le b$

a, b は整数であるから $(a, b)=(1, 1)$, $(1, 2)$, $(1, 3)$

このとき，$abc = a+b+c$ ……① について

(i) $(a, b)=(1, 1)$ のとき，①より，$c=c+2$ となるが，**これを満たす c は存在しない。**

(ii) $(a, b)=(1, 2)$ のとき，①より $2c=c+3$　$\therefore$ $c=3$

これは $1 \le a \le b \le c$ を満たす。

(iii) $(a, b)=(1, 3)$ のとき，①より $3c=c+4$　$\therefore$ $c=2$

これは $1 \le a \le b \le c$ を満たさないので，不適。

以上より $\underline{(a, b, c)=(1, 2, 3)}$

これだけは！ **30**

解答 (1) $a < b$ ……① より，$\dfrac{1}{a} > \dfrac{1}{b}$ であるから $\dfrac{2}{b} < \dfrac{1}{a} + \dfrac{1}{b} < \dfrac{1}{4}$ ……②

$\therefore \ \dfrac{2}{b} < \dfrac{1}{4}$

$$\underset{\underset{\text{大}}{\smile}}{\dfrac{1}{b} + \dfrac{1}{b}} < \underset{\underset{\text{小}}{\frown}}{\dfrac{1}{a} + \dfrac{1}{b}}$$

よって $b > 8$ $\therefore \ b \geqq 9$

$b = 9$ のとき，②より $\dfrac{2}{9} < \dfrac{1}{a} + \dfrac{1}{9} < \dfrac{1}{4}$

$\dfrac{1}{9} < \dfrac{1}{a} < \dfrac{5}{36}$ よって $\dfrac{36}{5} < a < 9$ $\therefore \ a = 8$

したがって $\underline{(a, \ b) = (8, \ 9)}$

$$\underset{\underset{\text{大}}{\smile}}{\dfrac{1}{c} + \dfrac{1}{c} + \dfrac{1}{c}} < \underset{\underset{\text{小}}{\frown}\ \underset{=}{}}{\dfrac{1}{a} + \dfrac{1}{b} + \dfrac{1}{c}}$$

(2) $a < b < c$ ……③ より，$\dfrac{1}{a} > \dfrac{1}{b} > \dfrac{1}{c}$ であるから $\dfrac{3}{c} < \dfrac{1}{a} + \dfrac{1}{b} + \dfrac{1}{c} < \dfrac{1}{3}$ ……④

$\therefore \ \dfrac{3}{c} < \dfrac{1}{3}$ よって $c > 9$ $\therefore \ c \geqq 10$

(i) $c = 10$ のとき，④より $\dfrac{1}{a} + \dfrac{1}{b} + \dfrac{1}{10} < \dfrac{1}{3}$ $\therefore \ \dfrac{1}{a} + \dfrac{1}{b} < \dfrac{7}{30}$ ……⑤

③より，$\dfrac{1}{a} + \dfrac{1}{b}$ の最小値は $a = 8$，$b = 9$ のとき，$\dfrac{1}{8} + \dfrac{1}{9} = \dfrac{17}{72}$ となるが，⑤を満たさ

ないので不適。

$\dfrac{1}{a} + \dfrac{1}{b}$ の最小値でさえも，$\dfrac{7}{30}$ より大きくなるので，
$\dfrac{1}{a} + \dfrac{1}{b}$ の他の値は，$\dfrac{7}{30}$ より大きくなります！
したがって，⑤を満たす a，b は存在しないことになります！

(ii) $c = 11$ のとき，④より $\dfrac{1}{a} + \dfrac{1}{b} + \dfrac{1}{11} < \dfrac{1}{3}$ $\therefore \ \dfrac{1}{a} + \dfrac{1}{b} < \dfrac{8}{33}$ ……⑥

③より，$a < b < 11$ ……⑦，(1)と同様にして③，⑥より

$\dfrac{2}{b} < \dfrac{1}{a} + \dfrac{1}{b} < \dfrac{8}{33}$ $\therefore \ \dfrac{2}{b} < \dfrac{8}{33}$ よって $b > \dfrac{33}{4}$

これと⑦より $b = 9$，10

(a) $b = 9$ のとき，$a < 9$ ……⑧ であり，⑥より $\dfrac{1}{a} + \dfrac{1}{9} < \dfrac{8}{33}$ $\therefore \ \dfrac{1}{a} < \dfrac{13}{99}$

よって $\dfrac{99}{13} < a$ これと⑧より $a = 8$

(b) $b = 10$ のとき，$a < 10$ ……⑨ であり，⑥より $\dfrac{1}{a} + \dfrac{1}{10} < \dfrac{8}{33}$

$\therefore \ \dfrac{1}{a} < \dfrac{47}{330}$ よって $\dfrac{330}{47} < a$ これと⑨より $a = 8$，9

以上より $\underline{(a, \ b, \ c) = (8, \ 9, \ 11), \ (8, \ 10, \ 11), \ (9, \ 10, \ 11)}$

類題に挑戦！ 30

解答 (1) $\dfrac{3x}{x^2+2}$ が自然数となるから $\dfrac{3x}{x^2+2} \geqq 1$ ← 自然数（1以上）に着目して不等式を作成！

$x^2+2>0$ であるから $3x \geqq x^2+2$ $x^2-3x+2 \leqq 0$

$(x-1)(x-2) \leqq 0$ $\therefore$ $1 \leqq x \leqq 2$ x は自然数であるから $x=1, 2$ ← x の絞り込みに成功！でもこれはまだ必要条件です！

$x=1$ のとき $\dfrac{3x}{x^2+2}=\dfrac{3}{1+2}=1$ となり，適する。 ← ここで十分性が言えました！

$x=2$ のとき $\dfrac{3x}{x^2+2}=\dfrac{6}{4+2}=1$ となり，適する。

よって $\underline{x=1, 2}$

(2) $\dfrac{3x}{x^2+2}$ が自然数かどうかで場合分けする。 ← 出題者からの誘導として(1)を(2)で利用することを考えます！

(i) $\dfrac{3x}{x^2+2}$ が自然数のとき，$\dfrac{3x}{x^2+2}+\dfrac{1}{y}$ が自然数となるには，$\dfrac{1}{y}$ も自然数となる。

$\therefore$ $y=1$

このとき，(1)より $\dfrac{3x}{x^2+2}+\dfrac{1}{y}=1+1=2$ よって $(x, y)=(1, 1), (2, 1)$

(ii) $\dfrac{3x}{x^2+2}$ が自然数でないとき，$\dfrac{3x}{x^2+2}+\dfrac{1}{y}$ が自然数となるには，$\dfrac{1}{y}$ も自然数にならないから $y \geqq 2$ ← 自然数にならないことに着目して不等式の作成！ 不等式を作るということを意識していないと，なかなか作れないですね！

よって，$0<\dfrac{1}{y} \leqq \dfrac{1}{2}$ となるので $\dfrac{3x}{x^2+2} \geqq \dfrac{1}{2}$

$x^2+2>0$ であるから $6x \geqq x^2+2$ $x^2-6x+2 \leqq 0$

$\therefore$ $3-\sqrt{7} \leqq x \leqq 3+\sqrt{7}$ (<6)

これと(1)より，自然数 x は $x=3, 4, 5$ ← x の絞り込みに成功！ でもこれはまだ必要条件です！

これらの x に対して $\dfrac{3x}{x^2+2}$ は，$\dfrac{9}{11}, \dfrac{2}{3}, \dfrac{5}{9}$ であり，$0<\dfrac{3x}{x^2+2}<1$ となる。

$0<\dfrac{1}{y} \leqq \dfrac{1}{2}$ より $0<\dfrac{3x}{x^2+2}+\dfrac{1}{y}<\dfrac{3}{2}$

よって，$\dfrac{3x}{x^2+2}+\dfrac{1}{y}$ が自然数となるためには $\dfrac{3x}{x^2+2}+\dfrac{1}{y}=1$

$x=3$ のとき $\dfrac{9}{11}+\dfrac{1}{y}=1$ $\therefore$ $y=\dfrac{11}{2}$ となり，不適。

$x=4$ のとき $\dfrac{2}{3}+\dfrac{1}{y}=1$ $\therefore$ $y=3$ となり，適する。

$x=5$ のとき $\dfrac{5}{9}+\dfrac{1}{y}=1$ $\therefore$ $y=\dfrac{9}{4}$ となり，不適。

よって $(x, y)=(4, 3)$

以上より，求める自然数の組は $\underline{(x, y)=(1, 1), (2, 1), (4, 3)}$

テーマ 31 | 積の形へ持ち込む整数問題！

積の形へ持ち込む整数問題！

テーマ 30 でも扱いましたが，標準的な整数問題では，

① 積の形へ持ち込む！

② 不等式で評価する！（不等式ではさむ）

③ 余りに着目し分類する！

この順番で思考を働かせることでほとんどの問題は解くことができます。

このテーマでは，① 積の形へ持ち込む！ この技について扱っていきましょう。例えば，$ab=6$ を満たす自然数 a, b は，$(a, b)=(1, 6)$, $(2, 3)$, $(3, 2)$, $(6, 1)$ と求めることができます。$ab=6$ を満たす実数 a, b だと，(a, b) は無限に存在することになりますが，自然数 a, b であれば，(a, b) をすべて求めることができますね。つまり，整数問題では，**因数分解をして積の形を作り，(積の形)=(整数) の形に持ち込む**ことがポイントになります。問題によっては，(積の形)=(整数) の形を作った後，さらに② **不等式で評価**（条件を不等式を用いて表すこと）ができる場合があり，これも考慮することで，答えを求めることができます。それでは，次の問題を通して，この整数問題のアプローチの仕方を見ていきましょう！

▎$x^2-y^2=2009$ を満たす正の整数 x, y の組をすべて求めよ。　　　　（横浜国立大）

$(x-y)(x+y)=7^2\cdot41$ ◀── ① 積の形へ持ち込みます！

x, y は正であるから　$x-y<x+y$ ◀── ② 不等式で評価！

$x+y>0$, $7^2\cdot41>0$ より　$x-y>0$

$x+y$, $x-y$ は正の整数より

$(x-y, x+y)=(1, 2009), (7, 287), (41, 49)$ ◀── ② 不等式で評価できるので，絞れます！

よって　$(2x, 2y)=(2010, 2008), (294, 280), (90, 8)$

∴　$\boldsymbol{(x, y)=(1005, 1004), (147, 140), (45, 4)}$

$$\begin{array}{r}x+y\\ +)\,x-y\\ \hline 2x\end{array}\qquad\begin{array}{r}x+y\\ -)\,x-y\\ \hline 2y\end{array}$$

これだけは！ 31

解答　$m^3+1^3=n^3+10^3$ より　$m^3-n^3=999$

$(m-n)(m^2+mn+n^2)=3^3\cdot37$ ……① ◀── ① 積の形へ持ち込みます！

$m^2+mn+n^2>0$, $3^3\cdot37>0$ より　$m-n>0$

$m-n>0$ より，m, n は $m>n$ を満たす異なる整数です！

よって，m, n は整数より　$m-n\geqq1$ であるから

$m^2+mn+n^2>m^2-2mn+n^2=(m-n)^2\geqq m-n$ ◀── ② 不等式で評価！ 別解の方法でもいいですよ！

以上より，$1\leqq m-n<m^2+mn+n^2$ であり，$m-n$,

m^2+mn+n^2 は正の整数で①より

$$(m-n,\ m^2+mn+n^2)=(1,\ 999),\ (3,\ 333),\ (9,\ 111),\ (27,\ 37) \leftarrow$$

② 不等式で評価できるので，絞れます！

(ⅰ) $m-n=1,\ m^2+mn+n^2=999$ のとき

$$(n+1)^2+(n+1)n+n^2=999 \leftarrow$$

$m=n+1$ を $m^2+mn+n^2=999$ に代入！

$$3n^2+3n=998$$

n は整数より，左辺は 3 で割り切れ，右辺は 3 で割ると 2 余るから，この等式を満たす整数 n は存在しない。 $\leftarrow$

③ 余りに着目しています！ 詳しくは次のテーマで説明します！

(ⅱ) $m-n=3,\ m^2+mn+n^2=333$ のとき

$$(n+3)^2+(n+3)n+n^2=333 \leftarrow$$

$m=n+3$ を $m^2+mn+n^2=333$ に代入！

$$n^2+3n-108=0$$
$$(n-9)(n+12)=0$$

$n\geqq 2$ より $n=9$ このとき $m=n+3=9+3=12$

(ⅲ) $m-n=9,\ m^2+mn+n^2=111$ のとき

$$(n+9)^2+(n+9)n+n^2=111 \leftarrow$$

$m=n+9$ を $m^2+mn+n^2=111$ に代入！

$$n^2+9n-10=0$$
$$(n-1)(n+10)=0$$

これを満たす $n\geqq 2$ の整数 n は存在しない。

(ⅳ) $m-n=27,\ m^2+mn+n^2=37$ のとき

$$(n+27)^2+(n+27)n+n^2=37 \leftarrow$$

$m=n+27$ を $m^2+mn+n^2=37$ に代入！

$$3n^2+81n+729=37$$

n は整数より，左辺は 3 で割り切れ，右辺は 3 で割ると 1 余るから，この等式を満たす整数 n は存在しない。 $\leftarrow$

③ 余りに着目！

以上より $\underline{m=12,\ n=9}$

別解 不等式 $m-n<m^2+mn+n^2$ の大小比較の記述を

$m,\ n$ は 2 以上の整数であるから

$$m^2+mn+n^2-(m-n)=m(m-1)+mn+n^2+n>0$$

$\therefore\quad m-n<m^2+mn+n^2$

と記述しても構いません。

ちょっと一言

$$12^3+1^3=9^3+10^3=1729$$

　この問題を通して，1729 という数は，2 つの立方数の和として，2 通りに表せるということが分かりますね。実は，1729 という数は，**数学者ラマヌジャンのタクシー数**と呼ばれています。なぜそう言われているのかについてですが，数学者ハーディが，療養所に入っていたラマヌジャンの所に見舞いに行ったとき，「乗ってきたタクシーのナンバーが，1729 の数字で，つまらない数字でがっかりだよ。」とハーディが言ったのに対して即座に，「1729 は，2 つの立方数の和として，2 通りに表すことができる**最小の自然数**で，非常に興味深い数字だ。」とラマヌジャンが返答したことが由来だそうです。

類題に挑戦！ 31

解答

$$\begin{cases} a+b+c+d=0 & \cdots\cdots① \\ ad-bc+p=0 & \cdots\cdots② \\ a\geqq b\geqq c\geqq d & \cdots\cdots③ \end{cases}$$

① より　$d=-a-b-c$

> ②　不等式で（弱い）評価！
> 次に，$a+b$ の符号もわかると，より強い評価ができますよ！

これを②に代入して　$a(-a-b-c)-bc+p=0$　　　$a^2+(b+c)a+bc=p$

$(a+b)(a+c)=p$　$\cdots\cdots④$ ← ① 積の形へ持ち込みます！

③より，$b\geqq c$ であるから　$a+b\geqq a+c$　$\cdots\cdots⑤$

さらに，③より，$a\geqq d$ であるから　$a+b\geqq a+c\geqq c+d$　　$\therefore$　$a+b\geqq c+d$

これと①より　$a+b\geqq0$　$\cdots\cdots⑥$

よって，④，⑤，⑥より，p は 3 以上の素数であるから，$a+b\geqq a+c>0$ であり

$a+b=p,\ a+c=1$ ← 何とかここまでできたらすばらしいです！

> ②　不等式で（強い）評価！

$\therefore$　$b=p-a$　$\cdots\cdots⑦$，$c=1-a$　$\cdots\cdots⑧$

このとき，⑦，⑧を①に代入して　$d=-a-(p-a)-(1-a)=a-p-1$　$\cdots\cdots⑨$

⑦，⑧，⑨を③に代入して　$a\geqq p-a\geqq1-a\geqq a-p-1$

> $p-a\geqq1-a$ については，p は 3 以上の素数ですから，常に成立しますね！
> よって，$a\geqq p-a$，$1-a\geqq a-p-1$ を解きます！

$a\geqq p-a$ を解くと　$p\leqq2a$

$1-a\geqq a-p-1$ を解くと　$p\geqq2a-2$

以上より　$2a-2\leqq p\leqq2a$

p は 3 以上の素数より，p は奇数であるから　$p=2a-1$　　$\therefore$　$\underline{a=\dfrac{p+1}{2}}$

このとき　⑦より　$\underline{b}=p-a=p-\dfrac{p+1}{2}=\underline{\dfrac{p-1}{2}}$

　　　　　⑧より　$\underline{c}=1-a=1-\dfrac{p+1}{2}=\underline{\dfrac{1-p}{2}}$

　　　　　⑨より　$\underline{d}=a-p-1=\dfrac{p+1}{2}-p-1=\underline{-\dfrac{p+1}{2}}$

重要ポイント **総整理！**

余りに着目し分類する整数問題！

テーマ 30，31 でも扱いましたが，標準的な整数問題では，

① 積の形へ持ち込む！

② 不等式で評価する！ （不等式ではさむ）

③ 余りに着目し分類する！

この順番で思考を働かせることでほとんどの問題は解くことができます。

このテーマでは，③ **余りに着目し分類する！** の方法の1つである**合同式**について問題を通して，理解していきましょう！

---

(1) x が整数のとき，x^2 を 5 で割ったときの余りは 0，1，4 のいずれかであることを証明せよ。

(2) x が整数のとき，x^4 を 5 で割ったときの余りは 0 か 1 のいずれかであることを証明せよ。

(3) 方程式 $x^4 - 5y^4 = 2$ を満たすような整数の組 (x, y) は存在しないことを証明せよ。

(岩手大)

$\mod 5$ として，合同式で考える。◀── ③ 余りに着目して，場合分けを行います！

(1)(i) $x \equiv 0$ のとき $x^2 \equiv 0^2 = 0$ ◀── $a \equiv b \pmod{n}$ のとき，$a^p \equiv b^p \pmod{n}$

(ii) $x \equiv 1$ のとき $x^2 \equiv 1^2 = 1$

(iii) $x \equiv 2$ のとき $x^2 \equiv 2^2 = 4$

(iv) $x \equiv 3$ のとき $x^2 \equiv 3^2 = 9 \equiv 4$

(v) $x \equiv 4$ のとき $x^2 \equiv 4^2 = 16 \equiv 1$

よって，x^2 を 5 で割ったときの余りは 0，1，4 のいずれかである。 □

(2) (1)より

(i) $x^2 \equiv 0$ のとき $x^4 \equiv 0^2 = 0$

(ii) $x^2 \equiv 1$ のとき $x^4 \equiv 1^2 = 1$

(iii) $x^2 \equiv 4$ のとき $x^4 \equiv 4^2 = 16 \equiv 1$

よって，x^4 を 5 で割ったときの余りは 0 か 1 のいずれかである。 □

(1)(2) **別解**

x	0	1	2	3	4
x^2	0	1	4	$9 \equiv 4$	$16 \equiv 1$
x^4	0	1	$16 \equiv 1$	$16 \equiv 1$	1

← ③ 余りに着目して，場合分けを行います！

(1) 表より，x^2 を 5 で割ったときの余りは 0，1，4 のいずれかである。　□

(2) 表より，x^4 を 5 で割ったときの余りは 0 か 1 のいずれかである。　□

(3) (2)より，x，y が整数のとき，方程式 $x^4 - 5y^4 = 2$ について，左辺は 5 で割ると余りは 0 か 1，右辺は 5 で割ると余りは 2 であるから，この等式を満たす整数の組 (x, y) は存在しない。　□ ← ③ 余りに着目！

合同式の性質について

$a \equiv b \pmod{n}$，$c \equiv d \pmod{n}$ であるとき

(1) **加法**　$a + c \equiv b + c \pmod{n}$　　$a + c \equiv b + d \pmod{n}$

(2) **減法**　$a - c \equiv b - c \pmod{n}$　　$a - c \equiv b - d \pmod{n}$

(3) **乗法**　$ac \equiv bc \pmod{n}$　　$ac \equiv bd \pmod{n}$

　　　　　$a^p \equiv b^p \pmod{n}$　（p は自然数）

これだけは！ 32

解答　mod 4 として，合同式で考える。 ← ③ 余りに着目して，場合分けを行います！

(1)(i) $x \equiv 0$（偶数）のとき　$x^2 \equiv 0^2 = 0$

(ii) $x \equiv 1$（奇数）のとき　$x^2 \equiv 1^2 = 1$

(iii) $x \equiv 2$（偶数）のとき　$x^2 \equiv 2^2 = 4 \equiv 0$

(iv) $x \equiv 3$（奇数）のとき　$x^2 \equiv 3^2 = 9 \equiv 1$

したがって，x^2 を 4 で割ったときの余りは，x が偶数のときは 0 であり，x が奇数のときは 1 である。　□

次のように表を用いて解答しても良い。mod 4 として，合同式の表を作ると

x	0	1	2	3
x^2	0	1	$4 \equiv 0$	$9 \equiv 1$

← ③ 余りに着目して，場合分けを行います！

表より x^2 を 4 で割ったときの余りは，x が偶数のときは 0，x が奇数のときは 1 である。　□

(2) $5x^2 + y^2 \equiv x^2 + y^2 \pmod{4}$ より，

$5x^2 + y^2$ が 4 の倍数であるとき，

$x^2 + y^2$ も 4 の倍数である。

ここで，x，y の少なくとも一方は奇数であると仮定すると，(1)より，$x^2 + y^2$

「x，y がともに奇数」「x，y がともに偶数」「x，y のどちらか一方だけが奇数」のときに場合分けして，すべての場合を記述して証明することもできますが，ここでは背理法で示すことにします！　「x，y はともに偶数」の否定は，「x，y の少なくとも一方は奇数」です！　これを仮定して矛盾を導きます！

を 4 で割った余りは　1 または 2 ◀

> ③ 余りに着目！　x, y がともに奇数のとき，x^2+y^2 を 4 で割った余りは 2 になり，x, y のどちらか一方だけが奇数のとき，x^2+y^2 を 4 で割った余りは 1 になりますね！

これは，x^2+y^2 が 4 の倍数であることに矛盾する。

よって，$5x^2+y^2$ が 4 の倍数ならば，x, y はともに偶数である。　□

別解　mod 4 として，合同式の表を作ると

$x^2\equiv0$, 1 より，$5x^2\equiv0$, 5

$5x^2$	0	0	5	5
y^2	0	1	0	1
$5x^2+y^2$	0	1	$5\equiv1$	$6\equiv2$

> ③ 余りに着目して，場合分けを行います！

表より，$5x^2+y^2$ が 4 の倍数，すなわち，$5x^2+y^2\equiv0$ ならば　$5x^2\equiv0$, $y^2\equiv0$

このとき，$x^2\equiv0$, $y^2\equiv0$ であり，(1)より，x, y はともに偶数である。　□

(3)　　　$5x^2+y^2=2016$　……①

$2016=4\cdot504$ であるから，(2)より，x, y はともに偶数で，$x=2a$, $y=2b$ (a, b は自然数) とおける。

このとき，①より　$5\cdot(2a)^2+(2b)^2=2016$　∴　$5a^2+b^2=504$　……②

$504=4\cdot126$ であるから，(2)より，a, b はともに偶数で，$a=2c$, $b=2d$ (c, d は自然数) とおける。

> 126 は 4 の倍数ではないです！

このとき，②より　$5\cdot(2c)^2+(2d)^2=504$　∴　$5c^2+d^2=126$　……③ ◀

③において，d は自然数であるから，$d^2\geqq1$ より　$5c^2\leqq125$　∴　$c^2\leqq25$ ◀

> ② 不等式で評価！

c は $1\leqq c\leqq5$ を満たす自然数であるから，③より

$c=1$ のとき　$d^2=121$　∴　$d=11$

$c=2$ のとき　$d^2=106$　これを満たす自然数 d は存在しない。

$c=3$ のとき　$d^2=81$　∴　$d=9$

$c=4$ のとき　$d^2=46$　これを満たす自然数 d は存在しない。

$c=5$ のとき　$d^2=1$　　∴　$d=1$

よって，③を満たす自然数の組 (c, d) は　$(c, d)=(1, 11), (3, 9), (5, 1)$

したがって，$x=2a=2\cdot2c=4c$, $y=2b=2\cdot2d=4d$ であるから，求める自然数の組 (x, y) は

$$\underline{(x, y)=(4, 44), (12, 36), (20, 4)}$$

類題に挑戦！ 32

解答 (1) mod 3 として，合同式の表を作ると

表①

a	0	1	2
a^2	0	1	$4\equiv1$

③ 余りに着目して，場合分けを行います！

よって，a^2 を3で割った余りは0か1である。

表②

a^2	0	1	0	0	1	1	0	1
b^2	0	0	1	0	1	0	1	1
c^2	0	0	0	1	0	1	1	1
$a^2+b^2+c^2$	0	1	1	1	2	2	2	0

③ a^2, b^2, c^2 の3で割った余りに着目してすべての場合を調べています！

d が3で割り切れるとき，表①より，$d^2\equiv0\ (\mathrm{mod}\,3)$ であるから，$a^2+b^2+c^2=d^2$ のとき，表②より，$a^2+b^2+c^2\equiv0\ (\mathrm{mod}\,3)$ となるのは

$$(a^2,\ b^2,\ c^2)\equiv(0,\ 0,\ 0),\ (1,\ 1,\ 1)$$

このとき，表①より，a, b, c はすべて3で割り切れるか，どれも3で割り切れないかのどちらかである。

したがって，d が3で割り切れるならば，a, b, c はすべて3で割り切れるか，a, b, c のどれも3で割り切れないかのどちらかである。　□

(2) mod 4 として，合同式の表を作ると

表③

a	0	1	2	3
a^2	0	1	$4\equiv0$	$9\equiv1$

③ 余りに着目して，場合分けを行います！

mod 2 だと上手く示すことができません！　その原因は，整数の2乗を2で割った余りは0か1となるからです！　整数の2乗を4で割った余りは表のように0か1で，2や3になることはありません！　その性質に着目して示しています！

よって，a^2 を4で割った余りは0か1である。

表④

a^2	0	1	0	0	1	1	0	1
b^2	0	0	1	0	1	0	1	1
c^2	0	0	0	1	0	1	1	1
$a^2+b^2+c^2$	0	1	1	1	2	2	2	3

③ a^2, b^2, c^2 の4で割った余りに着目してすべての場合を調べています！

表③より，$d^2\equiv0,\ 1\ (\mathrm{mod}\,4)$ であるから，$a^2+b^2+c^2=d^2$ のとき，表④より，$a^2+b^2+c^2\equiv0,\ 1\ (\mathrm{mod}\,4)$ となるのは

$$(a^2,\ b^2,\ c^2)\equiv(0,\ 0,\ 0),\ (1,\ 0,\ 0),\ (0,\ 1,\ 0),\ (0,\ 0,\ 1)$$

このとき，表③より，a, b, c のうち2つ以上は偶数となる。

したがって，a, b, c のうち偶数が少なくとも2つある。　□

テーマ **33** 虚数解をもつ高次方程式！

重要ポイント 総整理！

虚数解をもつ高次方程式！

実数係数の高次方程式が虚数解 $\alpha\,(=a+bi)$ を持つとき，共役な複素数 $\bar{\alpha}\,(=a-bi)$ も方程式の解になります。下の問題で，3次方程式の場合を証明しておきましょう！

> 複素数 $\alpha=a+bi\,(a,\ b$ は実数$)$ に対し，$a-bi$ を $\bar{\alpha}$ と書くことにする。
> (1) 複素数 $\alpha,\ \beta$ に対し，$\overline{\alpha+\beta}=\bar{\alpha}+\bar{\beta}$ および $\overline{\alpha\beta}=\bar{\alpha}\,\bar{\beta}$ が成立することを示せ。
> (2) 係数が実数である α の3次多項式 $f(\alpha)$ に対し，$\overline{f(\alpha)}=f(\bar{\alpha})$ であることを示せ。
> (3) 複素数 γ が，係数が実数である α の3次方程式の解であるとき，$\bar{\gamma}$ も同じ方程式の解であることを示せ。

(1) $\alpha=a+bi,\ \beta=c+di\,(a,\ b,\ c,\ d$ は実数$)$ とおく。

$\alpha+\beta=(a+c)+(b+d)i$ より

$\quad \overline{\alpha+\beta}=(a+c)-(b+d)i=(a-bi)+(c-di)=\bar{\alpha}+\bar{\beta}$

よって，$\overline{\alpha+\beta}=\bar{\alpha}+\bar{\beta}$ が成り立つ。　□

また，$\alpha\beta=(a+bi)(c+di)=(ac-bd)+(ad+bc)i$ より

$\quad \overline{\alpha\beta}=(ac-bd)-(ad+bc)i$

$\quad \bar{\alpha}\,\bar{\beta}=(a-bi)(c-di)=(ac-bd)-(ad+bc)i$

よって，$\overline{\alpha\beta}=\bar{\alpha}\,\bar{\beta}$ が成り立つ。　□

(2) $f(\alpha)=p\alpha^3+q\alpha^2+r\alpha+s\,(p,\ q,\ r,\ s$ は実数。$p\neq0)$ とおく。両辺の共役複素数を考えて

$$\begin{aligned}
\overline{f(\alpha)} &= \overline{p\alpha^3+q\alpha^2+r\alpha+s} \\
&= \overline{p\alpha^3}+\overline{q\alpha^2}+\overline{r\alpha}+\bar{s} \qquad (\because\ \ \overline{\alpha+\beta}=\bar{\alpha}+\bar{\beta}) \\
&= \bar{p}(\bar{\alpha})^3+\bar{q}(\bar{\alpha})^2+\bar{r}\,\bar{\alpha}+\bar{s} \qquad (\because\ \ \overline{\alpha\beta}=\bar{\alpha}\,\bar{\beta}) \\
&= p(\bar{\alpha})^3+q(\bar{\alpha})^2+r(\bar{\alpha})+s \qquad (\because\ \ p,\ q,\ r,\ s\ \text{は実数}) \\
&= f(\bar{\alpha})
\end{aligned}$$

よって，$\overline{f(\alpha)}=f(\bar{\alpha})$ が成り立つ。　□

(3) $f(\alpha)=0$ のとき，両辺の共役複素数を考えて　$\overline{f(\alpha)}=0$

(2)より　$\overline{f(\gamma)}=f(\bar{\gamma})$

よって，$f(\gamma)=0$ のとき $f(\bar{\gamma})=0$ であるから，$\bar{\gamma}$ も同じ方程式の解である。　□

さて，**係数が実数でない方程式**の場合は，虚数解 $\alpha\,(=a+bi)$ を持つとき，共役な複素数 $\bar{\alpha}\,(=a-bi)$ も方程式の解になるのでしょうか，実際に解いて確認しましょう！

$\quad x^3-ix^2-x+i=0$ すなわち $(x-i)(x-1)(x+1)=0$ $\quad \therefore\quad x=i,\ \pm1$

128

この結果から，係数が実数でない場合は，虚数解 i をもちますが，共役な複素数 $-i$ は方程式の解になっていないことが分かります。**実数係数のときだけに成り立つものなのです。**

これだけは！ 33

解答 (1) $1+\sqrt{3}\,i$ が実数係数の方程式 $P(x)=0$ の解であるから，$1-\sqrt{3}\,i$ も $P(x)=0$ の解である。

$$(1+\sqrt{3}\,i)+(1-\sqrt{3}\,i)=2,$$
$$(1+\sqrt{3}\,i)(1-\sqrt{3}\,i)=4$$

であるから，**解と係数の関係より，$1+\sqrt{3}\,i$ と $1-\sqrt{3}\,i$ を解にもつ 2 次方程式は**

$$x^2-2x+4=0$$

> $1+\sqrt{3}\,i$ と $1-\sqrt{3}\,i$ を解にもつ 2 次方程式は $\{x-(1+\sqrt{3}\,i)\}\{x-(1-\sqrt{3}\,i)\}=0$ $x^2-2x+4=0$ として作ってもよいです！

したがって，$P(x)$ は，x^2-2x+4 を因数にもち

$$P(x)=(x^2-2x+④)(x^2+cx+④) \quad (c \text{ は実数})$$

> $P(x)$ の定数項が 16 であることに着目して，c を用いて $P(x)$ を表しています！

と表せる。

右辺を展開すると

$$P(x)=x^4+(c-2)x^3+(8-2c)x^2+(4c-8)x+16$$

となるので

> この式と，問題文の $P(x)$ は同じ式で，下の式のように x についての恒等式が作れます！

$$x^4+ax^3+bx^2-8(\sqrt{3}+1)x+16=x^4+(c-2)x^3+(8-2c)x^2+(4c-8)x+16$$

x^3，x^2，x の係数を比較すると

$$\begin{cases} a=c-2 & \cdots\cdots① \\ b=8-2c & \cdots\cdots② \\ -8(\sqrt{3}+1)=4c-8 & \cdots\cdots③ \end{cases}$$

③より $c=-2\sqrt{3}$

これを①，②に代入して $a=-2-2\sqrt{3}$，$b=8+4\sqrt{3}$

(2) (1)より $P(x)=(x^2-2x+4)(x^2-2\sqrt{3}\,x+4)$

$x^2-2x+4=0$ を解くと $x=1\pm\sqrt{3}\,i$

$x^2-2\sqrt{3}\,x+4=0$ を解くと $x=\sqrt{3}\pm i$

よって，$P(x)=0$ となる γ 以外の x の値は $x=1-\sqrt{3}\,i,\ \sqrt{3}\pm i$

ちょっと 一言

$x=1+\sqrt{3}\,i$ が $P(x)=0$ の解ですから，解 $x=1+\sqrt{3}\,i$ を $P(x)=0$ に代入して計算しても a，b を求めることができますが，計算が大変になります。

参考 ··

1+$\sqrt{3}\,i$ と 1−$\sqrt{3}\,i$ を解にもつ2次方程式は

$$x=1\pm\sqrt{3}\,i$$
$$\Longleftrightarrow\ x-1=\pm\sqrt{3}\,i$$
$$\Longleftrightarrow\ (x-1)^2=(\pm\sqrt{3}\,i)^2$$
$$\Longleftrightarrow\ x^2-2x+1=-3$$
$$\Longleftrightarrow\ x^2-2x+4=0$$

としても作ることができますよ！

類題に挑戦！ 33

解答 (1) $a+bi=\alpha$ とおくと，$g(\alpha)=0$ より $\alpha^3-5\alpha^2+m\alpha-13=0$

$\overline{\alpha^3-5\alpha^2+m\alpha-13}=\overline{0}$

m は整数であるから

$\overline{\alpha}^3-5\overline{\alpha}^2+m\overline{\alpha}-13=0$

$(\overline{\alpha})^3-5(\overline{\alpha})^2+m\overline{\alpha}-13=0$

∴ $g(\overline{\alpha})=0$

$\overline{\alpha}=a-bi$ より $g(a-bi)=0$ □

(2) $g(a+bi)=0$, $g(a-bi)=0$ であるから，**方程式 $g(x)=0$ は $x=a+bi$ と $x=a-bi$**
を解にもつ。

$$(a+bi)+(a-bi)=2a,\ (a+bi)(a-bi)=a^2+b^2$$

であるから，**解と係数の関係より，$a+bi$ と $a-bi$ を解にもつ2次方程式は**

$$x^2-2ax+a^2+b^2=0$$

よって，因数定理より，$g(x)$ は，$x^2-2ax+a^2+b^2$ を因数にもつ。

したがって，$g(x)$ は $x^2-2ax+a^2+b^2$ で割り切れる。 □

(3) (2)より，$g(x)=x^3-5x^2+mx-13$ は，$x^2-2ax+a^2+b^2$ を因数にもつので

$$g(x)=(x^2-2ax+a^2+b^2)(x+\boxed{2a-5})$$

と表せる。

x^2 の係数が -5 になるように □ を埋めます！ $-2ax^2$

$g(x)=(x^2-2ax+a^2+b^2)(x+\boxed{\ })$

$$g(x)=x^3-5x^2+(\ 3a^2+b^2+10a)x$$
$$+(2a-5)(a^2+b^2)$$

x の係数，定数項を比較すると

x の恒等式であるから，x の係数，定数項を比較します！

$$\begin{cases} -3a^2+b^2+10a=m & \cdots\cdots① \\ (2a-5)(a^2+b^2)=-13 & \cdots\cdots② \end{cases}$$

整数問題なので，① 積の形へ持ち込みます！

a，$b\,(\neq0)$ は整数であるから $a^2+b^2\geqq1$

② 不等式で評価！

②より，$5-2a$，a^2+b^2 は正の整数であるから

（ i ）$\begin{cases} 5-2a=1 \\ a^2+b^2=13 \end{cases}$ または(ii) $\begin{cases} 5-2a=13 \\ a^2+b^2=1 \end{cases}$

（ i ）$\begin{cases} 5-2a=1 \\ a^2+b^2=13 \end{cases}$ を解くと $(a,\ b)=(2,\ 3),\ (2,\ -3)$（適する）

　　$a=2,\ b^2=9$ を①に代入して $m=-3\cdot2^2+9+10\cdot2=17$

（ii）$\begin{cases} 5-2a=13 \\ a^2+b^2=1 \end{cases}$ を解くと，$5-2a=13$ より $a=-4$

　　このとき，$b^2=1-16=-15<0$ となり，これを満たす整数 b は存在しない。

　以上より $\underline{m=17}$

別解 $x=a\pm bi$ 以外の解を β とおく。3 次方程式の解と係数の関係より ◀

> 参考 で詳しく触れます！

$\begin{cases} \beta+(a+bi)+(a-bi)=5, \\ \beta(a+bi)+(a+bi)(a-bi)+(a-bi)\beta=m, \\ \beta(a+bi)(a-bi)=13 \end{cases}$

$\therefore \begin{cases} \beta=5-2a & \cdots\cdots ⓐ \\ 2a\beta+a^2+b^2=m & \cdots\cdots ⓑ \\ \beta(a^2+b^2)=13 & \cdots\cdots ⓒ \end{cases}$ ◀

> 整数問題なので，ⓒの式を① 積の形へ持ち込みます！

$a,\ b\ (\neq0)$ は整数であるから $a^2+b^2\geqq1$ ◀

> ② 不等式で評価！

ⓐ，ⓒより，$5-2a,\ a^2+b^2$ は正の整数であるから

（ i ）$\begin{cases} 5-2a=1 \\ a^2+b^2=13 \end{cases}$ または(ii) $\begin{cases} 5-2a=13 \\ a^2+b^2=1 \end{cases}$

（ i ）$\begin{cases} 5-2a=1 \\ a^2+b^2=13 \end{cases}$ を解くと $(a,\ b)=(2,\ 3),\ (2,\ -3)$（適する）

　　$a=2,\ \beta=1,\ a^2+b^2=13$ をⓑに代入して $m=2\cdot2\cdot1+13=17$

（ii）$\begin{cases} 5-2a=13 \\ a^2+b^2=1 \end{cases}$ を解くと，$5-2a=13$ より $a=-4$

　　このとき，$b^2=1-16=-15<0$ となり，これを満たす整数 b は存在しない。

　以上より $\underline{m=17}$

参考 ⋯⋯⋯

3 次方程式の解と係数の関係

　3 次方程式 $ax^3+bx^2+cx+d=0$ の 3 つの解を $\alpha,\ \beta,\ \gamma$ とする。このとき

　　$\alpha+\beta+\gamma=-\dfrac{b}{a},\ \ \alpha\beta+\beta\gamma+\gamma\alpha=\dfrac{c}{a},\ \ \alpha\beta\gamma=-\dfrac{d}{a}$

が成り立つ。

証明　3つの解が α, β, γ であるから

$$ax^3+bx^2+cx+d=a(x-\alpha)(x-\beta)(x-\gamma)$$

と変形できる。

$a \neq 0$ であるから

$$x^3+\frac{b}{a}x^2+\frac{c}{a}x+\frac{d}{a}=(x-\alpha)(x-\beta)(x-\gamma)$$

$$x^3+\frac{b}{a}x^2+\frac{c}{a}x+\frac{d}{a}=x^3-(\alpha+\beta+\gamma)x^2+(\alpha\beta+\beta\gamma+\gamma\alpha)x-\alpha\beta\gamma$$

係数を比較して

$$\alpha+\beta+\gamma=-\frac{b}{a}, \quad \alpha\beta+\beta\gamma+\gamma\alpha=\frac{c}{a}, \quad \alpha\beta\gamma=-\frac{d}{a} \quad \square$$

> 2次方程式の解と係数の関係も同様に導いておきましょう！
> 2つの解を α, β とするとき
> $ax^2+bx+c=a(x-\alpha)(x-\beta)$
> と変形できます！　以降は、真似して、2次方程式の解と係数の関係を作ってみましょう！

テーマ **34** | 差分解とシグマ！

差分解とシグマ！

$\displaystyle\sum_{k=1}^{n} k^2$, $\displaystyle\sum_{k=1}^{n} k^3$ などのシグマ公式のほとんどは，**差分解の形を経由してその和を考える**ことで導くことができます。

$$\sum_{k=1}^{m}\{f(k)-f(k-1)\} \longleftarrow \boxed{\text{差分解の和で，中がパタパタ消え，最初と最後が残ります！}}$$

$$=\{f(1)-f(0)\}+\{f(2)-f(1)\}+\cdots\cdots$$
$$+\{f(m-1)-f(m-2)\}+\{f(m)-f(m-1)\}$$
$$=f(m)-f(0)$$

$$\begin{array}{r} f(m)-f(m-1) \\ f(m-1)-f(m-2) \\ \vdots \\ f(2)-f(1) \\ +)\ f(1)-f(0) \\ \hline f(m)-f(0) \end{array}$$

次の和を求めよ。

(1) $\displaystyle\sum_{k=1}^{n}\dfrac{1}{k(k+1)}$　(2) $\displaystyle\sum_{k=1}^{n}\dfrac{1}{4k^2-1}$　(3) $\displaystyle\sum_{k=1}^{n}\dfrac{1}{k(k+1)(k+2)}$　(4) $\displaystyle\sum_{k=1}^{n}k(k+1)(k+2)$

(1) $\displaystyle\sum_{k=1}^{n}\dfrac{1}{k(k+1)}=\sum_{k=1}^{n}\left(\dfrac{1}{k}-\dfrac{1}{k+1}\right)$

$$=\left(1-\dfrac{1}{2}\right)+\left(\dfrac{1}{2}-\dfrac{1}{3}\right)+\cdots\cdots+\left(\dfrac{1}{n}-\dfrac{1}{n+1}\right)$$

$$=1-\dfrac{1}{n+1}=\dfrac{\boldsymbol{n}}{\boldsymbol{n+1}}$$

(2) $\displaystyle\sum_{k=1}^{n}\dfrac{1}{4k^2-1}=\sum_{k=1}^{n}\dfrac{1}{(2k-1)(2k+1)}$

$\boxed{\dfrac{1}{2k-1}-\dfrac{1}{2k+1}\ \text{を計算すると}\ \dfrac{2}{(2k-1)(2k+1)}\ \text{となるので}\ \dfrac{1}{2}\ \text{をつけて調整します！}}$

$$=\sum_{k=1}^{n}\dfrac{1}{2}\left(\dfrac{1}{2k-1}-\dfrac{1}{2k+1}\right)$$

$$=\dfrac{1}{2}\left\{\left(\dfrac{1}{1}-\dfrac{1}{3}\right)+\left(\dfrac{1}{3}-\dfrac{1}{5}\right)\right\}+\cdots\cdots+\left(\dfrac{1}{2n-1}-\dfrac{1}{2n+1}\right)\}$$

$$=\dfrac{1}{2}\left(1-\dfrac{1}{2n+1}\right)=\dfrac{1}{2}\cdot\dfrac{2n}{2n+1}=\dfrac{\boldsymbol{n}}{\boldsymbol{2n+1}}$$

(3) $\displaystyle\sum_{k=1}^{n}\dfrac{1}{k(k+1)(k+2)}=\sum_{k=1}^{n}\dfrac{1}{2}\left\{\dfrac{1}{k(k+1)}-\dfrac{1}{(k+1)(k+2)}\right\}$

$$=\dfrac{1}{2}\left\{\left(\dfrac{1}{1\cdot2}-\dfrac{1}{2\cdot3}\right)+\left(\dfrac{1}{2\cdot3}-\dfrac{1}{3\cdot4}\right)+\cdots\cdots+\left\{\dfrac{1}{n(n+1)}-\dfrac{1}{(n+1)(n+2)}\right\}\right\}$$

$$=\dfrac{1}{2}\left\{\dfrac{1}{1\cdot2}-\dfrac{1}{(n+1)(n+2)}\right\}$$

$$=\dfrac{\boldsymbol{n(n+3)}}{\boldsymbol{4(n+1)(n+2)}}$$

(4) $\displaystyle\sum_{k=1}^{n}k(k+1)(k+2)=\sum_{k=1}^{n}\frac{1}{4}\{k(k+1)(k+2)(k+3)-(k-1)k(k+1)(k+2)\}$

$\quad=\dfrac{1}{4}\{(1\cdot2\cdot3\cdot4-0\cdot1\cdot2\cdot3)+(2\cdot3\cdot4\cdot5-1\cdot2\cdot3\cdot4)+\cdots\cdots$

$\qquad\qquad +\{n(n+1)(n+2)(n+3)-(n-1)n(n+1)(n+2)\}\}$

$\quad=\dfrac{1}{4}\{n(n+1)(n+2)(n+3)\}$

$\quad=\underline{\dfrac{1}{4}n(n+1)(n+2)(n+3)}$

これだけは！ 34

解答 (1) $f(k)-f(k-1)=(2k+1)(2k+3)(2k+5)(2k+7)(2k+9)$

$\qquad\qquad\qquad\quad -(2k-1)(2k+1)(2k+3)(2k+5)(2k+7)$

$\qquad\qquad\quad =(2k+1)(2k+3)(2k+5)(2k+7)\{(2k+9)-(2k-1)\}$

$\qquad\qquad\quad =10(2k+1)(2k+3)(2k+5)(2k+7)$

$\quad\therefore\ \underline{a=10}$

(2) (1)より，$(2k+1)(2k+3)(2k+5)(2k+7)=\dfrac{1}{10}\{f(k)-f(k-1)\}$ であるから ◀

> 差分解！

$\qquad\underline{\displaystyle\sum_{k=1}^{m}(2k+1)(2k+3)(2k+5)(2k+7)}$

$\quad=\dfrac{1}{10}\displaystyle\sum_{k=1}^{m}\{f(k)-f(k-1)\}$

$\quad=\dfrac{1}{10}\{\{f(1)-f(0)\}+\{f(2)-f(1)\}+\cdots\cdots$

$\qquad\qquad +\{f(m-1)-f(m-2)\}+\{f(m)-f(m-1)\}\}$ ◀

$\quad=\dfrac{1}{10}\{f(m)-f(0)\}$

$\quad=\dfrac{1}{10}f(m)-\dfrac{1}{10}\cdot1\cdot3\cdot5\cdot7\cdot9$

$\quad=\underline{\dfrac{1}{10}f(m)-\dfrac{189}{2}}$

> 差分解の和で，中がパタパタ消え，最初と最後が残ります！
> $f(m)-f(m-1)$
> $f(m-1)-f(m-2)$
> $\vdots$
> $f(2)-f(1)$
> $+)\ f(1)-f(0)$
> $f(m)-f(0)$

類題に挑戦！ 34

解答 (1) $S_n=1+2+\cdots\cdots+n$ とする。

$\quad S_n=1+\quad 2\quad +\cdots\cdots+n\quad\cdots\cdots$①

$\quad S_n=n+(n-1)+\cdots\cdots+1\quad\cdots\cdots$② ◀ 和の順序を逆にしましたよ！

$\quad$①＋② より $\ 2S_n=(n+1)\cdot n\quad\therefore\ S_n=\underline{\dfrac{1}{2}n(n+1)}$

(2) 恒等式 $(k+1)^3-k^3=3k^2+3k+1$ を用いて考える。 ◀ 差分解！ この変形は押さえておきましょう！

この恒等式を $k=1,\ 2,\ \cdots\cdots,\ n$ として辺々を加えると

$$\sum_{k=1}^{n}\{(k+1)^3-k^3\}=\sum_{k=1}^{n}(3k^2+3k+1)\quad\cdots\cdots(*)$$

$$((*)\text{ の左辺})=(2^3-1^3)+(3^3-2^3)+\cdots\cdots+\{(n+1)^3-n^3\}$$

$$=(n+1)^3-1$$

$$=n^3+3n^2+3n\quad\cdots\cdots\text{③}$$

> 差分解の和で，中がパタパタ消え，最初と最後が残ります！
> 2^3-1^3
> 3^3-2^3
> $\vdots$
> $n^3-(n-1)^3$
> $+)\ (n+1)^3-n^3$
> $\overline{(n+1)^3-1^3}$

(1)より $\displaystyle\sum_{k=1}^{n}k=\dfrac{1}{2}n(n+1)$ であるから

$$((*)\text{ の右辺})=3\sum_{k=1}^{n}k^2+3\sum_{k=1}^{n}k+n$$

$$=3\sum_{k=1}^{n}k^2+3\cdot\dfrac{1}{2}n(n+1)+n$$

$$=3\sum_{k=1}^{n}k^2+\dfrac{3}{2}n^2+\dfrac{5}{2}n\quad\cdots\cdots\text{④}$$

$(*)$ において，③，④より $\quad n^3+3n^2+3n=3\displaystyle\sum_{k=1}^{n}k^2+\dfrac{3}{2}n^2+\dfrac{5}{2}n$

よって $\qquad 3\displaystyle\sum_{k=1}^{n}k^2=n^3+3n^2+3n-\left(\dfrac{3}{2}n^2+\dfrac{5}{2}n\right)$

$$=n^3+\dfrac{3}{2}n^2+\dfrac{1}{2}n$$

したがって $\quad 1^2+2^2+\cdots\cdots+n^2=\displaystyle\sum_{k=1}^{n}k^2$

$$=\dfrac{1}{3}n^3+\dfrac{1}{2}n^2+\dfrac{1}{6}n$$

> これにより，Σ公式
> $\displaystyle\sum_{k=1}^{n}k^2=\dfrac{1}{6}n(n+1)(2n+1)$
> が導けるわけですね！

(3) 恒等式 $(k+1)^4-k^4=4k^3+6k^2+4k+1$ を用いて考える。

> 差分解！ この変形を押さえておきましょう！

この恒等式を $k=1,\ 2,\ \cdots\cdots,\ n$ として辺々を加えると

$$\sum_{k=1}^{n}\{(k+1)^4-k^4\}=\sum_{k=1}^{n}(4k^3+6k^2+4k+1)\quad\cdots\cdots(**)$$

$$((**)\text{ の左辺})=(2^4-1^4)+(3^4-2^4)+\cdots\cdots+\{(n+1)^4-n^4\}$$

$$=(n+1)^4-1$$

$$=n^4+4n^3+6n^2+4n\quad\cdots\cdots\text{⑤}$$

> 差分解の和で，中がパタパタ消え，最初と最後が残ります！
> 2^4-1^4
> 3^4-2^4
> $\vdots$
> $n^4-(n-1)^4$
> $+)\ (n+1)^4-n^4$
> $\overline{(n+1)^4-1^4}$

(1)，(2)より $\quad\displaystyle\sum_{k=1}^{n}k=\dfrac{1}{2}n(n+1)$

$\displaystyle\sum_{k=1}^{n}k^2=\dfrac{1}{6}n(n+1)(2n+1)$ であるから

$$((**)\text{ の右辺})=4\sum_{k=1}^{n}k^3+6\sum_{k=1}^{n}k^2+4\sum_{k=1}^{n}k+n$$

$$=4\sum_{k=1}^{n}k^3+6\cdot\dfrac{1}{6}n(n+1)(2n+1)+4\cdot\dfrac{1}{2}n(n+1)+n$$

$$=4\sum_{k=1}^{n}k^3+2n^3+5n^2+4n\quad\cdots\cdots\text{⑥}$$

（＊＊）において，⑤，⑥より　$n^4+4n^3+6n^2+4n=4\sum_{k=1}^{n}k^3+2n^3+5n^2+4n$

よって　$4\sum_{k=1}^{n}k^3=n^4+4n^3+6n^2+4n-(2n^3+5n^2+4n)=n^4+2n^3+n^2$

したがって　$1^3+2^3+\cdots\cdots+n^3=\sum_{k=1}^{n}k^3$

$$=\frac{1}{4}(n^4+2n^3+n^2)$$

> これにより，∑公式
> $\sum_{k=1}^{n}k^3=\frac{1}{4}n^2(n+1)^2$
> が導けるわけですね！

参考 ....

（等差)×(等比)のシグマについても，**差分解**で求めることができますよ！

(1) 関数 $f(x)=2^x(ax^2+bx+c)$ が，常に $f(x+1)-f(x)=2^xx^2$ を満たすとき，定数 a, b, c の値を求めよ。

(2) $\sum_{k=1}^{n}2^kk^2$ を求めよ。

(3) $\sum_{k=1}^{n}2^kk$ を求めよ。　　　　　　　　　　　　　（横浜国立大）

(1)　$f(x+1)-f(x)=2^{x+1}\{a(x+1)^2+b(x+1)+c\}-2^x(ax^2+bx+c)$ ← 差分解を作ります！

$\qquad=2^x\{2a(x^2+2x+1)+2b(x+1)+2c-(ax^2+bx+c)\}$

$\qquad=2^x\{ax^2+(4a+b)x+2a+2b+c\}$

$f(x+1)-f(x)=2^xx^2$ が恒等的に成り立つから ← x の恒等式と見て，係数を比較します！

$\qquad a=1,\ 4a+b=0,\ 2a+2b+c=0$　　∴ $\underline{a=1,\ b=-4,\ c=6}$

(2)　$f(k)=2^k(k^2-4k+6)$ のとき

$$\sum_{k=1}^{n}2^kk^2=\sum_{k=1}^{n}\{f(k+1)-f(k)\}$$

> 差分解の和で，中がパタパタ消え，最初と最後が残ります！
> $f(n+1)-f(n)$
> $f(n)-f(n-1)$
> ………
> $f(3)-f(2)$
> ＋) $f(2)-f(1)$
> $f(n+1)-f(1)$

$$=f(n+1)-f(1)$$
$$=2^{n+1}\{(n+1)^2-4(n+1)+6\}$$
$$\qquad-2(1-4+6)$$
$$=\underline{2^{n+1}(n^2-2n+3)-6}$$

(3)　$g(x)=2^x(px+q)$ とおき，常に $g(x+1)-g(x)=2^xx$ が成り立つとする。

$\qquad g(x+1)-g(x)=2^{x+1}\{p(x+1)+q\}-2^x(px+q)$ ← 差分解を作ります！

（1）をヒントに！

$\qquad\qquad=2^x\{2p(x+1)+2q-(px+q)\}$

$\qquad\qquad=2^x(px+2p+q)$

$g(x+1)-g(x)=2^xx$ が恒等的に成り立つから ← x の恒等式と見て，係数を比較します！

$\qquad p=1,\ 2p+q=0$

∴　$p=1,\ q=-2$

∴　$g(x)=2^x(x-2)$

このとき，$\displaystyle\sum_{k=1}^{n}2^k k=\sum_{k=1}^{n}\{g(k+1)-g(k)\}$

$\qquad\qquad\qquad =g(n+1)-g(1)$

$\qquad\qquad\qquad =2^{n+1}\{(n+1)-2\}-2(1-2)$

$\qquad\qquad\qquad =\underline{2^{n+1}(n-1)+2}$

別解　$S_n=1\cdot2+2\cdot2^2+\cdots\cdots+n\cdot2^n$　とおく。

$\qquad S_n=1\cdot2+2\cdot2^2+\cdots\cdots+n\cdot2^n$ ⟵ (等差)×(等比) のシグマ！公比をかけて引きます！

$\underline{-)\,2S_n=\qquad\quad 1\cdot2^2+\cdots\cdots+(n-1)\cdot2^n+n\cdot2^{n+1}}$

$\qquad -S_n=2+2^2+\cdots\cdots+2^n-n\cdot2^{n+1}$ ⟵ 初項 2，公比 2，項数 n の等比数列の和！

$\qquad -S_n=2\cdot\dfrac{2^n-1}{2-1}-n\cdot2^{n+1}$

$\qquad\ \ S_n=-2(2^n-1)+n\cdot2^{n+1}$

よって　$S_n=2^{n+1}(n-1)+2$

したがって，$\displaystyle\sum_{k=1}^{n}2^k k=\underline{2^{n+1}(n-1)+2}$

テーマ **35** | 格子点の個数とシグマ！

格子点の個数とシグマ！

　x 座標と y 座標がともに整数である点を**格子点**といいます。領域内にある格子点の個数を求めるには，基本は数え上げですが，それが困難な場合は，次の手順を踏みます。

ステップ1　領域内の直線 $x=k$ あるいは $y=k$（k は整数）上の格子点の個数を求める！

ステップ2　k を動かして，ステップ1の各直線上の格子点の個数を $\sum$ で足し合わせる！

　まずは，誘導がついている問題で，格子点の解き方を学んでいきましょう！

> 　1以上の整数 m に対して，直線 $y=mx$ と放物線 $y=x^2$ で囲まれた領域を D_m とする。ただし，D_m は境界を含む。また，領域 D_m に含まれる格子点の個数を d_m とおく。
>
> (1)　d_1，d_2 を求めよ。
>
> (2)　$0 \leqq k \leqq m$ である整数 k に対して，直線 $x=k$ 上の格子点で領域 D_m に含まれるものの個数を m と k の式で表せ。
>
> (3)　d_m を m の式で表せ。
>
> (香川大)

(1)　領域 D_1 に含まれる格子点の座標は，図より　$(0,0)$，$(1,1)$

　　$\therefore$　$\underline{d_1 = 2}$

　領域 D_2 に含まれる格子点の座標は，図より　$(0,0)$，$(1,1)$，$(1,2)$，$(2,4)$

　　$\therefore$　$\underline{d_2 = 4}$

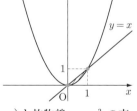

(2)　直線 $x=k$（$k=0, 1, 2, \cdots\cdots, m$）と放物線 $y=x^2$ の交点の座標は (k, k^2)

　　直線 $x=k$ と直線 $y=mx$ の交点の座標は (k, mk)

　　よって，直線 $x=k$ 上の格子点で領域 D_m に含まれるものの個数は　$\underline{mk - k^2 + 1\text{ 個}}$

格子点の y 座標に着目すると，
$y = k^2, k^2+1, \cdots\cdots, mk$

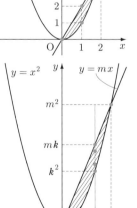

(3) $\underline{d_m} = \sum\limits_{k=0}^{m}(mk-k^2+1)$ ← 重要ポイント 総整理! ステップ2！

$= \sum\limits_{k=1}^{m}(mk-k^2+1)+1$ ← $k=0$ のときを分けました！

$= m\sum\limits_{k=1}^{m}k - \sum\limits_{k=1}^{m}k^2+m+1$

$= m\cdot\dfrac{1}{2}m(m+1)-\dfrac{1}{6}m(m+1)(2m+1)+m+1$

$\underline{=\dfrac{1}{6}(m+1)(m^2-m+6)}$

これだけは！ 35

解答 (1)　　　$y=x^2-2mx+m^2=(x-m)^2$

D の周上の格子点数 L_m は

$L_m=$(直線 $x=0$ 上の格子点数)$+$

　　(直線 $y=0$ 上の格子点数)$+$

　　(放物線上の格子点数)$-$

(重複している原点，点 $(0,\ m^2)$，点 $(m,\ 0)$ の格子点数)

$\underline{L_m}=m^2+1+(m+1)+(m+1)-3\underline{=m^2+2m}$

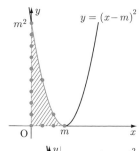

(2)　直線 $x=k$ $(k=0,\ 1,\ 2,\ \cdots\cdots,\ m)$ と放物線 $y=(x-m)^2$

の交点の座標は $(k,\ (k-m)^2)$

　直線 $x=k$ と直線 $y=0$ の交点の座標は $(k,\ 0)$

　よって，直線 $x=k$ $(k=0,\ 1,\ 2,\ \cdots\cdots,\ m)$ 上の格子点で

D に含まれるものの個数は　$(k-m)^2+1$ 個 ←

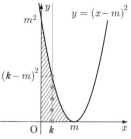

$\underline{T_m}=\sum\limits_{k=0}^{m}\{(k-m)^2+1\}$ ← 重要ポイント 総整理！ ステップ1！

$=\sum\limits_{k=0}^{m}(k^2-2mk+m^2+1)$ ← 重要ポイント 総整理！ ステップ2！

$=\sum\limits_{k=0}^{m}k^2-2m\sum\limits_{k=0}^{m}k+(m^2+1)\sum\limits_{k=0}^{m}1$ ←

$=\dfrac{1}{6}m(m+1)(2m+1)-m^2(m+1)+(m^2+1)(m+1)$

$\underline{=\dfrac{1}{6}(m+1)(2m^2+m+6)}$ ←

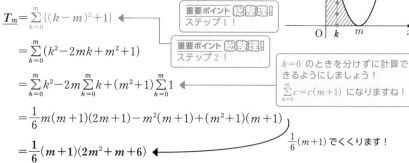

$k=0$ のときを分けずに計算で
きるようにしましょう！
$\sum\limits_{k=0}^{m}c=c(m+1)$ になりますね！

$\dfrac{1}{6}(m+1)$ でくくります！

(3) (1), (2)より $T_m - \dfrac{m}{3}L_m = \dfrac{1}{6}(m+1)(2m^2+m+6) - \dfrac{m}{3}(m^2+2m)$

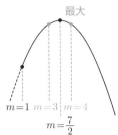

$\dfrac{1}{6}$ でくくって, それ以外は展開します!

$$= \dfrac{1}{6}(2m^3+3m^2+7m+6-2m^3-4m^2)$$

$$= \dfrac{1}{6}(-m^2+7m+6)$$

$$= \dfrac{1}{6}\left\{-\left(m-\dfrac{7}{2}\right)^2+\dfrac{73}{4}\right\}$$

m は 1 以上の整数であるから, **$m=3$, 4 のとき, 最大値**

$\dfrac{1}{6}(-3^2+7\cdot3+6)=\underline{3}$ をとる。

類題に挑戦! 35

解答 (1) $\mathrm{O}(0,\ 0)$, $\mathrm{A}(3k,\ 0)$, $\mathrm{B}(3k,\ 2k)$, $\mathrm{C}(0,\ 2k)$
とおく。

$x \geqq 0$, $y \geqq 0$, $\dfrac{x}{3}+\dfrac{y}{2} \leqq k$ の表す領域は, $\triangle\mathrm{OAC}$ の周
および内部である。よって, a_k は $\triangle\mathrm{OAC}$ の周および内
部に含まれる格子点の個数である。

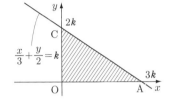

長方形 OABC の周および内部に含まれる格子点の個
数は $(3k+1)(2k+1)$ 個 ← 横 $3k+1$ 個, 縦 $2k+1$ 個

対角線 AC 上の格子点は

$(0,\ 2k)$, $(3,\ 2(k-1))$, $(6,\ 2(k-2))$, ……,

$(3k,\ 0)$

であり, その個数は $k+1$ 個

単純な領域の格子点の個
数は, 解答のように数え
ます!

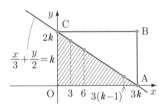

$\triangle\mathrm{OAC} \equiv \triangle\mathrm{BCA}$ であるから

(長方形 OABC の周および内部に含まれる格子点の個数)
$=$($\triangle\mathrm{OAC}$ の周および内部に含まれる格子点の個数)$\times 2-$(対角線 AC 上の格子点の個数)

$\quad (3k+1)(2k+1)=2a_k-(k+1)$

$\quad 2a_k=6k^2+6k+2$

$\therefore\ \underline{a_k=3k^2+3k+1}$

別解 (i) 直線 $y=2m$ $(m=0, 1, 2, \cdots\cdots, k)$ 上の

格子点の個数は $(3k-3m+1)$ 個

> 格子点の x 座標に着目すると $x=0, 1, 2, \cdots\cdots, 3k-3m$

(ii) 直線 $y=2m+1$ $(m=0, 1, 2, \cdots\cdots, k-1)$ 上の格

子点の個数は $(3k-3m-1)$ 個

> 格子点の x 座標に着目すると
> $x=0, 1, 2, \cdots\cdots, 3k-3m-2$

以上より

$$a_k=\sum_{m=0}^{k}(3k-3m+1)+\sum_{m=0}^{k-1}(3k-3m-1)$$

> $=(3k+1)+(3k-2)+\cdots\cdots+1$
> 等差数列の和！

> $=(3k-1)+(3k-4)+\cdots\cdots+2$
> 等差数列の和！

> $\sum\limits_{m=0}^{k-1}(m \text{ の } 1 \text{ 次式})$ は，具体
> 的に書いていくと，等差数
> 列の和になっています！

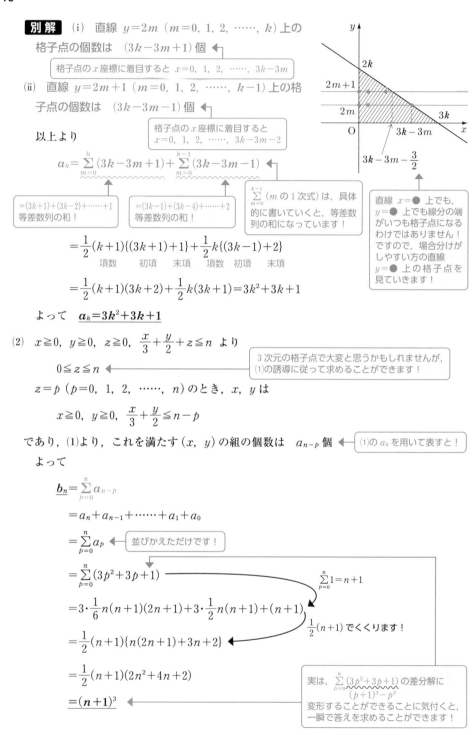

> 直線 $x=\bullet$ 上でも，
> $y=\bullet$ 上でも線分の端
> がいつも格子点になる
> わけではありません！
> ですので，場合分けが
> しやすい方の直線
> $y=\bullet$ 上の格子点を
> 見ていきます！

$$=\frac{1}{2}(k+1)\{(3k+1)+1\}+\frac{1}{2}k\{(3k-1)+2\}$$

       項数   初項   末項   項数 初項   末項

$$=\frac{1}{2}(k+1)(3k+2)+\frac{1}{2}k(3k+1)=3k^2+3k+1$$

よって $\underline{a_k=3k^2+3k+1}$

(2) $x\geqq0$, $y\geqq0$, $z\geqq0$, $\dfrac{x}{3}+\dfrac{y}{2}+z\leqq n$ より

> 3 次元の格子点で大変と思うかもしれませんが，
> (1)の誘導に従って求めることができます！

$$0\leqq z\leqq n$$

$z=p$ $(p=0, 1, 2, \cdots\cdots, n)$ のとき，x, y は

$$x\geqq0, \quad y\geqq0, \quad \frac{x}{3}+\frac{y}{2}\leqq n-p$$

であり，(1)より，これを満たす (x, y) の組の個数は a_{n-p} 個

> (1)の a_k を用いて表すと！

よって

$$\underline{b_n}=\sum_{p=0}^{n}a_{n-p}$$

$$=a_n+a_{n-1}+\cdots\cdots+a_1+a_0$$

$$=\sum_{p=0}^{n}a_p$$

> 並びかえただけです！

$$=\sum_{p=0}^{n}(3p^2+3p+1)$$

> $\sum\limits_{p=0}^{n}1=n+1$

$$=3\cdot\frac{1}{6}n(n+1)(2n+1)+3\cdot\frac{1}{2}n(n+1)+(n+1)$$

> $\frac{1}{2}(n+1)$ でくくります！

$$=\frac{1}{2}(n+1)\{n(2n+1)+3n+2\}$$

$$=\frac{1}{2}(n+1)(2n^2+4n+2)$$

$$=(n+1)^3$$

> 実は，$\sum\limits_{p=0}^{n}(3p^2+3p+1)$ の差分解に
> $(p+1)^3-p^3$
> 変形することができることに気付くと，
> 一瞬で答えを求めることができます！

テーマ 36 | 群数列！

重要ポイント 総整理！

群数列の解き方！

　ある規則のある数列に区切りを入れてかたまりを作って考える**群数列**は，次の3つを意識して解くことがコツになります。

　1　各群の項数をチェックしておく。

　2　各群の末項を基準に考える。（末項の次の数は，次の群の第1番目！）

　3　もとの数列で最初から数えて何項目か，そして，第何群の何番目かを考える。

　　正の奇数の列 1, 3, 5, 7, 9, 11, …… を

　　　　[1], [3, 5], [7, 9, 11], [13, ……], ……

　のように，順番に1個，2個，3個，……ずつのブロックに区切るものとする。

　(1)　100番目のブロックの最初の数を求めよ。

　(2)　100番目のブロックに現れる100個の数の和を求めよ。　　　　　　　　（名古屋大）

(1)　99番目のブロックの末項は，もとの数列で最初から数えて ← 末項を基準にして考えます！

$$1+2+\cdots+99=\frac{1}{2}\cdot99\cdot100=4950\,(項目)$$ であるから，**100番目のブロックの最初の数**は，

もとの数列で最初から数えて，4951項目より

$$2\cdot4951-1=\underline{9901}\ ←\ 第n項目は2n-1と表されます！$$

(2)　100番目のブロックの末項は，もとの数列で最初から数えて ← 末項を基準にして考えます！

　　$4950+100=5050\,(項目)$ であるから，100番目のブロックの末項の数は

　　　　$2\cdot5050-1=10099$

　　よって，100番目のブロックに現れる数の和は，等差数列の和であるから

$$\frac{1}{2}\cdot100\cdot(9901+10099)=100\times10000=\underline{1000000}$$
$$\scriptsize(項数)\times\{(初項)+(末項)\}$$

別解　100番目のブロックに現れる数の和は，初項9901，公差2，項数100の等差数列の和であるから

$$\frac{1}{2}\cdot100\{2\cdot9901+(100-1)\cdot2\}=100\times10000=\underline{1000000}$$
$$\scriptsize\frac{1}{2}(項数)[2\cdot(初項)+\{(項数)-1\}\cdot2]$$

これだけは！ 36

$(n-1)$ 群を考えるので，$n \geqq 2$

末項を基準にして考えます！

解答 (1) $n \geqq 2$ のとき，第 $(n-1)$ 群の末項は，もとの数列で最初から数えて，

$1+3+5+\cdots\cdots+\{2(n-1)-1\}=(n-1)^2$（項目）……① である。

よって，**第 n 群の初項**は，もとの数列で最初から

数えて $\{(n-1)^2+1\}=n^2-2n+2$（項目）

これは，$n=1$ のときも成り立つ。

末項の次の数は次の群の1番目！

したがって，**第 n 群の初項の数**は

$a_{n^2-2n+2}=2(n^2-2n+2)-1$

$=\underline{2n^2-4n+3}$ ……②

奇数の和は平方数！
$1+3=4=2^2$
$1+3+5=9=3^2$
$\vdots$
$1+3+5+\cdots\cdots+$
$(2n-1)=n^2$

$a_k=2k-1$ です！

(2) **第 n 群の中央の項**は，第 n 群の n 番目の項であるから，もとの数列で最初から数えて

$\{(n-1)^2+n\}=n^2-n+1$（項目） 第 $n-1$ 群の末項を基準にして考えます！

$a_{n^2-n+1}=2(n^2-n+1)-1$

$=\underline{2n^2-2n+1}$

(3) ②より，**第 n 群の末項の数**は，第 n 群の中で最初から数えて $2n-1$ 番目であるから

$2n^2-4n+3+2\cdot(2n-1-1)=2n^2-1$

第 n 群の末項は，もとの数列で最初から数えて，n^2 項目です！
$a_{n^2}=2n^2-1$ としてもよいです！

第 n 群の項の総和 $S(n)$ は，等差数列の和であるから

$\underline{S(n)}=\dfrac{1}{2}(2n-1)\{(2n^2-4n+3)+(2n^2-1)\}$
（第 n 群の項数）{（第 n 群の初項）+（第 n 群の末項）}

$=\underline{(2n-1)(2n^2-2n+1)}$

別解 第 n 群の項の総和 $S(n)$ は，(2)の第 n 群の中央の項を用いると

$\underline{S(n)}=\dfrac{1}{2}(2n-1)\cdot 2a_{n^2-n+1}$

等差数列かつ項数が奇数の場合
（第 n 群の初項）+（第 n 群の末項）
$=2\cdot$（第 n 群の中央の項）

$=\underline{(2n-1)(2n^2-2n+1)}$

(4) (2)より $\displaystyle\sum_{k=1}^{n}(2k^2-2k+1)=2\sum_{k=1}^{n}k^2-2\sum_{k=1}^{n}k+\sum_{k=1}^{n}1$

$=2\cdot\dfrac{1}{6}n(n+1)(2n+1)-2\cdot\dfrac{1}{2}n(n+1)+n$

$=\dfrac{1}{3}n(2n^2+3n+1-3n-3+3)$

$=\underline{\dfrac{1}{3}n(2n^2+1)}$

(5) $2x-1=2013$ を解くと $x=1007$

まず，2013 が第何群にあるかを調べます！

よって，2013 は，もとの数列で最初から数えて 1007 項目

2013 が第 n 群にあるとすると

$(n-1)^2+1 \leqq 1007 \leqq n^2$

群数列の場合は，不等式を解くのではなく，不等式を満たす自然数 n を探します！

実際に，$31^2=961$，$32^2=1024$ であるから，この不等式を満たす自然数 n は $n=32$

よって，2013 は第 32 群にあり，第 32 群の中で最初から数えて $1007-962+1=46$（番目）であるから 2013 は**第 32 群の第 46 項**

> 計算ミス要注意！ 45番目ではないですよ！
> 例えば，$5 \leqq n \leqq 9$ を満たす自然数 n は，$9-5+1=5$（個）ありますね！

類題に挑戦！ 36

解答 この数列を

第1群 第2群 第3群 第4群
$|\ 1\ |1,\ 3\ |1,\ 3,\ 5\ |1,\ 3,\ 5,\ 7\ |\cdots\cdots$

> 数列の規則から群に分けて考えます！

のように群に分ける。

第 i 群 $(i=1,\ 2,\ 3,\ \cdots\cdots)$ は，$|1,\ 3,\ 5,\ 7,\ \cdots\cdots,\ 2i-1|$ のように，i 個の奇数の項で構成されている。

(1) $k+1$ 回目に現れる 1 は，第 $k+1$ 群の初項である。

> 末項を基準にして考えます！

第 k 群の末項は，もとの数列で最初から数えて $1+2+3+\cdots\cdots+k=\dfrac{1}{2}k(k+1)$（項目）

第 $k+1$ 群の初項は，もとの数列で最初から数えて，$\dfrac{1}{2}k(k+1)+1=\dfrac{1}{2}(k^2+k+2)$（項目）

であるから，$k+1$ 回目に現れる 1 は，もとの数列で最初から数えて **第 $\dfrac{1}{2}(k^2+k+2)$ 項**

(2) $2x-1=17$ を解くと $x=9$

これより，1 回目に現れる 17 は，第 9 群の中で最初から数えて，9 番目である。

また，m 回目に現れる 17 は，第 $m+8$ 群の中で最初から数えて，9 番目である。

第 $m+7$ 群の末項は，もとの数列で最初から数えて，

$1+2+\cdots\cdots+(m+7)=\dfrac{1}{2}(m+7)(m+8)$（項目）である。

> 末項を基準にして考えます！

m 回目に現れる 17 は，第 $m+8$ 群の 9 番目より，もとの数列で最初から数えて，

$\dfrac{1}{2}(m+7)(m+8)+9=\dfrac{1}{2}(m^2+15m+74)$（項目）であるから **第 $\dfrac{1}{2}(m^2+15m+74)$ 項**

(3) 第 i 群に現れる i 個の奇数の和は $1+3+\cdots\cdots+(2i-1)=i^2$

よって，初項から $k+1$ 回目の 1 までの項の和は，第 1 群から第 k 群までの和に 1 を加えたものであるから

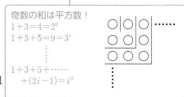
> 奇数の和は平方数！
> $1+3=4=2^2$
> $1+3+5=9=3^2$
> $1+3+5+\cdots\cdots$
> $\quad +(2i-1)=i^2$

$$(1^2+2^2+\cdots\cdots+k^2)+1=\dfrac{1}{6}k(k+1)(2k+1)+1$$

$$=\dfrac{1}{6}(2k^3+3k^2+k+6)$$

⑷ 第 1 群から第 k 群までの和を T_k とすると

$$T_k = 1^2 + 2^2 + \cdots\cdots + k^2 = \frac{1}{6}k(k+1)(2k+1)$$

> まず，求める項が第何群にあるかを調べます！
> 3 次不等式をまともに解くのは大変です！
> $T_k \doteqdot \frac{1}{3}k^3$ と見て，$\frac{1}{3}k^3 \doteqdot 1300$ すなわち $k^3 \doteqdot 3900$ となりそうな k を探します！
> ちなみに，$15^3 = 3375$，$16^3 = 4096$ です！

実際に，$T_{15} = \frac{1}{6}\cdot 15\cdot 16\cdot 31 = 1240$，

$T_{16} = \frac{1}{6}\cdot 16\cdot 17\cdot 33 = 1496$ であるから，求める項は，第 16 群にある。

> 次に，求める項が第 16 群の何番目にあるかを調べます！

さらに，$T_{15} + 7^2 = 1289$，$T_{15} + 8^2 = 1304$ であるから，和 S_n が初めて 1300 より大きくなるのは，初項から第 16 群の 8 番目まで加えたときである。

よって，$S_n > 1300$ となる最小の n の値は

$$\underline{n} = (1 + 2 + \cdots\cdots + 15) + 8 = \frac{1}{2}\cdot 15\cdot 16 + 8 = \underline{\mathbf{128}}$$

> もとの数列で最初から数えて 128 項目！

テーマ 37 | 隣接 2 項間漸化式の解き方！

隣接 2 項間漸化式の解き方！

隣接 2 項間漸化式のほとんどは，「かたまり」で次の基本 3 タイプに帰着させて解きます！

① $a_{n+1}=a_n+d$ 〈等差型〉　② $a_{n+1}=ra_n$ 〈等比型〉　③ $a_{n+1}-a_n=f(n)$ 〈階差型〉

次の数列の一般項を求めよ。

(1) $a_1=1$, $a_{n+1}=3a_n-1$ $(n=1,\ 2,\ 3,\ \cdots\cdots)$

(2) $b_1=3$, $b_{n+1}-3b_n=2\cdot3^n$ $(n=1,\ 2,\ 3,\ \cdots\cdots)$

(3) $c_1=1$, $\dfrac{1}{c_{n+1}}-\dfrac{1}{c_n}=n+1$ $(n=1,\ 2,\ 3,\ \cdots\cdots)$

(1) $\boxed{a_{n+1}-\dfrac{1}{2}}=3\left(\boxed{a_n-\dfrac{1}{2}}\right)$ と変形できるので ◀

数列 $\left\{\boxed{a_n-\dfrac{1}{2}}\right\}$ は，初項 $\boxed{a_1-\dfrac{1}{2}}=\dfrac{1}{2}$，公比 3 の等比数列

であるから $\boxed{a_n-\dfrac{1}{2}}=\dfrac{1}{2}\cdot3^{n-1}$ ∴ $\underline{a_n=\dfrac{1}{2}(3^{n-1}+1)}$

(初項)・(公比)^項数

> $a_{n+1}-\square=\bullet(a_n-\square)$
> かたまりで〈等比型〉の形を作ります！
>
> $\quad a_{n+1}=3a_n-1$
> $-)\quad \square=3\cdot\square\ -\ 1$ (特性方程式)
> $a_{n+1}-\square=3(a_n-\square)$
>
> $\square=3\cdot\square-1$ を解くと，$\square=\dfrac{1}{2}$

(2) $\boxed{\dfrac{b_{n+1}}{3^{n+1}}}-\boxed{\dfrac{b_n}{3^n}}=\dfrac{2}{3}$ ◀ 両辺を 3^{n+1} で割ると，かたまりで〈等差型〉が見えます！

数列 $\left\{\boxed{\dfrac{b_n}{3^n}}\right\}$ は，初項 $\boxed{\dfrac{b_1}{3}}=1$，公差 $\dfrac{2}{3}$ の等差数列であるから

$\boxed{\dfrac{b_n}{3^n}}=1+\dfrac{2}{3}(n-1)=\dfrac{2}{3}n+\dfrac{1}{3}$ ∴ $\underline{b_n=3^{n-1}(2n+1)}$

(初項)+(公差)・(項数-1)

(3) $\boxed{\dfrac{1}{c_{n+1}}}-\boxed{\dfrac{1}{c_n}}=n+1$ より， ◀ かたまりで〈階差型〉 今回は置き換えをして，解答を作ります！

$d_n=\boxed{\dfrac{1}{c_n}}$ とおくと $d_{n+1}-d_n=n+1$ ◀ 〈階差型〉！

> 〈階差型〉は，$\sum$ の添字から $n\geqq2$ のときの条件がつきます！ $n=1$ のときのチェックを忘れずに！

よって，$n\geqq2$ のとき ◀

$d_n=d_1+\displaystyle\sum_{k=1}^{n-1}(k+1)=d_1+\sum_{k=1}^{n-1}k+\sum_{k=1}^{n-1}1$ ◀

$=1+\dfrac{1}{2}n(n-1)+(n-1)\quad\left(\because\ d_1=\dfrac{1}{c_1}=1\right)$

$=\dfrac{1}{2}n^2+\dfrac{1}{2}n=\dfrac{1}{2}n(n+1)\quad(n\geqq2)$ ……①

> $d_n-d_{n-1}=n$
> $d_{n-1}-d_{n-2}=n-1$
> $\vdots$
> $d_3-d_2=3$
> $+)\ d_2-d_1=2\qquad (n-1)\geqq1$
> $\qquad\qquad\qquad\downarrow$
> $d_n-d_1=\displaystyle\sum_{k=1}^{n-1}(k+1)\ (n\geqq2)$

①は $n=1$ のときも成り立つ。 ◀ ①に $n=1$ を代入すると $d_1=1$ となります！

$$\therefore \quad \underline{c_n = \frac{1}{d_n} = \frac{2}{n(n+1)}} \quad (n \geq 1)$$

これだけは！ 37

解答 (1) $a_{n+1} = \frac{1}{p}a_n - (-1)^{n+1}$ ……① ← 両辺に p^{n+1} をかけると $b_n = p^n a_n$ が現れます！

①の両辺に p^{n+1} をかけると

$$p^{n+1}a_{n+1} = p^n a_n - (-p)^{n+1}$$

ここで，$b_n = p^n a_n$ より

$$\underline{b_{n+1} = b_n - (-p)^{n+1}}$$

(2) (1)より $b_{n+1} - b_n = -(-p)^{n+1}$ ← 〈階差型〉！

$n \geq 2$ のとき ← 忘れずに！

$$b_n = b_1 + \sum_{k=1}^{n-1}\{-(-p)^{k+1}\}$$

右枠：
$$b_n - b_{n-1} = -(-p)^n$$
$$b_{n-1} - b_{n-2} = -(-p)^{n-1}$$
$$+) \quad b_2 - b_1 = -(-p)^2$$
$$\overline{b_n - b_1 = \sum_{k=1}^{n-1}\{-(-p)^{k+1}\}}$$
$$(n \geq 2)$$

$$= p - \sum_{k=1}^{n-1}(-p)^{k+1} \quad (n \geq 2)$$

初項 p^2，公比 $-p$，項数 $n-1$ の等比数列の和！

(ⅰ) $-p = 1$ すなわち $p = -1$ のとき ← 公比＝1 のとき！

$$b_n = -1 - \sum_{k=1}^{n-1}1$$

$$= -1 - (n-1)$$

$$= -n \quad (n \geq 2)$$

ここで，$a_n = \frac{b_n}{p^n}$ であるから

$$a_n = \frac{-n}{(-1)^n} = \frac{n}{(-1)^{n-1}} \quad (n \geq 2) \quad ……②$$

②は $n=1$ のときも成り立つ。←

盲点
初項 a，公比 r の等比数列の和
$$S = a + ar + ar^2 + \cdots\cdots + ar^{n-1}$$
$$-) \quad rS = \quad ar + ar^2 + \cdots\cdots + ar^{n-1} + ar^n$$
$$\overline{(1-r)S = a(1-r^n)}$$
$r \neq 1$ のとき $S = \dfrac{a(1-r^n)}{1-r}$
$r = 1$ のとき $S = a + a + a + \cdots\cdots + a = na$
となるので，$\sum\limits_{k=1}^{n-1}(-p)^{k+1}$ の等比数列の和の計算をする際に，公比 $-p$ が 1 になるかどうかで場合分けをしないといけません！

$n=1$ のチェックも忘れずに！

(ⅱ) $-p \neq 1$ すなわち $p \neq -1$ のとき ←

公比 $\neq 1$ のとき！

$$b_n = p - \frac{p^2\{1 - (-p)^{n-1}\}}{1 - (-p)}$$

$$= \frac{p(1+p) - p^2 + (-p)^{n+1}}{1+p}$$

$$= \frac{p + (-p)^{n+1}}{1+p} \quad (n \geq 2)$$

ここで，$a_n = \frac{b_n}{p^n}$ であるから

$$a_n = \frac{p + (-p)^{n+1}}{1+p} \cdot \frac{1}{p^n}$$

$$= \frac{1 - (-p)^n}{p^{n-1}(1+p)} \quad (n \geq 2) \quad ……③$$

③は $n=1$ のときも成り立つ。 ← $n=1$ のチェックも忘れずに！

以上より $a_n = \begin{cases} \dfrac{n}{(-1)^{n-1}} & (p=-1) \\[2mm] \dfrac{1-(-p)^n}{p^{n-1}(1+p)} & (p \neq -1) \end{cases}$

類題に挑戦！ 37

解答 (1) $a_1=2>0$ で，$a_{n+1}=8a_n{}^2$ であるから，$a_n>0$ とすると，$a_{n+1}>0$ となるので，

すべての自然数 n に対して $a_n>0$ ← 両辺の対数をとる前に，真数条件を満たしていること，すなわち，正であることを記述すること！

これより，$a_{n+1}=8a_n{}^2$ の両辺について，底を 2 とする対数をとると

$$\log_2 a_{n+1} = \log_2 8a_n{}^2$$

$$\log_2 a_{n+1} = \log_2 8 + 2\log_2 a_n$$

$b_n = \log_2 a_n$ より $\underline{b_{n+1} = 2b_n + 3}$ ……①

$$\begin{array}{r} b_{n+1}=2b_n+3 \\ -)\quad \boxed{-3}=2\cdot(\boxed{-3})+3 \\ \hline b_{n+1}-(\boxed{-3})=2\{b_n-(\boxed{-3})\} \end{array}$$

(2) ①を変形すると ←

$\boxed{b_{n+1}+3}=2(\boxed{b_n+3})$ ← かたまりで〈等比型〉！

数列 $\{\boxed{b_n+3}\}$ は初項 $\boxed{b_1+3}=\log_2 a_1+3=4$，公比 2 の等比数列であるから

$\boxed{b_n+3}=4\cdot 2^{n-1}=2^{n+1}$

∴ $\underline{b_n=2^{n+1}-3}$

(3) **すべての自然数 n に対して $a_n>0$ であるから，$P_n>0$** ← 両辺の対数をとる前に，真数条件を満たしていること，すなわち，正であることを記述すること！

これより，$P_n=a_1a_2a_3\cdots\cdots a_n$ の両辺について，底を 2 とする対数をとると

$$\log_2 P_n = \log_2 a_1 + \log_2 a_2 + \cdots\cdots + \log_2 a_n$$

$$= \sum_{k=1}^{n} b_k$$

$$= \sum_{k=1}^{n} (2^{k+1}-3) \quad (\because \ (2))$$

$$= \sum_{k=1}^{n} 2^{k+1} - \sum_{k=1}^{n} 3$$

初項 4，公比 2，項数 n の等比数列の和！

$$= \frac{4(2^n-1)}{2-1} - 3n$$

$$= 2^{n+2}-3n-4 \quad \cdots\cdots ②$$

∴ $\underline{P_n=2^{2^{n+2}-3n-4}}$

(4) $P_n > 10^{100}$ の両辺について，底を 2 とする対数をとると

$$\log_2 P_n > 100 \log_2 10$$

②より　$2^{n+2} - 3n - 4 > 100 \log_2 10$　……③

ここで，$\log_2 8 < \log_2 10 < \log_2 16$ であるから

$$3 < \log_2 10 < 4 \qquad 300 < 100 \log_2 10 < 400$$

> ③を満たす最小の自然数 n を求めるには，$n = 1$, 2, 3, 4, 5, 6, 7 と実際に調べて，$n = 7$ のときに初めて③を満たすことを示しても構いませんよ！　この解答では，$f(n)$ が n の増加関数であることを示してから，③を満たす最小の自然数を求めます！

また，$f(n) = 2^{n+2} - 3n - 4$ とおくと

$$f(n+1) - f(n) = \{2^{n+3} - 3(n+1) - 4\} - (2^{n+2} - 3n - 4)$$
$$= 2^{n+3} - 2^{n+2} - 3$$
$$= 2^{n+2} - 3 > 0 \quad (\because \quad n \geqq 1)$$

> $2^{n+3} - 2^{n+2} = 2^{n+2}(2-1) = 2^{n+2}$

よって，$f(n)$ は n の増加関数である。

また，$f(6) = 2^8 - 3 \cdot 6 - 4 = 234 < 300$

$$f(7) = 2^9 - 3 \cdot 7 - 4 = 487 > 400$$

> ③の不等式を普通に解くのは困難なので，$2^{n+2} - 3n - 4$ が 400 を超える最小の自然数 n を具体的に代入して探します！

であるから，③を満たす最小の自然数 n は　$\underline{n = 7}$

| 隣接 3 項間漸化式の解き方！

重要ポイント **総整理！**

隣接 3 項間漸化式の解き方！

隣接 3 項間漸化式 $a_{n+2}=(s+t)a_{n+1}-sta_n$ の形は，次の 2 通りに変形できます。

sa_{n+1} を左辺に移項すると　$a_{n+2}-sa_{n+1}=t(a_{n+1}-sa_n)$ ← かたまりで〈等比型〉！

ta_{n+1} を左辺に移項すると　$a_{n+2}-ta_{n+1}=s(a_{n+1}-ta_n)$ ← かたまりで〈等比型〉！

例えば，漸化式 $a_{n+2}=5a_{n+1}-4a_n$ は，次の 2 通りに変形できます。

a_{n+1} を左辺に移項すると　$a_{n+2}-a_{n+1}=4(a_{n+1}-a_n)$ ……① ← かたまりで〈等比型〉！

$4a_{n+1}$ を左辺に移項すると　$a_{n+2}-4a_{n+1}=a_{n+1}-4a_n$ ……② ← かたまりで〈等比型〉！（公比 1）→ 定数数列

このように変形するためには，$s+t=5$，$st=4$ となる s，t を見つければよいわけです。s，t は，2 次方程式 $(x-s)(x-t)=0$ すなわち $x^2-(s+t)x+st=0$ より，$x^2-5x+4=0$（**特性方程式**）の解になっています。この**特性方程式**は，漸化式 $a_{n+2}=5a_{n+1}-4a_n$ の a_{n+2} を x^2 に，a_{n+1} を x に，a_n を 1 に置き換えた式になっていることに気づいてほしいです。s，t のペアが見つけにくい場合は，特性方程式を作って解くことで簡単に見つかります。その後，sa_{n+1} あるいは ta_{n+1} の項を移項することで，「かたまり」で基本 3 タイプ（等比型）に帰着させることができるのです。下の例で確認しておきましょう！

> $a_1=1$，$a_2=2$，$a_{n+2}=5a_{n+1}-4a_n$　$(n=1, 2, 3, \cdots\cdots)$ で定められる数列 $\{a_n\}$ を考える。一般項 a_n を求めよ。

$a_{n+2}=5a_{n+1}-4a_n$ は次の 2 通りに変形できる。

$$a_{n+2}-a_{n+1}=4(a_{n+1}-a_n)　\cdots\cdots①$$

$$a_{n+2}-4a_{n+1}=a_{n+1}-4a_n　\cdots\cdots②$$

①より，数列 $\{a_{n+1}-a_n\}$ は初項 $a_2-a_1=1$，公比 4 の等比数列であるから

$$a_{n+1}-a_n=4^{n-1}　\cdots\cdots③$$

②より，数列 $\{a_{n+1}-4a_n\}$ は初項 $a_2-4a_1=-2$ の定数数列であるから

$$a_{n+1}-4a_n=-2　\cdots\cdots④$$

③－④ より　$3a_n=4^{n-1}+2$　∴　$a_n=\dfrac{4^{n-1}+2}{3}$

今回の漸化式は，①，②の 2 通りで変形することができました。もし 1 通りでしか変形できない（特性方程式が重解の）場合は，別解のようにその漸化式を解き進めればよいのです。

別解 ③より，$n \geq 2$ のとき ← ③は〈階差型〉！

$$a_n = 1 + \sum_{k=1}^{n-1} 4^{k-1}$$

差の形 → 足したらパタパタ消えます！

$$a_n - a_{n-1} = 4^{n-2}$$
$$a_{n-1} - a_{n-2} = 4^{n-3}$$
$$\vdots$$
$$\underline{+) \quad a_2 - a_1 = 4^0}$$
$$a_n - a_1 = \sum_{k=1}^{n-1} 4^{k-1} \quad (n \geq 2)$$

$$= 1 + \frac{4^{n-1}-1}{4-1}$$

$$= \frac{4^{n-1}+2}{3} \quad (n \geq 2) \quad \cdots\cdots ⑤$$

⑤は，$n=1$ のときも成り立つ。←

$n=1$ のときの記述を忘れずに！

$$\therefore \quad \underline{a_n = \frac{4^{n-1}+2}{3} \quad (n \geq 1)}$$

これだけは！ 38

解答 (1) $a_{n+2} = a_{n+1} + 3a_n \quad \cdots\cdots ①$ とする。

$$\begin{cases} a_{n+2} - sa_{n+1} = t(a_{n+1} - sa_n) \\ a_{n+2} - ta_{n+1} = s(a_{n+1} - ta_n) \end{cases}$$

この2式を整理すると，いずれも $a_{n+2} = (s+t)a_{n+1} - sta_n \quad \cdots\cdots ②$

①と②の係数を比較すると $s+t=1, \ st=-3$

よって，s, t は2次方程式 $(x-s)(x-t)=0$ すなわち $x^2 - (s+t)x + st = 0$ より $x^2 - x - 3 = 0$ の解である。

この方程式を解くと $x = \dfrac{1 \pm \sqrt{13}}{2}$

$s > t$ より $\underline{s = \dfrac{1+\sqrt{13}}{2}, \ t = \dfrac{1-\sqrt{13}}{2}}$

(2) $s+t=1$ より $1-s=t, \ 1-t=s$

$\boxed{a_{n+2} - sa_{n+1}} = t(\boxed{a_{n+1} - sa_n})$ より，数列 $\{\boxed{a_{n+1} - sa_n}\}$ は初項 $\boxed{a_2 - sa_1} = 1 - s = t$，公比 t の等比数列であるから ← かたまりで〈等比型〉！

$$\boxed{a_{n+1} - sa_n} = t^n \quad \cdots\cdots ③$$

$\boxed{a_{n+2} - ta_{n+1}} = s(\boxed{a_{n+1} - ta_n})$ より，数列 $\{\boxed{a_{n+1} - ta_n}\}$ は初項 $\boxed{a_2 - ta_1} = 1 - t = s$，公比 s の等比数列であるから ← かたまりで〈等比型〉！

$$\boxed{a_{n+1} - ta_n} = s^n \quad \cdots\cdots ④$$

④－③ より $(s-t)a_n = s^n - t^n$

(1)より，$s-t = \sqrt{13}$ であるから $\underline{a_n = \dfrac{1}{\sqrt{13}}\left\{\left(\dfrac{1+\sqrt{13}}{2}\right)^n - \left(\dfrac{1-\sqrt{13}}{2}\right)^n\right\}}$

類題に挑戦！ 38

解答 (1) $a_{n+2} = (1-p)a_{n+1} + pa_n$ を変形すると

$$\boxed{a_{n+2} - a_{n+1}} = -p(\boxed{a_{n+1} - a_n}) \quad ← かたまりで〈等比型〉！$$

$b_n = a_{n+1} - a_n$ より $b_{n+1} = -pb_n$

数列 $\{b_n\}$ は初項 $b_1 = a_2 - a_1 = 1$，公比 $-p$ の等比数列であるから

$\underline{b_n = 1 \cdot (-p)^{n-1} = (-p)^{n-1}}$

(2) (1)より $a_{n+1} - a_n = (-p)^{n-1}$ ……① ◀ 〈階差型〉！

また，$a_{n+2} = (1-p)a_{n+1} + pa_n$ を変形して

$\boxed{a_{n+2} + pa_{n+1}} = \boxed{a_{n+1} + pa_n}$ ◀ かたまりで〈公比1の〉〈等比型〉〈定数数列〉！

数列 $\{\boxed{a_{n+1} + pa_n}\}$ は初項 $\boxed{a_2 + pa_1} = 2 + p$ の定数数列であるから

$\boxed{a_{n+1} + pa_n} = 2 + p$ ……②

②－① より $(1+p)a_n = 2 + p - (-p)^{n-1}$

$0 < p < 1$ より $1 + p \neq 0$ であるから $\underline{a_n = \dfrac{2 + p - (-p)^{n-1}}{1+p}}$

別解 1 ①を変形すると，$n \geq 2$ のとき ◀ 〈階差型〉！

$a_n = a_1 + \displaystyle\sum_{k=1}^{n-1}(-p)^{k-1}$ ◀

$\begin{array}{ll} a_n - a_{n-1} = (-p)^{n-2} \\ a_{n-1} - a_{n-2} = (-p)^{n-3} \\ \qquad\vdots \\ +)\quad a_2 - a_1 = (-p)^0 \\ \hline a_n - a_1 = \displaystyle\sum_{k=1}^{n-1}(-p)^{k-1} \quad (n \geq 2) \end{array}$

$= 1 + \dfrac{1 \cdot \{1 - (-p)^{n-1}\}}{1 - (-p)}$ （$\because$ $1 + p \neq 0$）

$= 1 + \dfrac{1 - (-p)^{n-1}}{1+p}$

$= \dfrac{2 + p - (-p)^{n-1}}{1+p}$ （$n \geq 2$）……③

③は $n = 1$ のときも成り立つ。 ◀ $n = 1$ のときの記述を忘れずに！

以上より $\underline{a_n = \dfrac{2 + p - (-p)^{n-1}}{1+p}}$ （$n \geq 1$）

別解 2 ②を変形すると

$\boxed{a_{n+1} - \dfrac{2+p}{1+p}} = -p\left(\boxed{a_n - \dfrac{2+p}{1+p}}\right)$ （$\because$ $1+p \neq 0$）◀ かたまりで〈等比型〉！

数列 $\left\{\boxed{a_n - \dfrac{2+p}{1+p}}\right\}$ は初項 $\boxed{a_1 - \dfrac{2+p}{1+p}} = \dfrac{-1}{1+p}$，公比 $-p$ の等比数列であるから

$\boxed{a_n - \dfrac{2+p}{1+p}} = \dfrac{-1}{1+p}(-p)^{n-1}$

したがって $\underline{a_n = \dfrac{2 + p - (-p)^{n-1}}{1+p}}$

参考 ....

$a_{n+2} + pa_{n+1} + qa_n = 0$ 型の漸化式は，頻出ですので確実に解けるようにしておきましょう！

ここで，この漸化式を少しいじった $a_{n+2} + pa_{n+1} + qa_n = (定数)$ 型の漸化式について触れておきます。このタイプは，ほとんどの場合，誘導が付き，その誘導にのると，**かたまりで等差型**，あるいは，**かたまりで階差型**の漸化式に帰着されます。実は，誘導の置き換えの式は，a_{n+2} を x^2 に，a_{n+1} を x に，a_n を 1，定数を 0 に置き換えた式（特性方程式）から作られ

152

ているのです。

> 数列 $\{a_n\}$ は，関係式 $a_1=1$, $a_2=2$, $a_{n+2}-4a_{n+1}+3a_n=1$ （$n=1, 2, 3, \cdots\cdots$）を満たすとする。$b_n=a_{n+1}-a_n$ （$n=1, 2, 3, \cdots\cdots$）とおくとき，次の問いに答えよ。
> (1) b_{n+1} と b_n の間に成り立つ関係式を求めよ。
> (2) 数列 $\{b_n\}$ の一般項を求めよ。
> (3) 数列 $\{a_n\}$ の一般項を求めよ。　　　　　　　　　　（岡山大）

(1) $a_{n+2}-4a_{n+1}+3a_n=1$ を変形すると　$\boxed{a_{n+2}-a_{n+1}}=3(\boxed{a_{n+1}-a_n})+1$

　　　$b_n=a_{n+1}-a_n$ より　$\boldsymbol{b_{n+1}=3b_n+1}$

(2) $b_{n+1}=3b_n+1$ を変形すると　$\boxed{b_{n+1}+\dfrac{1}{2}}=3\left(\boxed{b_n+\dfrac{1}{2}}\right)$ ← かたまりで〈等比型〉!

　　数列 $\left\{\boxed{b_n+\dfrac{1}{2}}\right\}$ は初項 $\boxed{b_1+\dfrac{1}{2}}=(a_2-a_1)+\dfrac{1}{2}=\dfrac{3}{2}$, 公比 3 の等比数列であるから

　　$\boxed{b_n+\dfrac{1}{2}}=\dfrac{3}{2}\cdot3^{n-1}=\dfrac{3^n}{2}$　　$\therefore$　$\boldsymbol{b_n=\dfrac{3^n-1}{2}}$

(3) (2)より，$a_{n+1}-a_n=\dfrac{3^n-1}{2}$ であるから，$\boldsymbol{n\geqq2}$ のとき ← 〈階差型〉!

$$a_n=a_1+\sum_{k=1}^{n-1}\dfrac{3^k-1}{2}$$
$$=1+\dfrac{1}{2}\sum_{k=1}^{n-1}(3^k-1)$$
$$=1+\dfrac{1}{2}\left\{\dfrac{3(3^{n-1}-1)}{3-1}-(n-1)\right\}$$
$$=\dfrac{3^n-2n+3}{4}\quad(n\geqq2)\quad\cdots\cdots①$$

①は，$\boldsymbol{n=1}$ のときも成り立つ。 ← $n=1$ のときの記述を忘れずに!

以上より　$\boldsymbol{a_n=\dfrac{3^n-2n+3}{4}}$ $(n\geqq1)$

＼ちょっと／ 一言

> $a_{n+2}-4a_{n+1}+3a_n=1$ を
> $$a_{n+2}-3a_{n+1}=(a_{n+1}-3a_n)+1$$ ← かたまりで〈等差型〉!
> のように変形して，$c_n=a_{n+1}-3a_n$ とおくと，$c_{n+1}=c_n+1$ となり，$c_1=a_2-3a_1=-1$ であるから，$c_n=n-2$ となります。すなわち，$a_{n+1}-3a_n=n-2$ であり，(2)より，
> $a_{n+1}-a_n=\dfrac{3^n-1}{2}$ であるから，これらを辺々引くことにより，a_n が求まります。

テーマ **39** 和から一般項！ 添え字チェックを忘れるな！

重要ポイント 総整理！

和から一般項！ 添え字チェック！

シグマ計算や差分解の工夫をすることで，一般項 a_n をもとに，初項から第 n 項までの和 S_n を求めることができましたね。このテーマでは，逆に，初項から第 n 項までの和 S_n，あるいは $\displaystyle\sum_{k=1}^{n}(k\text{の式})\cdot a_k$ をもとに，一般項 a_n を導く手法をマスターしていきましょう！

数列 $\{a_n\}$ の初項から第 n 項までの和を S_n として，S_n と a_n の間の関係について

$$\begin{array}{r}S_n=a_1+a_2+\cdots\cdots+a_{n-1}+a_n \quad (n\geqq 1)\\ -)\quad S_{n-1}=a_1+a_2+\cdots\cdots+a_{n-1} \qquad\qquad (n\geqq 2)\\ \hline S_n-S_{n-1}=a_n \quad (n\geqq 2)\end{array}$$

> 番号をずらすとき，添え字 n の範囲は要注意です！ S_1 から定義されているので，$S_{\boxed{n-1}}$ の添え字の $\boxed{n-1}$ が 1 以上でないといけないのです！

の関係が成り立ちます。 ◀

> 上の式かつ下の式で導かれた式ですから，$n\geqq 2$ で成立する式です！

また，**$n=1$ のとき**は，$S_1=a_1$ であるから，これらをまとめると

$$a_n=\begin{cases}S_n-S_{n-1} & (n\geqq 2)\\ S_1 & (n=1)\end{cases}\text{の関係が成り立ちます。}$$

数列 a_1, a_2, a_3, $\cdots\cdots$, a_n, $\cdots\cdots$ の初項から第 n 項までの和を S_n とする。$S_n=-n^3+15n^2-56n+1$ であるとき，次の問いに答えよ。

(1) a_2 の値を求めよ。

(2) a_n を n の式で表せ。

(防衛大・改)

(1) $\underline{a_2}=S_2-S_1$ ◀

> $\begin{array}{r}S_2=a_1+a_2\\ -)\quad S_1=a_1\\ \hline S_2-S_1=a_2\end{array}$

$\quad =-8+60-112+1-(-1+15-56+1)$

$\quad =\underline{-18}$

(2) **$n\geqq 2$ のとき** ◀ 添え字の番号条件を忘れないこと！

$\quad a_n=S_n-S_{n-1}$

$\quad = -\{n^3-(n-1)^3\}+15\{n^2-(n-1)^2\}-56\{n-(n-1)\}+1-1$

$\quad =-\{n-(n-1)\}\{n^2+n(n-1)+(n-1)^2\}+15\{n+(n-1)\}\{n-(n-1)\}-56$

$\quad =-(3n^2-3n+1)+15(2n-1)-56$

$\quad =-3n^2+33n-72 \quad (n\geqq 2)$

$n=1$ のとき，$a_1=S_1=-1^3+15\cdot 1^2-56\cdot 1+1=-41$ であるから ◀

> $n=1$ のときの記述も忘れずに！

$$a_n=\begin{cases}-41 & (n=1)\\ -3n^2+33n-72 & (n\geqq 2)\end{cases}$$

> $a_n=-3n^2+33n-72$ $(n\geqq 2)$ に $n=1$ を代入すると，$a_1=-42$ となり，$a_1=-41$ と一致しません！

これだけは！ **39**

解答 (1) $\dfrac{n(n+1)}{2}b_n=a_n+2a_{n-1}+3a_{n-2}+\cdots\cdots+na_1$ $(n\geqq1)$ ……①

①の n を $n-1$ に置き換えて

> 添え字の $\boxed{n-1}$ が1以上！すなわち，$n\geqq2$

$$\dfrac{n(n-1)}{2}b_{n-1}=a_{n-1}+2a_{n-2}+\cdots\cdots+(n-1)a_1 \quad (n\geqq2) \quad ……②$$

①－② より

> ①かつ②で導かれた式ですから，$n\geqq2$ で成立する式です！

$$\dfrac{n(n+1)}{2}b_n-\dfrac{n(n-1)}{2}b_{n-1}=a_n+a_{n-1}+a_{n-2}+\cdots\cdots+a_1 \quad (n\geqq2)$$

$$\therefore \sum_{k=1}^{n}a_k=\dfrac{n(n+1)}{2}b_n-\dfrac{n(n-1)}{2}b_{n-1} \quad (n\geqq2)$$

(2) $S_n=\displaystyle\sum_{k=1}^{n}a_k$ とおく。$b_n=p+(n-1)q$，$b_{n-1}=p+(n-2)q$ より，

> 等差数列の一般項は，(初項)＋(公差)×(項数－1) ですね！

$n\geqq2$ のとき

$$S_n=\dfrac{n(n+1)}{2}\{p+(n-1)q\}-\dfrac{n(n-1)}{2}\{p+(n-2)q\}$$

$$=np+\dfrac{3n(n-1)}{2}q \quad ……③$$

> $n=1$ のときのチェック忘れずに！

$n=1$ のとき $S_1=a_1=\dfrac{1\cdot(1+1)}{2}b_1=p$ であるから，③は $n=1$ のときも成り立つ。

以上より $S_n=np+\dfrac{3n(n-1)}{2}q$ $(n\geqq1)$

> $n=1$ のときと，$n\geqq2$ のときで，まとめられるときは，必ずまとめましょう！

$n\geqq2$ のとき

$a_n=S_n-S_{n-1}$

> 添え字の $\boxed{n-1}$ が1以上！すなわち，$n\geqq2$

$$=\left\{np+\dfrac{3n(n-1)}{2}q\right\}-\left\{(n-1)p+\dfrac{3(n-1)(n-2)}{2}q\right\}$$

$$=p+3(n-1)q \quad ……④$$

> $n=1$ のときのチェック忘れずに！

$n=1$ のとき，$a_1=p$ であるから，④は $n=1$ のときも成り立つ。

以上より $a_n=p+3(n-1)q$ $(n\geqq1)$

> $n=1$ のときと，$n\geqq2$ のときで，まとめられるときは，必ずまとめましょう！

類題に挑戦！ **39**

解答 (1) $\displaystyle\sum_{k=1}^{n}\dfrac{(k+1)(k+2)}{3^{k-1}}a_k=-\dfrac{1}{4}(2n+1)(2n+3)$ $(n\geqq1)$ ……①

①の n を $n-1$ に置き換えて

> 添え字の $\boxed{n-1}$ が1以上！すなわち，$n\geqq2$

$$\sum_{k=1}^{n-1}\dfrac{(k+1)(k+2)}{3^{k-1}}a_k=-\dfrac{1}{4}(2n-1)(2n+1) \quad (n\geqq2) \quad ……②$$

①－② より

> ①かつ②で導かれた式ですから，$n\geqq2$ で成立する式です！

$$\dfrac{(n+1)(n+2)}{3^{n-1}}a_n=-\dfrac{1}{4}(2n+1)\{(2n+3)-(2n-1)\} \quad (n\geqq2)$$

$$\frac{(n+1)(n+2)}{3^{n-1}}a_n = -(2n+1) \quad (n \geqq 2)$$

$$\therefore \quad a_n = -\frac{(2n+1)\cdot 3^{n-1}}{(n+1)(n+2)} \quad (n \geqq 2)$$

$n=1$ を①に代入して

$$2\cdot 3a_1 = -\frac{1}{4}\cdot 3\cdot 5 \quad \therefore \quad a_1 = -\frac{5}{8} \quad \longleftarrow \boxed{n=1 \text{ のときの記述も忘れずに！}}$$

以上より，

$$a_n = \begin{cases} -\dfrac{5}{8} & (\boldsymbol{n=1}) \\[2mm] -\dfrac{(2\boldsymbol{n}+1)\cdot 3^{\boldsymbol{n}-1}}{(\boldsymbol{n}+1)(\boldsymbol{n}+2)} & (\boldsymbol{n}\geqq \boldsymbol{2}) \end{cases}$$

$\longleftarrow$ $\boxed{a_n = -\dfrac{(2n+1)\cdot 3^{n-1}}{(n+1)(n+2)} \quad (n \geqq 2) \text{ に } n=1 \text{ を代入すると,} \\ a_1 = -\dfrac{3}{6} = -\dfrac{1}{2} \text{ となり, } a_1 = -\dfrac{5}{8} \text{ と一致しません！}}$

(2) (ア) $\underline{S} = \displaystyle\sum_{k=1}^{n} \frac{1}{(k+1)(k+2)}$

$$= \sum_{k=1}^{n}\left(\frac{1}{k+1}-\frac{1}{k+2}\right) \quad \longleftarrow \boxed{\text{差分解！}}$$

$$= \left(\frac{1}{2}-\frac{1}{3}\right)+\left(\frac{1}{3}-\frac{1}{4}\right)+\left(\frac{1}{4}-\frac{1}{5}\right)+\cdots\cdots+\left(\frac{1}{n+1}-\frac{1}{n+2}\right)$$

$$= \frac{1}{2}-\frac{1}{n+2}=\underline{\frac{\boldsymbol{n}}{2(\boldsymbol{n}+2)}}$$

(イ) $-\dfrac{(2n+1)\cdot 3^{n-1}}{(n+1)(n+2)}=\dfrac{3^{n-1}}{n+1}-\dfrac{3^n}{n+2}$

$\longleftarrow$ $\boxed{\text{差分解の応用編！} \quad \dfrac{1}{(n+1)(n+2)}=\dfrac{1}{n+1}-\dfrac{1}{n+2} \\ \text{と } 3^{\bullet} \text{ をヒントに } f(n-1)-f(n) \text{ の形を作りましょ} \\ \text{う！ なかなか難しい変形ですが, } f(n-1)-f(n) \\ \text{の形になる } f(n) \text{ を試行錯誤しながら探します！}}$

よって，$n \geqq 2$ のとき

$$\underline{Q} = \sum_{k=1}^{n} a_k$$

$$= a_1 + \sum_{k=2}^{n} a_k \quad \longleftarrow \boxed{\text{⑴の結果より, } a_1 \text{ だけ別扱いしておきます！}}$$

$$= -\frac{5}{8}+\sum_{k=2}^{n}\left\{-\frac{(2k+1)\cdot 3^{k-1}}{(k+1)(k+2)}\right\}$$

$$= -\frac{5}{8}+\sum_{k=2}^{n}\left(\frac{3^{k-1}}{k+1}-\frac{3^k}{k+2}\right) \quad \longleftarrow \boxed{\sum(\text{複雑な式}) \text{ ときたら, 差分解！}}$$

$$= -\frac{5}{8}+\left(\frac{3^1}{3}-\frac{3^2}{4}\right)+\left(\frac{3^2}{4}-\frac{3^3}{5}\right)+\left(\frac{3^3}{5}-\frac{3^4}{6}\right)+\cdots\cdots+\left(\frac{3^{n-1}}{n+1}-\frac{3^n}{n+2}\right)$$

$$= -\frac{5}{8}+1-\frac{3^n}{n+2}=\underline{\frac{\boldsymbol{3}}{\boldsymbol{8}}-\frac{\boldsymbol{3^n}}{\boldsymbol{n+2}}}$$

＼ちょっと／ 一言

(イ)の答えの式で $n=1$ を代入すると，$Q=\dfrac{3}{8}-1=-\dfrac{5}{8}$ となり，a_1 と一致しますので，

$n \geqq 1$ としても，答えの式は変わらず，$Q=\dfrac{3}{8}-\dfrac{3^n}{n+2}$ $(n \geqq 1)$ となります。

参考 ‥‥

初項から第 n 項までの和 S_n から，漸化式を経由し一般項 a_n を求める問題も同様に，$S_n-S_{n-1}=a_n$ を利用します。

> 数列 a_1, a_2, ……, a_n, ……の初項から第 n 項までの和 S_n が $S_n=3a_n+2n-1$ を満たすとき，一般項 a_n を求めよ。
>
> （東京学芸大）

$n=1$ のとき，$a_1=S_1=3a_1+1$ より　$a_1=-\dfrac{1}{2}$

$n\geqq2$ のとき

$\qquad a_n=S_n-S_{n-1}$ ← 添え字の $\boxed{n-1}$ が 1 以上！　すなわち，$n\geqq2$

$\qquad\quad =(3a_n+2n-1)-(3a_{n-1}+2n-3)$

$\qquad\quad =3a_n-3a_{n-1}+2$

$\therefore\quad 2a_n-3a_{n-1}+2=0\quad(n\geqq2)$

$a_n=\dfrac{3}{2}a_{n-1}-1\quad(n\geqq2)$ を変形すると

$$
\begin{array}{l}
a_n=\dfrac{3}{2}a_{n-1}-1\\
-)\quad \boxed{2}=\dfrac{3}{2}\cdot\boxed{2}-1\\
\hline
a_n-\boxed{2}=\dfrac{3}{2}(a_n-\boxed{2})
\end{array}
$$

$\qquad\boxed{a_n-2}=\dfrac{3}{2}(\boxed{a_{n-1}-2})\quad(n\geqq2)$ ← かたまりで〈等比型〉！

数列 $\{\boxed{a_n-2}\}$ は初項 $\boxed{a_1-2}=-\dfrac{5}{2}$，公比 $\dfrac{3}{2}$ の等比数列であり

$\qquad\boxed{a_n-2}=-\dfrac{5}{2}\cdot\left(\dfrac{3}{2}\right)^{n-1}$

$\therefore\quad a_n=2-\dfrac{5}{3}\cdot\left(\dfrac{3}{2}\right)^n\quad(n\geqq2)\quad$ ……①

①は $n=1$ のときも成り立つ。 ← $n=1$ のときのチェック忘れずに！

以上より　$\underline{a_n=2-\dfrac{5}{3}\cdot\left(\dfrac{3}{2}\right)^n}\quad(n\geqq1)$ ← $n=1$ のときと，$n\geqq2$ のときでまとめられるときは，必ずまとめましょう！

テーマ **40** | 一段仮定の数学的帰納法！

重要ポイント **総整理！**

一段仮定の数学的帰納法！

自然数 n についての命題 $P(n)$ が，すべての自然数 n について成り立つことを示す以下のような証明の方法を**数学的帰納法**といいます。

> (i) $n=1$ のとき，$P(1)$ が成り立つことを示す。（スイッチ）
>
> (ii) $n=k$ のとき，$P(k)$ が成り立つことを仮定して，
> $n=k+1$ のとき，$P(k+1)$ が成り立つことを示す。（システム）
>
> (i)，(ii)より，すべての自然数 n について成り立つことがいえます。

命題 $P(n)$ について，**ある番号で成立すれば，自動的に次の番号でも成り立つシステムを手に入れ，さらにスイッチボタンにあたる $n=1$ のとき成り立てば，このシステムを稼働することですべての自然数 n について成り立つことが言えます。**具体的に言うと，$n=1$ で成立するので，$n=2$ でも成立する。さらに，$n=2$ で成立するので，$n=3$ でも成立する。さらに，……と，これを繰り返していくことで，ドミノ倒しのようにすべての自然数 n について自動的に証明されていきます。証明の自動化をしてくれるすごい証明法ですね。

n を自然数とするとき，次の問いに答えよ。

(1) 不等式 $n! \geqq 2^{n-1}$ を示せ。

(2) 不等式 $\dfrac{1}{1!}+\dfrac{1}{2!}+\dfrac{1}{3!}+\cdots\cdots+\dfrac{1}{n!}<2$ を示せ。 （名古屋市立大）

(1) すべての自然数 n に対して，$n! \geqq 2^{n-1}$ ……① が成り立つことを，**数学的帰納法**で証明する。

(i) $n=1$ のとき ← スイッチのスタートボタンの $n=1$ のとき，成り立つことを示します！

$$(①の左辺)=1!=1, \quad (①の右辺)=2^{1-1}=2^0=1$$

よって，$n=1$ のとき①が成り立つ。

(ii) $n=k$ のとき，①が成り立つ，すなわち $k! \geqq 2^{k-1}$ ……② が成り立つと仮定する。←

システムが成り立つことを示します！

$n=k+1$ のとき，$(k+1)! \geqq 2^{k+1-1}$ を示せばよい。

$$\begin{aligned}
(k+1)! &= (k+1)\cdot k! \\
&\geqq (k+1)\cdot 2^{k-1} \quad (\because \ ②) \quad \leftarrow \text{②を用いて，} n=k+1 \text{のときを示します！} \\
&\geqq 2\cdot 2^{k-1}=2^{k+1-1} \quad (\because \ k\geqq 1)
\end{aligned}$$

よって，$n=k+1$ のときも①は成り立つ。

(i)，(ii)より，すべての自然数 n に対して，①が成り立つ。 □

(2) (1)より $\dfrac{1}{1!}+\dfrac{1}{2!}+\cdots\cdots+\dfrac{1}{n!}\leqq 1+\dfrac{1}{2}+\dfrac{1}{2^2}+\cdots\cdots+\dfrac{1}{2^{n-1}}$

> $n!\geqq 2^{n-1}$
> $\Longleftrightarrow \dfrac{1}{n!}\leqq\dfrac{1}{2^{n-1}}$
> を用いました！

$$=\dfrac{1-\dfrac{1}{2^n}}{1-\dfrac{1}{2}}$$

> 初項 1，公比 $\dfrac{1}{2}$，項数 n の等比数列の和！

$$=2-\dfrac{1}{2^{n-1}}$$

$$<2$$

以上より，題意は示された。　□

これだけは！ 40

解答 $\displaystyle\sum_{i=1}^{n}\dfrac{a_i}{1+a_i}>\dfrac{a_1+a_2+\cdots\cdots+a_n}{1+a_1+a_2+\cdots\cdots+a_n}$　……①

(ⅰ) $n=2$ のとき

> スイッチのスタートボタンの $n=2$ のとき，成り立つことを示します！

$$\sum_{i=1}^{2}\dfrac{a_i}{1+a_i}=\dfrac{a_1}{1+a_1}+\dfrac{a_2}{1+a_2}$$

> $\displaystyle\sum_{i=1}^{2}\dfrac{a_i}{1+a_i}>\dfrac{a_1+a_2}{1+a_1+a_2}$ を示します！ $\displaystyle\sum_{i=1}^{2}\dfrac{a_i}{1+a_i}$ の式からスタートして変形していきます！

$$>\dfrac{a_1}{1+a_1+a_2}+\dfrac{a_2}{1+a_1+a_2}\quad(\because\ a_1>0,\ a_2>0)$$

> 分母を示したい式の分母に合わせます！　分母が大きくなると，全体としては小さくなります！

$$=\dfrac{a_1+a_2}{1+a_1+a_2}$$

よって，①は $n=2$ のとき成り立つ。

(ⅱ) $k\geqq 2$ として，$n=k$ のとき，①が成り立つ，すなわち

$$\sum_{i=1}^{k}\dfrac{a_i}{1+a_i}>\dfrac{a_1+a_2+\cdots\cdots+a_k}{1+a_1+a_2+\cdots\cdots+a_k}\quad\cdots\cdots②\ が成り立つと仮定する。$$

> システムが成り立つことを示します！

$n=k+1$ のとき，$\displaystyle\sum_{i=1}^{k+1}\dfrac{a_i}{1+a_i}>\dfrac{a_1+a_2+\cdots\cdots+a_{k+1}}{1+a_1+a_2+\cdots\cdots+a_k+a_{k+1}}$ が成り立つことを示せばよい。

$$\sum_{i=1}^{k+1}\dfrac{a_i}{1+a_i}=\sum_{i=1}^{k}\dfrac{a_i}{1+a_i}+\dfrac{a_{k+1}}{1+a_{k+1}}$$

> ②を用いて，$n=k+1$ のときを示します！

$$>\dfrac{a_1+a_2+\cdots\cdots+a_k}{1+a_1+a_2+\cdots\cdots+a_k}+\dfrac{a_{k+1}}{1+a_{k+1}}\quad(\because\ ②)$$

> 分母を示したい式の分母に合わせます！　分母が大きくなると，全体としては小さくなります！

$$>\dfrac{a_1+a_2+\cdots\cdots+a_k}{1+a_1+a_2+\cdots\cdots+a_k+a_{k+1}}+\dfrac{a_{k+1}}{1+a_1+a_2+\cdots\cdots+a_k+a_{k+1}}$$

$$(\because\ a_1>0,\ a_2>0,\ \cdots\cdots,\ a_{k+1}>0)$$

$$=\dfrac{a_1+a_2+\cdots\cdots+a_{k+1}}{1+a_1+a_2+\cdots\cdots+a_k+a_{k+1}}$$

よって，①は $n=k+1$ のときも成り立つ。

(ⅰ)，(ⅱ)より，$n\geqq 2$ を満たすすべての自然数 n に対して不等式①が成り立つ。　□

類題に挑戦！ 40

解 答 (1)

m	1	2	3	4	5	6	7	8	9
2^m	2	4	8	16	32	64	128	256	512
$4m^2$	4	16	36	64	100	144	196	256	324

上の表より，求める最小の自然数 m の値は <u>8</u>

(2) $n>8$ を満たすすべての自然数 n について，$4n^2<2^n$ ……① が成り立つことを数学的帰納法で示す。

(ⅰ) $n=9$ のとき，◀── スイッチのスタートボタンの $n=9$ のとき，成り立つことを示します！

① の表より，① は $n=9$ のとき成り立つ。

(ⅱ) $k\geqq9$ として $n=k$ のとき，① が成り立つ，すなわち $4k^2<2^k$ ……② が成り立つと仮定する。◀── システムが成り立つことを示します！

$n=k+1$ のとき，$4(k+1)^2<2^{k+1}$ が成り立つことを示せばよい。

$$2^{k+1}-4(k+1)^2=2\cdot2^k-4k^2-8k-4 \blacktriangleleft$$

②を用いて，示したい式の (右辺)−(左辺)=……>0 を示せばよい！

$$>2\cdot4k^2-4k^2-8k-4 \quad (\because \quad ②)$$
$$=4k^2-8k-4 \blacktriangleleft$$
$$=4(k-1)^2-8$$
$$\geqq4\cdot8^2-8>0 \quad (\because \quad k\geqq9)$$

この式で $k\geqq9$ より ……$\geqq4\cdot9^2-8\cdot9-4=248>0$ としてはダメですよ！ 平方完成後に評価しましょう！

よって $2^{k+1}-4(k+1)^2>0$ $\quad\therefore\quad 4(k+1)^2<2^{k+1}$

したがって，① は $n=k+1$ のときも成り立つ。

(ⅰ)，(ⅱ)より，$n>8$ を満たすすべての自然数 n について，$4n^2<2^n$ が成り立つ。　□

(3) $S_n=\sum_{k=1}^{n}(2^k-4k^2)$ となるから，$a_k=2^k-4k^2$ とおくと $S_n=\sum_{k=1}^{n}a_k$

(1)，(2)より

$1\leqq k\leqq7$ のとき，$a_k<0$ ◀── $2^k<4k^2$ より！

$k=8$ のとき，$a_k=0$ ◀── $2^k=4k^2$ より！

$9\leqq k$ のとき，$a_k>0$ ◀── $2^k>4k^2$ より！

よって，$S_1>S_2>\cdots\cdots>S_7=S_8<S_9\cdots\cdots$ ◀── $S_n=\sum_{k=1}^{n}a_k$ より！

これより，$n=7$，8 のとき S_n は最小となり，S_n の最小値は

$$S_7=\sum_{k=1}^{7}(2^k-4k^2)$$
$$=\sum_{k=1}^{7}2^k-4\sum_{k=1}^{7}k^2$$

初項 2，公比 2，項数 7 の等比数列の和！

$$=\frac{2(2^7-1)}{2-1}-4\cdot\frac{1}{6}\cdot7(7+1)(2\cdot7+1)$$
$$=254-560=\underline{-306}$$